U0158314

海洋数据分析方法

李　威　肖劲根　王　煊　韩桂军　聂红涛　编著

海洋出版社

2024年·北京

图书在版编目（CIP）数据

海洋数据分析方法/李威等编著．--北京：海洋出版社，2024.4

ISBN 978-7-5210-1250-7

Ⅰ.①海… Ⅱ.①李… Ⅲ.①海洋学-数据处理-分析方法 Ⅳ.①P7

中国国家版本馆CIP数据核字（2024）第070556号

责任编辑：郑跟娣
助理编辑：李世燕
责任印制：安 森
海洋出版社 **出版发行**
http：//www.oceanpress.com.cn
北京市海淀区大慧寺路8号 邮编：100081
涿州市般润文化传播有限公司印刷 新华书店经销
2024年4月第1版 2024年4月第1次印刷
开本：787mm×1092mm 1/16 印张：10
字数：219千字 定价：68.00元
发行部：010-62100090 总编室：010-62100034
海洋版图书印、装错误可随时退换

目　　录

第一部分

海洋数据及其误差分析方法

第一章　海洋数据简介

1. 海洋数据的重要意义

试验和观测是一切自然科学的基础。海洋数据是发展海洋科学的必要条件和重要基础，是人们开发利用海洋所必需的科学依据。海洋过程是时空多尺度的，有空间为行星或海盆尺度、时间为年代际或年际的气候等大尺度过程，有空间为几十千米到几百千米、时间为几天到几百天的涡旋和海洋锋等中尺度过程，有空间为几十米到几十千米、时间为几小时到几天的内波等中小尺度过程，有空间为几分米到上百米、时间为几秒到小时级的海浪等小尺度过程，还有空间为米级以下、时间为分钟级以下的湍流等微尺度过程。为了研究这些不同时空尺度的海洋过程，人们开展了一系列的观测计划。

1985—1994 年的热带海洋全球大气计划（Tropical Ocean Global Atmosphere Program，TOGA），以厄尔尼诺-南方涛动（El Niño and Southern Oscillation，ENSO）为中心研究全球气候季节到年际变化，其成果加深了对气候系统的了解及对 ENSO 形成机制的认识，其中热带大气海洋（Tropical Atmosphere Ocean，TAO）锚系浮标阵列是最著名的观测系统。1990—2002 年的世界海洋环流试验（World Ocean Circulation Experiment，WOCE）项目则重点研究环流和水团。气候变率及其可预报性研究（Climate and Ocean：Variability，Predictability and Change，CLIVAR）项目重点关注预测季节、年际尺度气候变化，探究引起季节、年际尺度气候变化的原因，并预测人类活动对气候变化的影响，还通过古气候变化认识现今气候。地球观测系统（Earth Observation System，EOS）计划，耗资 100 亿美元，对地球状态演变进行长达 18 年的多通道、多角度监测，其第一颗卫星 TERRA 于 1999 年 12 月发射。

2. 海洋数据的分类

1）按学科分类

海洋数据可以按照学科进行分类，包括基础地理数据、物理海洋数据、海洋化学/生物/生态数据、海洋物理数据、海洋气象数据、地球物理数据等。基础地理数据包括地形（水深）、岸线、底质、地质等数据。物理海洋数据可以按照要素或者现象和过程进行分类。按照要素，物理海洋数据包括水位（海面高度）、温度、盐度、海流（流速和流向）等海洋水位与三维温盐流数据，有效波高、波速和波向、周期、波长等海浪数据，厚度、密集度、移动速度等海冰数据，以及水色、透明度等数据。按照现象和过程，物理海洋数据包括大洋环流（黑潮、湾流、南极绕极流等）、经向翻转流（Meridional Overturning Circulation，MOC）、气候变化，如太平洋十年振荡（Pacific Decadal Oscillation，PDO）和厄尔尼诺-南方涛动等大尺度过程数据；也包括涡旋、海洋锋、潮波、内波（内潮、内孤立波、近惯性振荡）等中尺度、次中尺度过程数据，以及湍流等小尺度过程数据。海洋化学/生物/生态数据包括溶解氧、磷酸盐、硝酸盐、叶绿素、初级生产力、生物量等数据。海洋物理数据包括声、光、电、磁、震等探测手段获取的海水观测数据。海洋气象数据包括海面以上大气边界层的温度、湿度、气压、风速和风向、短波辐射和长波辐射、云量、降水、径流等数据。地球物理数据包括重力场、地磁场或者重力、地磁等数据。

2）按获取方式分类

海洋数据按照获取方式可以分为观测数据和模拟或再分析数据两大类。观测数据又包括遥感数据和现场（原位）观测数据两大类。遥感数据包括卫星遥感、航空遥感和岸基遥感数据3类，其中，卫星遥感数据包括高度计观测数据（海表面高度、波浪、海面风速、海冰厚度等）、散射计数据（海面风矢量、波浪等）、红外辐射计数据（海面风速、温度等）、微波辐射计数据（海面风速、温度、盐度、海冰密集度等）、可见光数据（水色、透明度等）、合成孔径雷达数据（海面风矢量、波浪、内波、海洋锋、涡旋以及潜艇等水下目标）；航空遥感数据包括各种机载雷达数据（海面风矢量、波浪、表层流矢量等）；岸基遥感数据包括地波雷达数据（波浪、表层流矢量等）。现场（原位）数据包括船基和自主式观测数据两类，其中，船基观测数据包括调查船数据（在调查航次中获得的物理海洋、海洋化学/生物、海洋地质等数据）、商船数据（在航行过程中采集的水文和气象数据等）；自主式观测数据包括漂流浮标数据（能够随波逐流的Argo、Argos、表面漂流浮标、次表层浮标等获得的观测数据）、固定点位观测数据（锚系浮标或海洋台站等获得的水文气象观测数据等）、可操控的移动观测平台获得的观测数据（Glider、AUV等获得的水下环境观测数据等）。

海洋数值模拟或再分析数据是基于海洋数值模式计算出来的网格化数据。海洋数值模式是将海洋所满足的原始动力、热力方程进行离散化（微分变为差分，定积分变为求和），并将这些离散化的方程利用编程语言改写成程序代码。海洋数值模拟数据是完全由海洋数值模式直接积分出来的网格化数据，其满足海洋的动力、热力学规律，但由于在海洋数值模拟过程中，初始条件和边界条件（包含上边界气象强迫、底边界和侧边界条件等驱动条件）以及海洋数值模式中的各种参数存在一定的不确定性，因此，其与海洋观测数据相比存在较大误差甚至偏差。海洋再分析数据则是采用海洋数据同化方法将海洋数值模式积分结果与海洋观测数据有机结合得到的网格化数据，其既满足海洋的动力、热力学规律，还采用海洋数据同化技术基于海洋观测降低了初始条件、边界条件和模式参数中的不确定性，使得积分结果更为接近观测数据，能够再现海洋历史时期的海洋时空多尺度动力、热力现象和过程。

3）按观点分类

流体力学有拉格朗日（Lagrange）观点和欧拉（Euler）观点之分。拉格朗日观点是“粒子”的观点，着眼于流体运动的质点或者微团，研究每个流体质点自始至终的运动过程。欧拉观点是“场”的观点，以相对于坐标固定的流场内的任一空间点为研究对象，研究流体流经每一空间点的性质。同理，海洋数据也可以分为拉格朗日观点数据和欧拉观点数据。各种漂流浮标在海洋中“随波逐流”，如果不考虑其自身的惯性，观测的结果可以看作所代表的流体微团或者流体质点流动过程中测量的结果，因此，各种漂流浮标的观测数据属于拉格朗日观点的数据。各种遥感数据、船基观测数据、锚系观测数据和海洋台站观测数据，以及海洋数值模拟或再分析数据，描述的是预先设定好的网格点或者固定地点的海水状态，因此，属于欧拉观点的数据。

3. 各类海洋观测数据的特点

遥感数据的优点是其覆盖面广，水平分布较均匀，水平空间分辨率高，有固定的时间采样间隔；缺点是其属于非直接观测，存在较大的误差，需要采用一定的校正手段进行校正，才能降低误差；另外，其只能观测表面。但需要指出的是，其反映了水下的结构特征，在某些水面与水下存在较好相关关系的海区，可以采用一定的手段将海面信息向水下进行反演，得到水下信息。

现场观测数据的优点是其是对海洋直接观测的结果，尤其是能够观测水下的海水状态；缺点是覆盖面小，水平分布不均匀，水平空间分辨率低。

总的说来，海表观测（包括遥感数据和表层的现场观测数据）的数据量远远多于水下观测数据量（主要来源于现场观测数据）；在目前物理海洋类的观测数据中，水位（包括卫星遥感和验潮站观测）的观测数据量与海面温度（包括卫星遥感和表面浮标观测）的观测数据量大体相当，温度的观测数据量略多于盐度观测的数据量，远远多于海流观测的数据量。

第二章 海洋观测数据的误差及其处理

对客观事物的描述可以分为定性和定量两种描述方式。而定量描述往往使得人们的认知大为改观，变得清晰和深刻。因此，在科学技术领域，为了研究某个事物或某种现象，一般采用定量的研究方法，即利用一定的方式、方法和相应的仪器设备进行观测和试验，从而得到我们所需要的资料，这些资料一般是用数值来表示的。我们把最初得到的数值资料，叫作原始资料；取得这些数据的过程，叫作数据的测定。

第一节 海洋观测数据的误差

1. 观测误差

任何测定过程都不可能得到与实际情况完全相符的测定值。事实上，即使采用同一种测量仪器多次测量同一种海洋要素，每次测量结果都不可能完全相同。一般说来，测量的数值大体一致，却又参差不齐。在测量过程中，由于测量者的主观因素、测量仪器的准确度限制和周围环境条件的影响等，总会在测量中不可避免地引入各种偏差，在一定范围内出现数值上的波动，这种现象叫作数据的误差。需要指出的是，在实验室里进行某一物理量的测定时，由于试验条件可以控制，试验对象容易约束，往往能够较好地控制数据的波动，特别是环境变化影响所造成的波动。但是在直接对大自然进行观测的一些领域，如海洋、气象、地理、天文等，环境因素的影响往往是难以控制的，由此带来的观测数据的波动就要大大加强，有时这种波动甚至超过观测量本身的许多倍。

2. 信息和噪声

在不太严格的情况下，我们可以把观测数据中由于测量仪器的准确度限制、不稳定性和观测者的主观因素造成的数据波动称为观测误差，把周围环境的变化对仪器和观测对象的影响所造成的波动叫作干扰，并把它们总称为噪声。在观测某一个量时，噪声总是伴随着观测过程而叠加起来，也就是说，不要认为我们所观测到的量就是我们要观测的量的真实值，而实际上它是这个量本身以及噪声的混合。信息部分与噪声部分的大小比值叫作“信噪比”。在所观测到的数据序列中，只有信息的成分大于噪声成分，才能把有用的信息识别或者区分出来；反之，信息就会淹没在噪声之中。

3. 观测数据的处理

在取得原始观测数据之后，需要对这些原始观测数据进行一系列的分析和处理，由于所采用的处理方法基本上是数学的分析方法，所以我们把这一过程叫作观测数据的数学处理，简称数据处理。数据处理大体上有 3 个方面的任务：

① 压制噪声，突出信号，提高信噪比；

② 给出数据的物理特征；

③ 对客观事物本身的发展规律和客观事物之间的相互关系做出定量描述。

4. 有效数字及其计算规则

1）有效数字

对于一般的测量仪器，其读数部分总是分成许多小的刻度或与此相当的某种结构，测量时要估读到这些小格中的分数。我们把通过直读获得的准确数字叫作可靠数字；把通过估读得到的那部分数字叫作存疑数字。把测量结果中能够反映被测量大小的带有一位存疑数字的全部数字叫有效数字。另外，在数学中，有效数字是指在一个数中，从该数的第一个非零数字起，直到末尾数字止的数字。

2）计算规则

在处理观测数据的过程中，常常需要对若干个位数不同的有效数字的数值进行混合运算，这时需要遵循一定的规则。一般说来，可靠数字之间运算的结果为可靠数字，可靠数字与存疑数字、存疑数字与存疑数字之间运算的结果为存疑数字。具体规则如下。

（1）舍入规则

如果所需要的数值的有效数字位数比原有数值的有效数字位数少，则应将不需要的尾数舍弃。

① 当保留 n 位有效数字，若第 $n+1$ 位数字小于等于 4，就舍掉。

② 当保留 n 位有效数字，若第 $n+1$ 位数字大于等于 6，则进位。

③ 当保留 n 位有效数字，若第 $n+1$ 位数字等于 5，前面一位是奇数则进位，是偶数则舍弃。有时也会采用如下更为复杂的“四舍六入五留双”规则，即

- 如果第 $n+2$ 位及以后的数字为 0，那么第 n 位数字若为偶数就舍掉后面的数字，若第 n 位数字为奇数则加 1；
- 如果第 $n+2$ 位及以后的数字有不为 0 的任何数字，那么无论第 n 位数字是奇数还是偶数都加 1。

需要指出的是，参加运算的常数如 π、e、$\sqrt{2}$、1/3 等数值，有效数字的位数可以无

限制，需要几位就取几位，其尾数的取舍同上。

（2）加减法规则

只有同一种物理量才能进行加减运算，而且运算前必须化为相同的单位。以小数点后位数最少的数据为基准，其他数据按照上述舍入规则舍入到该基准位，再进行加减计算。例如，$12.46+2.473+0.2582=12.46+2.47+0.26=15.19$。

（3）乘除法规则

若干测定值进行乘除运算时，以有效数字的位数最少的数据为基准，将其他数值舍入到与之相同的有效数字位数，再进行乘除运算，计算结果也保留到相同的有效数字位数。例如，$0.0121\times25.64\times1.05782=0.0121\times25.6\times1.06=0.328$，乘数和积都保留了3位有效数字。

（4）乘方或开方的规则

乘方或开方后的有效数字位数与被乘方或被开方之数的有效数字位数相同。

（5）指数、对数和三角函数运算规则

指数、对数和三角函数运算结果的有效数字位数由其存疑数字改变量对应的数位决定。

3）不确定度

有效数字位数要与不确定度位数综合考虑。有效数字的末位是估读数字，存在不确定性，一般情况下不确定度的有效数字只取一位，其数位即是测量结果的存疑数字的位置；有时不确定度需要取两位数字，其最后一个数位才与测量结果的存疑数字的位置对应。由于有效数字的最后一位是不确定度所在的位置，因此有效数字在一定程度上反映了测量值的不确定度（或误差限值）。测量值的有效数字位数越多，测量的相对不确定度越小；有效数字位数越少，相对不确定度就越大。可见，有效数字可以粗略反映测量结果的不确定度。

第二节　海洋观测数据的误差及其产生

1. 误差的定义

一般说来，测定值并不是观测对象的真正数值（或称真值），它永远是客观情况的近似结果；同时任何一个物理量的真值通常是不知道的。但是，可以通过某种方法来估计测定值的准确程度，或者说可以估计测定值与真值相差的程度。这种测定值与真值之间的差异，称为测定值的观测误差，简称误差。根据表现形式，误差又分为绝对误差和相对误差。

1）绝对误差

某次观测值 x 与真值 μ 的差的绝对值称为绝对误差 δ，即

$$x-\mu=\pm\delta \tag{2.1}$$

正负号表示可正可负，即测定值可能比真值大，也可能比真值小。绝对误差 δ 代表测定值对真值偏离的大小。显然，各次测定的绝对误差是不相同的，如果取其中最大的数值，即所谓最大绝对误差，那么，经过多次测定，就可以认为这些测定值 x 都在 $\mu\pm\delta$ 范围之内；反之，也可以认为真值 μ 也在测定值 $x\pm\delta$ 的范围之内，从而在绝对数值上说明了测定值的准确程度。

2）相对误差

不同测量对象和测量目的，要求测定值有准确的测定范围。用误差和测定值的相对大小可以很好地表示测量的精确程度。于是，为了比较各种测定结果的准确程度，引进了相对误差的概念，我们将绝对误差 δ 与真值 μ 的比值称作相对误差，用 ρ 表示，即

$$\rho=\frac{\delta}{\mu}\approx\frac{\delta}{x} \tag{2.2}$$

$$\mu=x\pm\delta=x\left(1\pm\frac{\delta}{x}\right)\approx x\left(1\pm\frac{\delta}{\mu}\right)\approx x(1\pm\rho) \tag{2.3}$$

可见，相对误差也能直接表示测定值与真值偏离的大小，尤其能告诉人们测量误差与测量值本身的相对大小。在许多情况下，为了对测量结果做出更恰当的评价，需要用相对误差来表示测定值的准确程度。

2. 误差的产生

1）过失误差

由于观测者疏忽大意，以致观测时操作错误，读数时读错了数，计算时算错了数而引起的误差，叫作过失误差。过失误差是完全可以避免的。一旦出现了可能存在过失误差的可疑数据后，要仔细分析，加以鉴定，确定之后要找出原因及其具体细节，以求补正，否则这个观测值应予以作废。

2）系统误差

由于测量仪器不准确，测定方法不合理，测定技术不完善，测量条件的非随机变化，不同测量者的不同习惯等所引起的观测误差，统称为系统误差，即该误差与观测系统本身有关。系统误差可分为恒定系统误差（误差固定）和非恒定系统误差（误差有变化）。恒定系统误差的特点是总是偏大或总是偏小，偏离的数值和符号也大体相同。多数情况下恒定系统误差是由测量仪器不标准和测定方法不合理等因素引起的，因此，一旦发现要尽快找出产生误差的原因并进行消除。非恒定误差的特点是误差数值并非自始

至终都是固定的数值，而是会有所变化，观测仪器的磨损或某些器件的性能退化都会造成这种误差，它可以通过统计方法来检验甚至校正。

3）随机误差

随机误差也称偶然误差，包括除系统误差和过失误差之外的一切误差，由于测定过程中各种影响因素的复杂性和无规则性，使得每一次测定中出现的误差都具有偶然性，有正有负、有大有小，不能人为地加以控制。这类误差不可避免。当测量次数足够多的时候，由于产生这种误差的随机性，我们没有理由认为偏向一方的误差会比偏向另一方的误差出现的概率高，而应该是数值相等、符号相反的误差出现的概率相等。这样，随着测量次数的增加，随机误差的算术平均值将逐渐趋近于0。随机误差一般服从正态概率分布规律。这一点已被实践完全证实了。

3. 算术平均值

如果做了 n 次观测，得到 n 个观测值 x_1，x_2，…，x_n，将它们平均，可得

$$\bar{x} = \frac{x_1 + x_2 + \cdots + x_n}{n} = \frac{1}{n}\sum_{i=1}^{n} x_i \tag{2.4}$$

那么，$\bar{x}$ 就被定义为算术平均值。它是一个经常用到的很重要的数值。此外，由于 $x_i = \mu + \delta_i$，此处 μ 为真值，δ_i 为随机误差（可正可负），于是有

$$\bar{x} = \frac{1}{n}\sum_{i=1}^{n} x_i = \frac{1}{n}\sum_{i=1}^{n} (\mu + \delta_i) = \mu + \frac{1}{n}\sum_{i=1}^{n} \delta_i \tag{2.5}$$

由于随机误差可正可负、可大可小，且随着测量次数 n 的增多，随机误差的算术平均值逐渐趋近于0，即 $\lim\limits_{n\to\infty}\left(\frac{1}{n}\sum\limits_{i=1}^{n}\delta_i\right) = 0$，因此有

$$\lim_{n\to\infty}(\bar{x}) = \mu \tag{2.6}$$

所以，在测量次数 n 很多的情况下，可以用算术平均值近似代替真值。

4. 几种常用的误差

1）残差

观测值 x_i 与算术平均值 $\bar{x}$ 之差称为残差。

2）平均误差

如果把所有误差相加，那么，如前所述由于正负误差数量和大小几乎相等，因此代数和将趋于0。于是，为了解多次观测中误差的平均水平，从而评价观测准确度，可以把所有误差先取绝对值，然后再求和取平均值，如此就定义了平均误差。

$$a = \frac{1}{n}\sum_{i=1}^{n}|x_i - \bar{x}| \tag{2.7}$$

这时不管是正误差还是负误差，只要数值一样，对平均误差这个统计量的贡献是相同的。

3）或然误差（又称中值误差或概差）

绝对误差中比这个数值小的绝对误差出现的概率，与比这个数值大的绝对误差出现的概率恰好相等，各占一半，那么这个数值就叫作或然误差。

4）标准误差（均方误差）

在测量中会不会出现大误差是测量者非常关心的问题，因此，需要对大误差出现的可能性有足够的估计。平均误差采用简单的平均计算，使得极少的大误差在平均过程中被众多的小误差淹没，从而不能清楚地反映大误差特征。为了更好地表现大误差的特征量，通常采用均方误差或标准误差，其定义是对各个误差的平方和取平均值，再对其结果开平方。

$$\sigma = \sqrt{\frac{1}{n-1}\sum_{i=1}^{n}(x_i - \bar{x})^2} \tag{2.8}$$

根据误差分布函数，可以计算出绝对值大于均方误差的误差，其出现的概率约为32%，即有约68%的观测值落在算术平均值加减均方误差的数值范围内。还可以推算，比均方误差大2倍以上的误差出现的概率为4.5%，大3倍的误差出现的概率只有0.3%。

5）离差系数

均方误差不仅受随机扰动的影响，还受序列均值的影响。为了消除均值的影响，我们使用均方误差与均值的比值（相对量）来表征，这个比值称为离差系数，用符号 C_v 表示，即

$$C_v \equiv \frac{\sigma}{\bar{x}} = \frac{1}{\bar{x}}\sqrt{\frac{1}{n-1}\sum_{i=1}^{n}(x_i - \bar{x})^2} = \sqrt{\frac{1}{n-1}\sum_{i=1}^{n}(K_i - 1)^2} \tag{2.9}$$

式中，$K_i \equiv \frac{x_i}{\bar{x}}$，称为模比系数。

6）偏差系数

一个数列按大小次序排列后，如果相对平均值的两边对称位置上的各变数的数量都一一相等，此时我们称其为对称分布，否则称为偏态分布。测量偏度可以采用如下公式：

$$C'_s \equiv \frac{1}{n-3}\sum_{i=1}^{n}(x_i - \bar{x})^3 \tag{2.10}$$

由于误差取立方后，大的更大，且符号不变，故在对称分布时，正负号立方正好抵消，即 $C'_s = 0$。而在偏态分布时有两种情况：一种是 $C'_s > 0$，即正值占优势，称为正偏；另一种是 $C'_s < 0$，即负值占优势，称为负偏。我们可以定义如下偏差系数：

$$C_s \equiv \frac{C'_s}{\sigma^3} = \frac{\sum_{i=1}^{n}(x_i - \bar{x})^3}{(n-3)\bar{x}^3 C_v^3} = \frac{\sum_{i=1}^{n}(K_i - 1)^3}{(n-3)C_v^3} \tag{2.11}$$

5. 精密度和准确度

精密度是指重复测量一个量时，如果观测值都很接近，相互间的差异小，就叫作精密度高。它在数学上表现为偶然误差小，绘成的误差正态分布曲线显得高而陡。也就是说，精密度是指观测值出现的密集程度，精密度高（低），观测值就显得集中（分散）。

准确度是指观测值的算术平均值与真值符合的程度。在观测不存在系统误差的情况下，根据误差理论，不论观测值是集中还是分散，都是围绕真值出现的，只要观测次数足够多，其算术平均值可以代表真值。但是，当观测中存在较大的系统误差时，无论数值的分布状况如何，其算术平均值都不能代表真值，而是与真值之间存在一个差值，这个差值代表着系统误差的大小。对于这种观测结果，我们说它是不准确的。从这一角度来说，系统误差大，准确度就低，反之则相反。如果在观测中不存在系统误差，但每次观测的偶然误差很大，即数据显得非常分散时，由于观测次数总是有限的，则观测值的算术平均值仍然与真值相差较大，这种情况下，观测的准确度也是不高的。

由此可见，精密度取决于偶然误差，与系统误差无关，而准确度则既取决于系统误差，也与偶然误差有关。

6. 随机误差的正态分布

如果用横坐标表示观测值，纵坐标表示某测定值出现的次数，即出现的频率或频数，这种图形叫作观测的频数分布图。频数分布图是中间高、两边低、左右对称、形态正规的曲线，这种曲线叫作观测值的正态分布曲线。由于这种分布完全是由偶然误差所引起的，故称为误差的正态分布曲线。这种正态分布曲线是高斯首先提出来的，也叫高斯误差曲线，即误差正态分布概率密度函数

$$f(x) = \frac{1}{\sqrt{2\pi}\sigma}\mathrm{e}^{-n^2(x-\mu)^2} = \frac{1}{\sqrt{2\pi}\sigma}\mathrm{e}^{-\frac{(x-\mu)^2}{2\sigma^2}} \tag{2.12}$$

这里 x 是观测值，其减去真值 μ 的数值，也就是误差值。$n \equiv (1/\sqrt{2}\sigma)$ 叫作准确度指标，σ 为标准误差。σ 越小，n 越大，误差分布曲线就越陡，即观测数值越集中，出现较小误差的观测值越多，较大误差的观测值越小。我们可以计算观测值 x 在 $[x_0, (x_0 + \Delta x)]$ 区间的概率值为

$$\rho(x_0, x_0 + \Delta x) = \int_{x_0}^{x_0+\Delta x} f(x)\,\mathrm{d}x = \frac{1}{\sqrt{2\pi}\sigma}\int_{x_0}^{x_0+\Delta x}\mathrm{e}^{-\frac{(x-\mu)^2}{2\sigma^2}}\mathrm{d}x \tag{2.13}$$

Δx 很小时，

$$\rho(x_0, x_0 + \Delta x) = f(x)\Delta x\Big|_{x=x_0} = \frac{1}{\sqrt{2\pi}\sigma} e^{-\frac{(x-\mu)^2}{2\sigma^2}} \Delta x\Big|_{x=x_0} \tag{2.14}$$

当由实测数据求出标准误差 σ 后，便能够从上式算出相应的概率值。从理论上来说，只有观测次数无限多时，各观测值出现次数的分布才能与正态曲线完全符合。而事实上任何测量的次数不可能无限多，因而总会出现所谓统计涨落现象，观测次数越多，统计涨落就越小。无数的实践结果证明，在任何物理量的测量中，只要仅存在偶然误差，观测值的数值分布都显示出正态分布的图像，从实践结果说明偶然误差服从正态分布规律，这是误差分布的重要规律。

在误差正态分布的曲线中，曲线出现峰值处所对应的横轴位置的数值就是算术平均值，由于这个数值在测量中出现的概率最大，但又不能说它就是真值，故称为“最佳值”或“最可信赖值”。算术平均值，即观测值出现的可能性最大的数值，因此又把算术平均值叫作随机变量的“数学期望”。在正态分布中，数学期望（平均值）就是该观测值分布曲线出现峰值的数值，但对于非正态分布的其他随机变量，则数学期望并不是分布曲线出现峰值的数值。

第三节 误差的传播

假定因变量 y 与多个自变量 x_1，x_2，…，x_m 存在函数关系：

$$y = f(x_1, x_2, \cdots, x_m) \tag{2.15}$$

式中，自变量 x_1，x_2，…，x_m 是能够各自独立观测的量，对应各自的均方误差 s_1，s_2，…，s_m，因变量 y 由这 m 个自变量的测定值来计算，那么，y 的均方误差有多大？误差的传播就是由一个或者多个自变量观测值的误差来求函数（间接观测值）的总体误差。需要采用如下偏微分法则来计算：

$$(\mathrm{d}y)_i = \sum_{k=1}^{m} \frac{\partial y}{\partial x_k}(\mathrm{d}x_k)_i \tag{2.16}$$

式中，下角标“i”表示第 i 次观测，式（2.16）表示可以把 $\mathrm{d}x_1$，$\mathrm{d}x_2$，…，$\mathrm{d}x_m$ 看作各个自变量在第 i 次观测中得到的直接观测值与真值之差，则 $(\mathrm{d}y)_i$ 就是由此计算得到的第 i 次观测中 y 的间接观测值与其真值之差。两边取平方得

$$(\mathrm{d}y)_i^2 = \sum_{k=1}^{m}\left(\frac{\partial y}{\partial x_k}\right)^2(\mathrm{d}x_k)_i^2 + \sum_{\alpha=1}^{m}\sum_{\substack{\beta=1\\ \beta\neq\alpha}}^{m}\left(\frac{\partial y}{\partial x_\alpha}\right)\left(\frac{\partial y}{\partial x_\beta}\right)(\mathrm{d}x_\alpha)_i(\mathrm{d}x_\beta)_i \tag{2.17}$$

假设进行了 n 次观测，对所有观测结果求和，并考虑自由度后计算平均，得

$$\frac{1}{n-1}\sum_{i=1}^{n}(\mathrm{d}y)_i^2 = \sum_{k=1}^{m}\left(\frac{\partial y}{\partial x_k}\right)^2\frac{1}{n-1}\sum_{i=1}^{n}(\mathrm{d}x_k)_i^2 + \sum_{\alpha=1}^{m}\sum_{\substack{\beta=1\\ \beta\neq\alpha}}^{m}\left(\frac{\partial y}{\partial x_\alpha}\right)\left(\frac{\partial y}{\partial x_\beta}\right)\frac{1}{n-1}\sum_{i=1}^{n}(\mathrm{d}x_\alpha)_i(\mathrm{d}x_\beta)_i \tag{2.18}$$

注意到各变量的方差恰为

$$s_y^2 = \frac{1}{n-1}\sum_{i=1}^{n}(\mathrm{d}y)_i^2;\ s_{x_k}^2 = \frac{1}{n-1}\sum_{i=1}^{n}(\mathrm{d}x_k)_i^2 \quad (k=1,2,\cdots,m) \tag{2.19}$$

而自变量 x_α 和 x_β 之间的协方差为

$$s_{x_\alpha x_\beta}^2 = \frac{1}{n-1}\sum_{i=1}^{n}(\mathrm{d}x_\alpha)_i(\mathrm{d}x_\beta)_i \quad (\alpha,\beta=1,2,\cdots,m;\ \alpha\neq\beta) \tag{2.20}$$

于是，

$$s_y^2 = \sum_{k=1}^{m}\left(\frac{\partial y}{\partial x_k}\right)^2 s_{x_k}^2 + \sum_{\alpha=1}^{m}\sum_{\substack{\beta=1\\ \beta\neq\alpha}}^{m}\left(\frac{\partial y}{\partial x_\alpha}\right)\left(\frac{\partial y}{\partial x_\beta}\right)s_{x_\alpha x_\beta}^2 \tag{2.21}$$

如果不考虑各自变量之间的协方差，则有

$$s_y^2 = \sum_{k=1}^{m}\left(\frac{\partial y}{\partial x_k}\right)^2 s_{x_k}^2 \tag{2.22}$$

或者

$$s_y = \sqrt{\sum_{k=1}^{m}\left(\frac{\partial y}{\partial x_k}\right)^2 s_{x_k}^2} \tag{2.23}$$

第四节　海洋资料分布曲线的平滑

在观测值中，既有我们所需要的信号，也有各种各样的干扰和误差，所有这些成分叠加在仪器上，往往使得在直角坐标系中绘制出的观测曲线呈现异常复杂的波动。从另一个角度看，由于上述各种成分的变化周期可能是不同的，因此观测值复杂的波动情况又可以看成由各种不同周期的变化合成的。一般说来，非随机干扰多属于较长周期的变化，随机干扰多属于短周期变化，而我们所需要的信号则可能是长周期的，也可能是短周期的。因此，我们需要采用一些数据处理方法，将所需要的某种周期的变化（主要指信号）保留甚至放大，而把不需要的那些周期的变化（主要指干扰和误差）压制或者过滤掉。为了突出观测值相对于某一个量的变化，需要将上下跳动的观测折线合理地绘制成平滑的曲线，这种处理过程叫作曲线的平滑，也叫作观测值的修匀。

1. 图解平滑法

这个方法是观测者直接在上下跳动的折线或者曲线上，即离散的或连续的观测值中绘制能代表数值变化特征的平滑曲线。绘制平滑曲线时，要遵循如下 3 点原则：

① 要使观测点尽量位于曲线两侧；

② 要使曲线两侧观测数据的点数大致相等；

③ 要使曲线急剧拐弯的部分尽量圆滑。

一般说来，由图解平滑法直接绘制出的曲线，其好坏在极大程度上决定于绘制者的细致和熟练程度。图解平滑法目前很少使用。

2. 滑动平均值法

为了不损害曲线的连续平滑形态，又能够得到较为满意的平滑曲线，我们通常采用滑动平均值法。下面从最小二乘法的角度来求滑动平均值的数学公式，其一般做法是：列出所需的多项式函数；根据残差平方和最小原则，利用最小二乘法求出截距从而确定非端点处的平滑公式；然后对端点处需要选定参与计算的数据点，根据最小二乘法进行求解。

1）一次函数平滑公式（线性函数平滑公式）

如果某个物理量（如海水的温度）是随时间（或者空间）变化的，我们可以将这一物理量看成时间（或者空间）的函数，那么时间（或者空间）就是自变量，而这一物理量就是因变量。对某一物理量进行等间隔采样，就是在等间距的自变量位置上对这一物理量进行观测，从而可以得到自变量（观测点位）x_1，x_2，…，x_i，…，x_n 序列和因变量（物理量观测值）y_1，y_2，…，y_i，…，y_n 序列，由于自变量 x 是等间距的，可以令 $\Delta x = 1$。假定观测值之间的真实数值是线性变化的，即

$$y = a_0 + a_1 x \tag{2.24}$$

对于每一个采样点，上式中的系数 a_0 和 a_1 都是待定的。

（1）三点一次函数平滑公式

大家知道，要确定两个未知数，至少需要两个不同采样点的值。在这里我们打算用第 i 点相邻 3 个点的观测值，即 y_{i-1}，y_i，y_{i+1}，来确定这两个未知数。这两个系数的确定需要我们依据最小二乘原理，在使残差平方和最小的意义下计算，为此基于相邻 3 个点的观测值构造如下目标函数：

$$J(a_0,\ a_1) = \sum_{k=-1}^{1} (y_{i+k} - a_0 - a_1 k)^2 \tag{2.25}$$

对 a_0 和 a_1 求偏导数得

$$\begin{cases} \sum\limits_{k=-1}^{1} 2(y_{i+k} - a_0 - a_1 k) = 0 \\ \sum\limits_{k=-1}^{1} 2(y_{i+k} - a_0 - a_1 k)k = 0 \end{cases} \tag{2.26}$$

解为

$$\begin{cases} a_0 = \dfrac{1}{3}(y_{i-1} + y_i + y_{i+1}) \\ a_1 = \dfrac{1}{2}(y_{i+1} - y_{i-1}) \end{cases} \tag{2.27}$$

a_0 恰恰就是 $y = a_0 + a_1 x$ 公式中 $x = 0$ 时的 y 值，而 $a_0 = \dfrac{1}{3}(y_{i-1} + y_i + y_{i+1})$ 正是我们要求的第 i 点的滑动平均值，因此，

$$\bar{y}_i = \frac{1}{3}(y_{i-1} + y_i + y_{i+1}) \quad (i = 2, 3, \cdots, n-1) \tag{2.28}$$

当 $i = 1$ 和 $i = n$ 时，即求最初值 $\bar{y}_1$ 和最后值 $\bar{y}_n$ 时，分别出现前面缺一个数值和后面缺一个数值的情况。对于 $\bar{y}_1$，可以构造如下目标函数：

$$J(a_0, a_1) = \sum_{k=0}^{2} (y_{1+k} - a_0 - a_1 k)^2 \tag{2.29}$$

对 a_0 和 a_1 求偏导数得

$$\begin{cases} \sum_{k=0}^{2} 2(y_{1+k} - a_0 - a_1 k) = 0 \\ \sum_{k=0}^{2} 2(y_{1+k} - a_0 - a_1 k)k = 0 \end{cases} \tag{2.30}$$

即

$$\begin{cases} 3a_0 + 3a_1 = y_1 + y_2 + y_3 \\ 3a_0 + 5a_1 = y_2 + 2y_3 \end{cases} \tag{2.31}$$

解为

$$\begin{cases} a_0 = \frac{1}{6}(5y_1 + 2y_2 - y_3) \\ a_1 = -\frac{1}{2}(y_1 - y_3) \end{cases} \tag{2.32}$$

即

$$\bar{y}_1 = a_0 = \frac{1}{6}(5y_1 + 2y_2 - y_3) \tag{2.33}$$

类似可以推得

$$\bar{y}_n = \frac{1}{6}(-y_{n-2} + 2y_{n-1} + 5y_n) \tag{2.34}$$

（2）五点一次函数平滑公式

类似地，假定相邻 5 个点之间为线性变化，可以构造目标函数为

$$J(a_0, a_1) = \sum_{k=-2}^{2} (y_{i+k} - a_0 - a_1 k)^2 \tag{2.35}$$

经过类似推导，得到

$$\begin{cases} \bar{y}_1 = \frac{1}{5}(3y_1 + 2y_2 + y_3 - y_5) \\ \bar{y}_2 = \frac{1}{10}(4y_1 + 3y_2 + 2y_3 + y_4) \\ \bar{y}_i = \frac{1}{5}(y_{i-2} + y_{i-1} + y_i + y_{i+1} + y_{i+2}) \quad (i = 3, \cdots, n-3, n-2) \\ \bar{y}_{n-1} = \frac{1}{10}(y_{n-3} + 2y_{n-2} + 3y_{n-1} + 4y_n) \\ \bar{y}_n = \frac{1}{5}(-y_{n-4} + y_{n-2} + 2y_{n-1} + 3y_n) \end{cases} \tag{2.36}$$

(3) $2m+1$ 点一次函数平滑通式

上面的讨论可以推广到 $2m+1$ 个相邻点的值的滑动平均值，即

$$\bar{y}_i = \frac{1}{2m+1}(y_{i-m} + y_{i-m+1} + \cdots + y_i + \cdots + y_{i+m-1} + y_{i+m}) \tag{2.37}$$

2）二次函数平滑公式

假定一定个数的观测值之间不是上述的线性关系，而是呈二次函数关系，即

$$y = a_0 + a_1 x + a_2 x^2 \tag{2.38}$$

同样可以用最小二乘法求出平滑公式。

(1) 五点二次函数平滑公式

采用相邻 5 个点的数据做平滑，可以构造如下目标函数：

$$J(a_0, a_1, a_2) = \sum_{k=-2}^{2} (y_{i+k} - a_0 - a_1 k - a_2 k^2)^2 \tag{2.39}$$

对 a_0、a_1 和 a_2 求偏导数，得

$$\begin{cases} \sum\limits_{k=-2}^{2} 2(y_{i+k} - a_0 - a_1 k - a_2 k^2) = 0 \\ \sum\limits_{k=-2}^{2} 2(y_{i+k} - a_0 - a_1 k - a_2 k^2)k = 0 \\ \sum\limits_{k=-2}^{2} 2(y_{i+k} - a_0 - a_1 k - a_2 k^2)k^2 = 0 \end{cases} \tag{2.40}$$

即

$$\begin{cases} 5a_0 + 10a_2 = y_{i-2} + y_{i-1} + y_i + y_{i+1} + y_{i+2} \\ 10a_1 = -2y_{i-2} - y_{i-1} + y_{i+1} + 2y_{i+2} \\ 10a_0 + 34a_2 = 4y_{i-2} + y_{i-1} + y_{i+1} + 4y_{i+2} \end{cases} \tag{2.41}$$

由上式可以推得

$$\bar{y}_i = a_0 = \frac{1}{35}(-3y_{i-2} + 12y_{i-1} + 17y_i + 12y_{i+1} - 3y_{i+2}) \tag{2.42}$$

进一步还可以推得两端 4 个点的滑动平均值

$$\begin{cases} \bar{y}_1 = \frac{1}{35}(31y_1 + 9y_2 - 3y_3 - 5y_4 + 3y_5) \\ \bar{y}_2 = \frac{1}{35}(9y_1 + 13y_2 + 12y_3 + 6y_4 - 5y_5) \\ \bar{y}_{n-1} = \frac{1}{35}(-5y_{n-4} + 6y_{n-3} + 12y_{n-2} + 13y_{n-1} + 9y_n) \\ \bar{y}_n = \frac{1}{35}(3y_{n-4} - 5y_{n-3} - 3y_{n-2} + 9y_{n-1} + 31y_n) \end{cases} \tag{2.43}$$

(2) 七点二次函数平滑公式

同理，若取相邻 7 个点进行二次曲线的平滑，则公式为

$$\begin{cases}\bar{y}_1 = \frac{1}{42}(32y_1 + 15y_2 + 3y_3 - 4y_4 - 6y_5 - 3y_6 + 5y_7) \\ \bar{y}_2 = \frac{1}{14}(5y_1 + 4y_2 + 3y_3 + 2y_4 + y_5 - y_7) \\ \bar{y}_3 = \frac{1}{14}(y_1 + 3y_2 + 4y_3 + 4y_4 + 3y_5 + y_6 - 2y_7) \\ \bar{y}_i = \frac{1}{21}(-2y_{i-3} + 3y_{i-2} + 6y_{i-1} + 7y_i + 6y_{i+1} + 3y_{i+2} - 2y_{i+3}) \\ \bar{y}_{n-2} = \frac{1}{14}(-2y_{n-6} + y_{n-5} + 3y_{n-4} + 4y_{n-3} + 4y_{n-2} + 3y_{n-1} + y_n) \\ \bar{y}_{n-1} = \frac{1}{14}(-y_{n-6} + y_{n-4} + 2y_{n-3} + 3y_{n-2} + 4y_{n-1} + 5y_n) \\ \bar{y}_n = \frac{1}{42}(5y_{n-6} - 3y_{n-5} - 6y_{n-4} - 4y_{n-3} + 3y_{n-2} + 15y_{n-1} + 32y_n)\end{cases} \tag{2.44}$$

3）三次函数平滑公式

假定一定个数的观测值之间不是上述的二次函数关系，而是呈三次函数关系

$$y = a_0 + a_1x + a_2x^2 + a_3x^3 \tag{2.45}$$

同样可以用最小二乘法求出平滑公式。

例如，可以采用相邻 7 个点的观测值，采用与上面类似推导过程，得到三次函数平滑公式

$$\begin{cases}\bar{y}_1 = \frac{1}{42}(39y_1 + 8y_2 - 4y_3 - 4y_4 + y_5 + 4y_6 - 2y_7) \\ \bar{y}_2 = \frac{1}{42}(8y_1 + 19y_2 + 16y_3 + 6y_4 - 4y_5 - 7y_6 + 4y_7) \\ \bar{y}_3 = \frac{1}{42}(-4y_1 + 16y_2 + 19y_3 + 12y_4 + 2y_5 - 4y_6 + y_7) \\ \bar{y}_i = \frac{1}{21}(-2y_{i-3} + 3y_{i-2} + 6y_{i-1} + 7y_i + 6y_{i+1} + 3y_{i+2} - 2y_{i+3}) \\ \bar{y}_{n-2} = \frac{1}{42}(y_{n-6} - 4y_{n-5} + 2y_{n-4} + 12y_{n-3} + 19y_{n-2} + 16y_{n-1} - 4y_n) \\ \bar{y}_{n-1} = \frac{1}{42}(4y_{n-6} - 7y_{n-5} - 4y_{n-4} + 6y_{n-3} + 16y_{n-2} + 19y_{n-1} + 8y_n) \\ \bar{y}_n = \frac{1}{42}(-2y_{n-6} + 4y_{n-5} + y_{n-4} - 4y_{n-3} - 4y_{n-2} + 8y_{n-1} + 39y_n)\end{cases} \tag{2.46}$$

类似地，可以假定观测值之间为更高次的函数关系，从而得到相应的更高次函数平滑公式，但是通常高于四次的函数平滑公式比较少用。这些平滑方法统称为多项式滑动平均法。相同观测点数下，三次平滑公式和二次平滑公式相同，但端点处不一样。可证明任意偶次方平滑公式与该偶数加一次方平滑公式相同，差异主要体现在端点处。相同观测点数下，高阶函数比低阶函数更平滑。同阶函数平滑法下，参与平滑的点越多，曲

线越平滑。

在平滑曲线的常用方法中，除了上述滑动平均公式外，还常采用如下公式：

$$\bar{y}_i = \frac{1}{4}\ (y_{i-1} + 2y_i + y_{i+1})\quad (i = 2,\ 3,\ \cdots,\ n-1) \tag{2.47}$$

该公式称为加权滑动平均法。在前面的滑动平均公式里，每个数值的贡献是一样的，这实际上不是非常合理，而应该在第 i 个点平滑值 $\bar{y}_i$ 的计算中让第 i 个点的原始值 y_i 做出更多的贡献，因而给它一个较大的权重。后面我们在滤波知识的学习中会看到，该加权滑动平均法实际是二项式法低通滤波，而前面介绍的滑动平均法实际上是等权滑动平均法低通滤波，后面我们将看到等权滑动低通滤波会造成高频部分的反位相，而二项式法低通滤波则没有反位相的问题，因此，这种二项式法低通滤波比等权滑动平均法低通滤波具有更好的性能。

第三章　基本统计量及其检验

第一节　基本统计量

1. 中心趋势统计量

1）均值

均值是描述某一变量样本平均水平的量，是代表样本取值中心趋势的统计量，是总体数学期望的一个估计。由中心极限定理可以证明，即使在原始数据不属于正态分布时，均值总是趋于正态分布。如果变量遵从正态分布，其均值则是总体数学期望的最好估计值。变量 x 的 n 个样本 $\{x_1, x_2, \cdots, x_n\}$ 的均值的算术平均值的形式为

$$\bar{x} \equiv \frac{1}{n}\sum_{i=1}^{n} x_i \tag{3.1}$$

如果前 $i-1$ 个样本的算术平均值为 $\bar{x}_{i-1}$，那么加入第 i 个样本后的算术平均值为 $\bar{x}_i$，它们满足递推形式：

$$\bar{x}_i = \frac{i-1}{i}\bar{x}_{i-1} + \frac{1}{i}x_i = \bar{x}_{i-1} + \frac{1}{i}(x_i - \bar{x}_{i-1}) \tag{3.2}$$

2）中位数

在按大小排序的样本 $\{x_1, x_2, \cdots, x_n\}$ 中，位置居中的数就是中位数。当 n 为偶数时，中位数取最中间两个数的平均值。对于一个基本遵从正态分布的变量，样本中的异常值会对均值产生十分明显的影响，但是，中位数不易受异常值的干扰，因此适用于小样本。

2. 变化幅度统计量

1）距平

某一个数 x_i 与均值 $\bar{x}$ 之间的差就是距平 x_i'，即

$$x_i' \equiv x_i - \bar{x} \tag{3.3}$$

距平序列为

$$x'_1, x'_2, \cdots, x'_n \tag{3.4}$$

或者

$$x_1 - \bar{x}, x_2 - \bar{x}, \cdots, x_n - \bar{x} \tag{3.5}$$

2）方差与标准差

方差和标准差是描述样本中数据与以均值 $\bar{x}$ 为中心的平均振动幅度的特征量，方差记为 s^2，它可以作为变量总体方差 σ^2 的估计，

$$s^2 = \frac{1}{n-1}\sum_{i=1}^{n}(x_i - \bar{x})^2 \tag{3.6}$$

标准差为方差的平方根，记为 s，它可以作为变量总体标准差 σ 的估计，

$$s = \sqrt{\frac{1}{n-1}\sum_{i=1}^{n}(x_i - \bar{x})^2} \tag{3.7}$$

如果前 $i-1$ 个样本的算术平均值和方差分别为 $\bar{x}_{i-1}$ 和 s^2_{i-1}，那么加入第 i 个样本后的方差为 s^2_i，它们满足递推形式：

$$s^2_i = \frac{i-2}{i-1}s^2_{i-1} + \frac{1}{i}(x_i - \bar{x}_{i-1})^2 \tag{3.8}$$

具体推导过程如下：

$$\begin{aligned}
s^2_i &= \frac{1}{i-1}\sum_{j=1}^{i}(x_j - \bar{x}_i)^2 = \frac{1}{i-1}\sum_{j=1}^{i}\left[x_j - \bar{x}_{i-1} - \frac{1}{i}(x_i - \bar{x}_{i-1})\right]^2 \\
&= \frac{1}{i-1}\sum_{j=1}^{i-1}\left[x_j - \bar{x}_{i-1} - \frac{1}{i}(x_i - \bar{x}_{i-1})\right]^2 + \frac{1}{i-1}\left[x_i - \bar{x}_{i-1} - \frac{1}{i}(x_i - \bar{x}_{i-1})\right]^2 \\
&= \frac{1}{i-1}\sum_{j=1}^{i-1}\left[x_j - \bar{x}_{i-1} - \frac{1}{i}(x_i - \bar{x}_{i-1})\right]^2 + \frac{i-1}{i^2}(x_i - \bar{x}_{i-1})^2 \\
&= \frac{1}{i-1}\sum_{j=1}^{i-1}(x_j - \bar{x}_{i-1})^2 + \frac{1}{i^2}(x_i - \bar{x}_{i-1})^2 + \frac{i-1}{i^2}(x_i - \bar{x}_{i-1})^2 \\
&= \frac{i-2}{i-1}s^2_{i-1} + \frac{1}{i}(x_i - \bar{x}_{i-1})^2
\end{aligned} \tag{3.9}$$

3）标准化变量

利用均值和标准差可以基于原样本序列构造标准化序列，即

$$\frac{x_1 - \bar{x}}{s}, \frac{x_2 - \bar{x}}{s}, \cdots, \frac{x_n - \bar{x}}{s} \tag{3.10}$$

很显然，这种样本序列具有平均值为 0、方差为 1 的性质。

3. 分布特征统计量

这部分的定义会用到标准正态分布的 n 阶原点矩，其递推公式为

$$
\begin{aligned}
E(x^n) &= \int_{-\infty}^{\infty} x^n \frac{1}{\sqrt{2\pi}} e^{-\frac{x^2}{2}} dx \\
&= \frac{1}{n+1} x^{n+1} \frac{1}{\sqrt{2\pi}} e^{-\frac{x^2}{2}} \bigg|_{-\infty}^{\infty} + \frac{1}{n+1} \int_{-\infty}^{\infty} x^{n+2} \frac{1}{\sqrt{2\pi}} e^{-\frac{x^2}{2}} dx \\
&= 0 + \frac{1}{n+1} \int_{-\infty}^{\infty} x^{n+2} \frac{1}{\sqrt{2\pi}} e^{-\frac{x^2}{2}} dx = \frac{1}{n+1} E(x^{n+2})
\end{aligned} \tag{3.11}
$$

因此，

$$E(x^{n+2}) = (n+1)E(x^n) \text{ 或者 } E(x^n) = (n-1)E(x^{n-2})$$

注意到 $E(x^0) = 1$ 和 $E(x^1) = 0$ 以及 $E(x^2) = (2-1)E(x^0) = 1$，因此有

$$E(x^3) = (3-1)E(x^1) = 0 \tag{3.12}$$

以及

$$E(x^4) = (4-1)E(x^2) = 3 \tag{3.13}$$

这说明标准正态分布的 3 阶原点矩等于 0，而 4 阶原点矩等于 3。

1）偏度系数

偏度系数表征分布形态与平均值偏离的程度，可作为分布不对称的测度。如果样本数量 n 非常大，那么偏度系数 g_1 有如下正比形式：

$$g_1 \sim \frac{1}{n} \sum_{i=1}^{n} \left(\frac{x_i - \bar{x}}{s}\right)^3 \tag{3.14}$$

实际上，样本数量总是有限的，因此，偏度系数会采用较为复杂的形式，即

$$g_1 \sim \frac{n}{(n-1)(n-2)} \sum_{i=1}^{n} \left(\frac{x_i - \bar{x}}{s}\right)^3 \tag{3.15}$$

式（3.15）正是 Excel 等软件中使用的偏度系数公式。如果随机变量遵从正态分布，则它的偏度系数也会遵从正态分布，且偏度系数的数学期望是 0，标准差为

$$s_{g_1} = \sqrt{\frac{6(n-2)}{(n+1)(n+3)}} \tag{3.16}$$

如果将偏度系数也化为标准正态分布的随机变量，那么可以定义为

$$g_1 = \sqrt{\frac{(n+1)(n+3)}{6(n-2)}} \frac{n}{(n-1)(n-2)} \sum_{i=1}^{n} \left(\frac{x_i - \bar{x}}{s}\right)^3 \tag{3.17}$$

在样本量非常巨大时，偏度系数可以采用如下较为简单的形式：

$$g_1 \approx \sqrt{\frac{1}{6n}} \sum_{i=1}^{n} \left(\frac{x_i - \bar{x}}{s}\right)^3 \tag{3.18}$$

当 g_1 为正时，表明分布图形的顶峰偏左，称为正偏度；当 g_1 为负时，表明分布图形的顶峰偏右，称为负偏度；当 $g_1 = 0$ 时，表明分布图形对称。对于标准正态分布，则有 $g_1 = 0$。

2）峰度系数

峰度系数表征分布形态图形顶峰的凸平度。如果样本数量 n 非常大，那么峰度系数

g_2 应该为如下正比形式：

$$g_2 \sim \left[\frac{1}{n}\sum_{i=1}^{n}\left(\frac{x_i-\bar{x}}{s}\right)^4-3\right] \tag{3.19}$$

括号中有一个“－3”，之所以如此，是由于标准正态分布的 4 阶原点矩等于 3，因此“－3”是为了让标准正态分布的峰度系数变为 0。实际上，样本数量总是有限的，因此，峰度系数会采用较为复杂的形式，即

$$g_2 \sim \left[\frac{n(n+1)}{(n-1)(n-2)(n-3)}\sum_{i=1}^{n}\left(\frac{x_i-\bar{x}}{s}\right)^4-\frac{3(n-1)^2}{(n-2)(n-3)}\right] \tag{3.20}$$

式（3.20）正是 Excel 等软件中使用的峰度系数公式。如果随机变量遵从正态分布，它的峰度系数也会遵从正态分布，且峰度系数的数学期望是 0，标准差为

$$s_{g_2}=\sqrt{\frac{24n(n-2)(n-3)}{(n+1)^2(n+3)(n+5)}} \tag{3.21}$$

如果将峰度系数也化为标准正态分布的随机变量，那么可以定义为

$$g_2=\sqrt{\frac{(n+1)^2(n+3)(n+5)}{24n(n-2)(n-3)}}\cdot\left[\frac{n(n+1)}{(n-1)(n-2)(n-3)}\sum_{i=1}^{n}\left(\frac{x_i-\bar{x}}{s}\right)^4-\frac{3(n-1)^2}{(n-2)(n-3)}\right] \tag{3.22}$$

在样本量非常巨大时，峰度系数可以采用如下较为简单的形式：

$$g_2 \approx \sqrt{\frac{n}{24}}\left[\frac{1}{n}\sum_{i=1}^{n}\left(\frac{x_i-\bar{x}}{s}\right)^4-3\right] \tag{3.23}$$

当 g_2 为正时，表明分布图形坡度偏陡；当 g_2 为负时，表明分布图形坡度平缓；当 $g_2=0$ 时，表明分布图形坡度正好。

综上所述，当 $g_1=0$ 并且 $g_2=0$ 时，表明变量服从标准正态分布。

4. 相关统计量

1）皮尔逊（Pearson）相关系数

皮尔逊相关系数是描述两个随机变量线性相关的统计量，一般简称为相关系数或点相关系数，用 r 表示，它也可作为对两个总体相关系数的估计。在大样本的条件下，其定义为

$$r=\frac{\sum_{i=1}^{n}(x_i-\bar{x})(y_i-\bar{y})}{\sqrt{\sum_{i=1}^{n}(x_i-\bar{x})^2}\sqrt{\sum_{i=1}^{n}(y_i-\bar{y})^2}} \tag{3.24}$$

或者

$$r = \frac{\frac{1}{n}\sum_{i=1}^{n}(x_i - \bar{x})(y_i - \bar{y})}{\sqrt{\frac{1}{n}\sum_{i=1}^{n}(x_i - \bar{x})^2}\sqrt{\frac{1}{n}\sum_{i=1}^{n}(y_i - \bar{y})^2}} = \frac{\mathrm{Cov}(x, y)}{s_x s_y} \tag{3.25}$$

s_x 和 s_y 分别为变量 x 和 y 的标准差，$\mathrm{Cov}(x, y)$ 为变量 x 和 y 的协方差。可见相关系数 r 取值范围为 $-1.0 \sim 1.0$。当 $r > 0$ 时，表明两变量呈正相关，越接近于 1.0，正相关越显著；当 $r < 0$ 时，表明两变量呈负相关，越接近于 -1.0，负相关越显著；当 $r = 0$ 时，则表明两变量相互独立。计算出的相关系数是否显著，需要经过显著性检验，这方面内容将在后续章节介绍。

据统计学中大样本定理，样本量大于 30 才有统计意义。当样本量较小时，计算所得相关系数可能与总体相关系数偏离甚远。这时可以采用无偏相关系数加以校正，这里无偏相关系数记为 r^*，定义为

$$r^* = r\left[1 + \frac{1 - r^2}{2(n - 4)}\right] \tag{3.26}$$

需要注意的是，如果观测数据不是确定的数值而只是序号，或者两个变量呈非线性关系时，则不能用皮尔逊相关系数的计算公式。

2）自相关系数

自相关系数描述某一变量不同时刻之间相关的统计量。可将滞后长度为 j 的自相关系数记为 $r(j)$，它也是总体自相关系数的渐近无偏估计。对变量 x，滞后长度为 j 的自相关系数定义为

$$r(j) = \frac{1}{n - j}\sum_{i=1}^{n-j}\left(\frac{x_i - \bar{x}}{s}\right)\left(\frac{x_{i+j} - \bar{x}}{s}\right) \tag{3.27}$$

式中，s 是长度为 n 的时间序列的标准差。自相关系数可以帮助我们了解前 j 时刻的信息与其后时刻变化相互间的联系，即判断由 x_i 预测 x_{i+j} 的可能性。

第二节　统计检验

统计检验的基本思想是针对要检验的问题，提出统计假设，用统计语言表达出期望得出结论的可靠度。统计假设包括相互对立的两方面，即原假设和对立假设。原假设是统计检验的直接对象，常用 H_0 表示，对立假设是检验结果拒绝原假设时必然接受的结论，用 H_1 表示。统计检验是针对总体而言的，统计假设必须与总体有关。由于选择显著性水平 α 的取值与是否拒绝原假设密切相关，因此，为了保证检验的客观性，应该在检验前就确定出适当的显著性水平，通常取 0.05，有时也取 0.01。也就是说，在原假设正确的情况下，接受这一原假设的可能性有 95% 或者 99%，而拒绝这一假设的可能性很小。统计检验的一般流程如下：

① 明确要检验的问题，提出统计假设；
② 确定显著性水平 α ；
③ 针对所研究的问题，选适当的统计量；
④ 根据观测样本计算有关统计量；
⑤ 对给定的 α，从表上查出与 α 水平相应的数值，即确定临界值；
⑥ 比较统计量计算值与临界值，看其是否落入否定域。若落入否定域则拒绝原假设。

1. 关于平均值的统计检验

1）u 检验（方差已知）

u 检验要求方差是已知的，且对于遵从正态分布的观测对象不论样本量大小均适用，如果样本量足够大，即使观测对象不遵从正态分布也适用（样本量足够大时，样本均值近似遵从正态分布）。

（1）总体均值检验

当总体方差 σ^2 已知，且比较稳定时，只需对均值进行检验，就是检验样本均值 $\bar{x}$ 和总体均值 μ_0 之间的差异是否显著。统计假设（H_0）是假设样本均值与总体均值无显著差别，可以构造如下统计量 u ：

$$u = \frac{\bar{x} - \mu_0}{\sigma}\sqrt{n} \tag{3.28}$$

式中，n 为样本量。如果假设总体均值无变化，则 $\bar{x}$ 应该遵从正态分布 $N\left(\mu_0, \frac{\sigma^2}{n}\right)$，那么统计量 u 应该遵从标准正态分布 $N(0, 1)$。给定显著性水平 α，由标准正态分布表查得 u_{α_1}和 u_{α_2}，使得

$$P(u \leqslant u_{\alpha_1}) + P(u \geqslant u_{\alpha_2}) = \alpha_1 + \alpha_2 = \alpha \tag{3.29}$$

由标准正态分布的对称性，令 $\alpha_1 = \alpha_2 = \frac{\alpha}{2}$，于是有

$$P\left(|u| \geqslant u_{\frac{\alpha}{2}}\right) = \alpha \tag{3.30}$$

在给定显著性水平 α 的条件下，若 $|u| < u_{\frac{\alpha}{2}}$，则接受原假设 H_0；反之，则拒绝原假设 H_0。

（2）两个总体均值检验

u 检验还可以用来检验两个总体的均值是否相等。设观测数据 x 和 y 分别遵从正态分布 N（μ_1，σ_1^2）和 N（μ_2，σ_2^2），且相互独立，x 和 y 的样本量分别为 n_1 和 n_2，样本均值分别为 $\bar{x}$ 和 $\bar{y}$。若要检验样本 x 和样本 y 的均值是否相等，即检验原假设 H_0，H_0 为 $\mu_1 = \mu_2$，由于 x 和 y 均遵从正态分布，因此 $\bar{x} - \bar{y}$ 也遵从正态分布，于是可以构造如下统计量 u：

$$u = \frac{\bar{x} - \bar{y}}{\sqrt{\frac{\sigma_1^2}{n_1} + \frac{\sigma_2^2}{n_2}}} \tag{3.31}$$

显然 u 遵从标准正态分布 $N(0, 1)$。给定显著性水平 α，若 $|u| < u_{\frac{\alpha}{2}}$，则接受原假设 H_0，反之，则拒绝原假设 H_0。

2）t 检验（方差未知）

t 检验也是一种均值统计检验方法，它适用于方差未知的情况。

（1）总体均值检验

设总体均值为 μ_0，如果样本量为 n，样本均值和标准差分别为 $\bar{x}$ 和 s，那么统计假设（H_0）为样本均值与总体均值无显著差别，我们可以构造统计量 t 符合自由度 $\nu = n - 1$ 的 t 分布，即

$$t(n-1) = \frac{X}{\sqrt{\dfrac{\chi^2(n-1)}{n-1}}} = \frac{\dfrac{\bar{x}-\mu_0}{\sigma/\sqrt{n}}}{\sqrt{\dfrac{\sum\limits_{i=1}^{n}(x_i-\bar{x})^2/\sigma^2}{n-1}}} = \frac{\dfrac{\bar{x}-\mu_0}{\sigma/\sqrt{n}}}{s/\sigma} = \frac{\bar{x}-\mu_0}{s}\sqrt{n} \quad (3.32)$$

给定显著性水平 α，若 $|t| < t_\alpha$，则接受原假设 H_0；反之，则拒绝原假设 H_0。

（2）两个总体均值检验

t 检验也可以用来检验两个总体的均值是否相等。设 x 和 y 的样本量分别为 n_1 和 n_2，样本均值分别为 $\bar{x}$ 和 $\bar{y}$，样本方差分别为 s_1^2 和 s_2^2。统计假设（H_0）为样本 x 和样本 y 的均值无显著差别，我们可以构造如下统计量 t 符合自由度 $\nu = n_1 + n_2 - 2$ 的 t 分布：

$$t(n_1+n_2-2) = \frac{X}{\sqrt{\dfrac{\chi^2(n_1+n_2-2)}{n_1+n_2-2}}} = \frac{(\bar{x}-\bar{y})\Big/\sqrt{\dfrac{\sigma^2}{n_1}+\dfrac{\sigma^2}{n_2}}}{\sqrt{\dfrac{\sum\limits_{i=1}^{n_1}(x_i-\bar{x})^2/\sigma^2+\sum\limits_{j=1}^{n_2}(y_j-\bar{y})^2/\sigma^2}{n_1+n_2-2}}}$$

$$= \frac{(\bar{x}-\bar{y})\Big/\sqrt{\dfrac{1}{n_1}+\dfrac{1}{n_2}}}{\sqrt{\dfrac{\sum\limits_{i=1}^{n_1}(x_i-\bar{x})^2+\sum\limits_{j=1}^{n_2}(y_j-\bar{y})^2}{n_1+n_2-2}}} = \frac{(\bar{x}-\bar{y})\Big/\sqrt{\dfrac{1}{n_1}+\dfrac{1}{n_2}}}{\sqrt{\dfrac{(n_1-1)s_1^2+(n_2-1)s_2^2}{n_1+n_2-2}}}$$

$$= \frac{\bar{x}-\bar{y}}{\sqrt{\dfrac{(n_1-1)s_1^2+(n_2-1)s_2^2}{n_1+n_2-2}}\sqrt{\dfrac{1}{n_1}+\dfrac{1}{n_2}}} \quad (3.33)$$

给定显著性水平 α，若 $|t| < t_\alpha$，则接受原假设 H_0；反之，则拒绝原假设 H_0。

2. 关于方差的统计检验

方差反映了某一变量观测数据的偏离程度，它是变量稳定与否的重要测度，因此，

对方差的检验同均值检验一样重要。

1) χ^2 检验（方差已知）

χ^2 检验适用于总体方差 σ^2 已知的情况。设 s^2 是样本方差，n 为样本量，统计假设（H_0）为样本方差与总体方差无显著差别，如果均值未知，则可以构造统计量χ^2 符合自由度 $\nu = n - 1$ 的χ^2 分布，

$$\chi^2(n-1) = \frac{(n-1)s^2}{\sigma^2} \tag{3.34}$$

如果均值μ 已知，则可以构造统计量χ^2 符合自由度 $\nu = n$ 的χ^2 分布，

$$\chi^2(n) = \sum_{i=1}^{n} \left(\frac{x_i - \mu}{\sigma}\right)^2 \tag{3.35}$$

给定显著性水平 α，若$\chi^2_{1-\frac{\alpha}{2}} < \chi^2 < \chi^2_{\frac{\alpha}{2}}$，则接受原假设 H_0；反之，则拒绝原假设 H_0 。

2) F 检验（方差未知）

F 检验可以用来检验两个总体的方差是否存在显著差异。在总体方差未知的情况下，假定 s_1^2 和 s_2^2 是分别来自两个相互独立的正态总体的样本方差，样本量分别为 n_1 和 n_2，统计假设（H_0）为样本 x 和样本 y 的方差无显著差别，于是可以构造统计量 F 符合自由度 $\nu_1 = n_1 - 1$ 、$\nu_2 = n_2 - 1$ 的 F 分布，

$$F(n_1-1, n_2-1) = \frac{\dfrac{\chi_1^2(n_1-1)}{n_1-1}}{\dfrac{\chi_2^2(n_2-1)}{n_2-1}} = \left[\frac{\sum\limits_{i=1}^{n_1}(x_i-\bar{x})^2/\sigma^2}{n_1-1}\right] \Bigg/ \left[\frac{\sum\limits_{j=1}^{n_2}(y_j-\bar{y})^2/\sigma^2}{n_2-1}\right]$$

$$= \left[\frac{\sum\limits_{i=1}^{n_1}(x_i-\bar{x})^2}{n_1-1}\right] \Bigg/ \left[\frac{\sum\limits_{j=1}^{n_2}(y_j-\bar{y})^2}{n_2-1}\right] = \frac{s_1^2}{s_2^2} \tag{3.36}$$

给定显著性水平 α，若 $F \leqslant F_{\frac{\alpha}{2}}$，则接受原假设 H_0；反之，则拒绝原假设 H_0。需要指出的是，F 检验还可以用于方差分析，将数据按不同时间间隔进行分组，然后利用 F 检验来检验不同组的组内方差与组间方差的显著性。此外，F 检验常被作为确定回归模型自变量入选和剔除的标准。利用 F 检验还可以判断自回归滑动平均模型降阶后与原模型之间是否有显著性差异，以此确定模型的阶数。

3. 关于相关性的统计检验

对于两个变量间的线性相关或者变量不同时刻间的线性自相关是否显著，即相关系数达到多少算是存在显著相关关系，必须进行统计检验。正态总体的相关检验实质上是两个变量间或者不同时刻间观测数据的独立性检验。相关系数 r 和 $r(j)$ 是总体相关系数的渐近无偏估计。相关检验就是检验总体相关系数为 0 的假设是否显著。

1）皮尔逊相关的统计检验

在假设总体相关系数为0的条件下，样本相关系数 r 的概率密度函数正好是 t 分布的密度函数，因此可以采用 t 分布来对 r 进行显著性检验。如果 n 为样本量，统计假设（H_0）样本 x 和样本 y 不相关，那么可以构造统计量 t 符合自由度 $\nu = n - 2$ 的 t 分布，

$$t(n-2) = \sqrt{n-2}\,\frac{r}{\sqrt{1-r^2}} \tag{3.37}$$

给定显著性水平 α，若 $|t| < t_\alpha$，则接受原假设 H_0，即认为没有显著的相关性；反之，则拒绝原假设 H_0，即认为存在显著的相关性。

2）自相关的统计检验

统计假设（H_0）样本不存在滞后长度 j 的自相关，那么可以构造统计量 u 符合标准正态分布 N（0，1），

$$u(j) = \sqrt{n-j}\,r(j) \tag{3.38}$$

给定显著性水平 α，若 $|u| < u_{\frac{\alpha}{2}}$，则接受原假设 H_0，即认为没有显著的自相关性；反之，则拒绝原假设 H_0，即认为存在显著的自相关性。

4. 关于分布的统计检验

正态分布在统计学中处于非常重要的地位，因此对变量是否呈正态分布形态的检验是十分必要的。正态分布检验不仅可以判断原始变量是否遵从正态分布，还可以检验那些原本不遵从正态分布而经某种数学变换后的变量是否已呈正态分布形态。

1）正态分布的偏度和峰度检验

对变量进行正态分布统计检验最简便的方法是对描述观测数据总体分布密度图形特征量的偏度系数和峰度系数进行检验。当样本量 n 足够大时，标准偏度系数 g_1 和标准峰度系数 g_2 都以标准正态分布 $N(0, 1)$ 为渐近分布。因此，对某一变量做正态性检验，就是提出统计假设（H_0）为变量遵从正态分布，对计算出的样本标准偏度系数 g_1 和标准峰度系数 g_2 做检验。给定显著性水平 α，若 $|g_1| < u_{\frac{\alpha}{2}}$ 且 $|g_2| < u_{\frac{\alpha}{2}}$，则接受原假设 H_0，即认为变量遵从正态分布；反之，则拒绝原假设 H_0，即认为变量不遵从正态分布。

2）数据正态化变换

对于不遵从正态分布的变量可以做适当的变换，使其正态化。这里给出几种常用的变换公式。

① 对数变换。对数变换是一种很常用的正态化变换方法，它的优点是计算简便，即对原始数据取对数

$$x_i' = \ln(x_i) \quad (i = 1, 2, \cdots, n) \tag{3.39}$$

② 平方根变换。对离散型变量用平方根变换十分奏效，即

$$x'_i = \sqrt{x_i + 0.5} \quad (i = 1, 2, \cdots, n) \tag{3.40}$$

③ 角变换。对于遵从二项式分布的变量，可采用角变换，即

$$x'_i = \arcsin(\sqrt{x_i}) \quad (i = 1, 2, \cdots, n) \tag{3.41}$$

④ 幂变换。对于不清楚分布形式的变量，使用幂变换是最合适的。其中有博克斯-考克斯（Box- Cox，BC）幂变换、欣克利（Hinkley）幂变换、博克斯-蒂德维尔（Box-Tidwell，BT）幂变换。选取最佳幂次涉及优化问题，计算较繁杂。

第二部分

时间序列分析方法

第四章　突变检测

变量的变化方式包括两种基本形式，即连续性变化和不连续性变化。不连续性变化的特点是突发性，被称为“突变”。突变可以理解为量变达到一定程度时所发生的质变。突变理论以微分方程为数学基础，其要点在于考查某种系统或过程从一种稳定状态到另一种稳定状态的飞跃，其精髓是关于奇点的理论。例如，气候系统从一种稳定态跳跃式转变到另一种稳定态的现象就是气候突变。气候突变原因包括但不限于如下可能的因素：气候强迫的突然变化；气候强迫的缓慢变化使气候系统越过发生突变的临界值，如地球轨道周期变化会引起冰期旋回；气候系统本身内部非线性混沌过程产生的突然变化等。从统计学角度，可以把突变现象定义为从一个统计特性到另一个统计特性的急剧变化。在这种意义下，气候突变包括均值突变、方差突变、跷跷板突变、转折突变（趋势突变）等。

需要指出的是，基于统计学的突变检测方法在应用时，对一些物理机制还不甚明确而被判为突变的现象，人们很难给予解释。有时使用的突变检测方法不当，可能会得出错误的结论。因此，在确定某气候系统或过程发生突变现象时，最好使用多种方法进行比较，并运用气候学专业知识对突变现象进行分析。

第一节　基于原始序列的突变检测法

1. 滑动 t 检验

滑动 t 检验的基本原理是，通过考查两组样本平均值的差异是否显著来检验突变，即把一个气候序列中两段子序列均值有无显著差异看作来自两个总体均值有无显著差异的问题来检验。如果两段子序列的均值差异超过了一定的显著性水平，则可以认为有突变发生。对于具有 n 个样本量的时间序列 x，人为设置某一时刻为基准点，基准点前后两段子序列 x_1 和 x_2 的样本量分别为 n_1 和 n_2，均值分别为 $\bar{x}_1$ 和 $\bar{x}_2$，方差分别为 s_1^2 和 s_2^2。统计假设（H_0）为子序列 x_1 和子序列 x_2 的均值无显著差别，于是可以构造统计量 t 符合自由度 $\nu = n_1 + n_2 - 2$ 的 t 分布，

$$t(n_1 + n_2 - 2) = \frac{\bar{x}_1 - \bar{x}_2}{\sqrt{\dfrac{(n_1 - 1)s_1^2 + (n_2 - 1)s_2^2}{n_1 + n_2 - 2}}\sqrt{\dfrac{1}{n_1} + \dfrac{1}{n_2}}} \tag{4.1}$$

具体计算步骤为：

① 设定基准点前后两段子序列的长度为 n_1 和 n_2，一般取相同长度；

② 初始基准点设在原序列第 n_1 个数位置，采取滑动办法连续设置基准点，计算基准点统计量序列 t_i（$i = 1, 2, \cdots, n - n_1 - n_2 + 1$）；

③ 给定显著性水平 α，查 t 分布表临界值 t_α，若 $|t_i| < t_\alpha$，认为基准点前后的两段子序列均值无显著差异，否则认为基准点对应的时刻出现突变。

这一方法的缺点是子序列时段的选择带有人为性。为了避免任意选择子序列长度造成突变点的漂移，具体使用这一方法时，可以反复变动子序列长度进行试验比较，以提高计算结果的可靠性。

2. 克拉默（Cramer）法

克拉默法的原理与 t 检验类似，区别在于它是用比较一个子序列与总序列的平均值的显著差异来检测突变。设总序列 x 和子序列 x_1 的均值分别为 $\bar{x}$ 和 $\bar{x}_1$，样本量分别为 n 和 n_1，总序列的方差为 s 。统计假设（H_0）为子序列 x_1 和总序列 x 的均值无显著差别，于是可以构造统计量 t 符合自由度 $\nu = n - 2$ 的 t 分布，

$$t(n_1 + n_2 - 2) = \frac{\bar{x}_1 - \bar{x}_2}{\sqrt{\frac{(n_1 - 1)s_1^2 + (n_2 - 1)s_2^2}{n_1 + n_2 - 2}}\sqrt{\frac{1}{n_1} + \frac{1}{n_2}}} \tag{4.2}$$

其中，

$$n_1 + n_2 = n,\ n_1\bar{x}_1 + n_2\bar{x}_2 = n\bar{x}$$

$$(n_1 - 1)s_1^2 + (n_2 - 1)s_2^2 = (n - 1)s^2$$

$$\bar{x}_1 - \bar{x}_2 = \bar{x}_1 - \frac{1}{n_2}(n\bar{x} - n_1\bar{x}_1) = \frac{n}{n_2}(\bar{x}_1 - \bar{x})$$

代入式（4.2），

$$\begin{aligned}
t(n_1 + n_2 - 2) &= \frac{\bar{x}_1 - \bar{x}_2}{\sqrt{\frac{(n_1 - 1)s_1^2 + (n_2 - 1)s_2^2}{n_1 + n_2 - 2}}\sqrt{\frac{1}{n_1} + \frac{1}{n_2}}} \\
&= t(n - 2) = \frac{\frac{n}{n_2}(\bar{x}_1 - \bar{x})}{\sqrt{\frac{(n - 1)s^2}{n - 2}\frac{n}{n_1 n_2}}} = \frac{\bar{x}_1 - \bar{x}}{s}\sqrt{\frac{n^2}{n_2^2}\frac{n - 2}{n - 1}\frac{n_1 n_2}{n}} \\
&= \frac{\bar{x}_1 - \bar{x}}{s}\sqrt{\frac{n_1(n - 2)}{n_2\frac{n - 1}{n}}} = \frac{\bar{x}_1 - \bar{x}}{s}\sqrt{\frac{n_1(n - 2)}{n - n_1 - \frac{n - n_1}{n}}} \\
&= \frac{\bar{x}_1 - \bar{x}}{s}\sqrt{\frac{n_1(n - 2)}{n - n_1 - n_1\frac{(\bar{x}_1 - \bar{x})^2}{s^2}}}
\end{aligned}$$

$$= \frac{\bar{x}_1 - \bar{x}}{s} \sqrt{\frac{n_1(n-2)}{n - n_1\left[1 + \frac{(\bar{x}_1 - \bar{x})^2}{s^2}\right]}}$$

因此，

$$t(n-2) = \frac{\bar{x}_1 - \bar{x}}{s} \sqrt{\frac{n_1(n-2)}{n - n_1\left[1 + \frac{(\bar{x}_1 - \bar{x})^2}{s^2}\right]}} \tag{4.3}$$

具体计算步骤为：

① 设定子序列的长度 n_1；

② 初始基准点设在原序列第 n_1 个数位置，采取滑动办法连续设置基准点，计算统计量序列 $t_i(i = 1, 2, \cdots, n - n_1 + 1)$；

③ 给定显著性水平 α，查 t 分布表临界值 t_α，若 $|t_i| < t_\alpha$，认为子序列均值与总序列均值无显著差异，否则认为在 t_i 对应的时刻发生了突变。

由于这一方法也要人为地确定子序列长度，因此在具体使用时，应采取反复变动子序列长度的方法来提高计算结果的可靠性。

3. 山本（Yamamoto）法

山本法是从气候信息与气候噪声两部分来讨论突变问题。对于时间序列 x，人为设置某一时刻为基准点，基准点前后两段子序列 x_1 和 x_2 均值分别为 $\bar{x}_1$ 和 $\bar{x}_2$，标准差分别为 s_1 和 s_2，样本量分别为 n_1 和 n_2，定义信噪比为

$$R_{SN} = \frac{|\bar{x}_1 - \bar{x}_2|}{s_1 + s_2} \tag{4.4}$$

这里，两段子序列的均值差的绝对值被视为气候变化的信号，而它们之间的标准差之和被视为噪声，这样可以通过检测信噪比来确定是否突变。如果 $n_1 = n_2 = I_H$，那么信噪比与 t 统计量有如下关系：

$$|t| = \frac{|\bar{x}_1 - \bar{x}_2|}{\sqrt{\frac{(I_H - 1)s_1^2 + (I_H - 1)s_2^2}{2I_H - 2}}\sqrt{\frac{2}{I_H}}} = \frac{|\bar{x}_1 - \bar{x}_2|}{\sqrt{\frac{s_1^2 + s_2^2}{I_H}}} = R_{SN}\frac{s_1 + s_2}{\sqrt{s_1^2 + s_2^2}}\sqrt{I_H} \tag{4.5}$$

其中，

$$\frac{s_1 + s_2}{\sqrt{s_1^2 + s_2^2}} \geqslant 1,$$

$$|t| \geqslant R_{SN}\sqrt{I_H}$$

具体计算步骤为：

① 设定基准点前后两段子序列的长度 n_1 和 n_2，一般取相同长度 $n_1 = n_2 = I_H$；

② 初始基准点设在原序列第 n_1 个数位置，采取滑动办法连续设置基准点，计算基

准点统计量序列 $R_{SN,i}$（$i=1, 2, \cdots, n-2I_H+1$）；

③ 若信噪比 $R_{SN,i}>1$，则认为有突变发生，若 $R_{SN,i}>2$，则认为有强突变发生。

由于这一方法仍然要人为设置基准点，子序列长度的不同可能引起突变点的漂移，因此，应该通过反复变动子序列的长度进行试验比较，以便得到可靠的判别结果。

第二节　基于秩序列的突变检测法

1. 曼-肯德尔（Mann-Kendall）法

曼-肯德尔法是一种基于秩序列的非参数检验方法。非参数检验方法亦称无分布检验，其优点是不需要样本遵从一定的分布，也不受少数异常值的干扰，计算也比较简便。该方法最初的提出是用于检测序列的变化趋势，经过改造可以进行突变检验。其优点是检测范围宽，人为性少，定量化程度高。

对于具有 n 个样本量的时间序列 x，构造一秩序列：

$$s_k=\sum_{i=1}^{k} r_i \quad (k=2, 3, \cdots, n) \tag{4.6}$$

其中，

$$r_i=\begin{cases}1 & x_i>x_j \\ 0 & x_i\leqslant x_j\end{cases} \quad (j=1, 2, \cdots, i) \tag{4.7}$$

可见秩序列 s_k 是第 i 时刻数值大于第 j 时刻数值个数的累计数。在 x_1，x_2，…，x_n 相互独立且具有相同连续分布时，每个 s_k 都逼近于正态分布，其均值 $E\{s_k\}$ 和方差 $\mathrm{Var}\{s_k\}$ 分别为

$$E\{s_k\}=\frac{k(k-1)}{4},\ \mathrm{Var}\{s_k\}=\frac{k(k-1)(2k+5)}{72} \quad (k=2, 3, \cdots, n) \tag{4.8}$$

在时间序列随机独立的假定下，可以定义如下满足标准正态分布 $N(0, 1)$ 的统计量：

$$UF_1=0,\ UF_k=\frac{s_k-E\{s_k\}}{\sqrt{\mathrm{Var}\{s_k\}}} \quad (k=2, 3, \cdots, n) \tag{4.9}$$

可见 UF_k 是按时间序列 x 顺序 $x_1, x_2, \cdots, x_n$ 计算出的统计量序列。按照时间序列 x 的逆序 $x_n, x_{n-1}, \cdots, x_1$，再重复上述过程，得到逆序列的 UF_k，再把 $-UF_k$ 逆序排列后得到 UB_k，即

$$UB_k=-UF_{n+1-k} \tag{4.10}$$

如果 UF_k 或 UB_k 的值大于（小于）0，则表明序列呈上升（下降）趋势，当它们超过临界值时，即 $|UF_k|>u_{\frac{\alpha}{2}}$ 或 $|UB_k|>u_{\frac{\alpha}{2}}$，表明上升（下降）趋势显著；反之，则认为序列无显著的趋势变化。

具体计算步骤为：

① 计算顺序时间序列的秩序列 s_k 和统计量 UF_k；

② 计算逆序时间序列的秩序列 s_k 和统计量 UB_k；

③ 给定显著性水平 α，将 UF_k 和 UB_k 这两个统计量序列曲线和 $\pm u_{\frac{\alpha}{2}}$ 的两条直线绘制在同一张图上，若原序列中存在一个剧烈变化，则两条曲线 UF_k 和 UB_k 出现交点，且交点在临界值 $\pm u_{\frac{\alpha}{2}}$ 之间，那么交点对应的时刻就是突变开始的时刻，超过临界线的范围确定为出现突变的时间区域。无显著变化趋势下，两条曲线可多处交汇。

这种方法的优点在于不仅计算简便，而且可以明确突变开始的时间，并指出突变区域。

2. 佩蒂特（Pettitt）法

佩蒂特法是一种与曼-肯德尔法相似的非参数检验方法。对于具有 n 个样本量的时间序列 x，同样需要构造一秩序列：

$$s_k = \sum_{i=1}^{k} r_i \quad (k = 2, 3, \cdots, n) \tag{4.11}$$

其中，

$$r_i = \begin{cases} 1 & x_i > x_j \\ 0 & x_i = x_j \\ -1 & x_i < x_j \end{cases} \quad (j = 1, 2, \cdots, i) \tag{4.12}$$

可见，这里的秩序列 s_k 是第 i 时刻数值大于或小于第 j 时刻数值个数的累计数。佩蒂特法是直接利用秩序列来检测突变点的，若 t_0 时刻满足

$$k_{t_0} = \max(|s_k|) \quad (k = 2, 3, \cdots, n) \tag{4.13}$$

则认为 t_0 点为突变点。计算统计量

$$P = 2\exp[-6k_{t_0}^2(n^3 + n^2)] \tag{4.14}$$

若 $P \leqslant 0.5$，则认为检测出的突变点在统计意义上是显著的。

第五章　傅里叶谱分析

1807 年法国数学家傅里叶（J. B. J. Fourier）提出，在有限时间间隔内定义的任意函数，均可在无穷多个不同频率的正弦和余弦函数所张成的空间中展开，而展开系数就是该函数在此空间坐标上的投影。这样就出现了与时域相对应的频域，如此便产生了时间序列在频域上进行分析的方法，即谱分析，亦称频谱分析或波谱分析。1965 年出现快速傅里叶变换以来，频域分析走向实用并迅速拓展。

海洋运动无论是时间变化还是空间变化均存在各种尺度的波动现象。本章所介绍的方法主要侧重时间序列波动分析。显然，空间序列的波动分析完全是类似的，因此所介绍的方法完全适用。

本章介绍有关谱的概念、功率谱的概念及其估计方法，以及如何根据谱图来检验某一频率振动的显著性。

第一节　傅里叶变换

如果 $x(t)$ 是以 2π 为周期的周期函数，那么，

$$x(t) = \frac{a_0}{2} + \sum_{n=1}^{\infty}\left[a_n\cos(nt) + b_n\sin(nt)\right] \tag{5.1}$$

其中，

$$\begin{cases} a_n = \dfrac{1}{\pi}\displaystyle\int_{-\pi}^{\pi} x(t)\cos(nt)\,\mathrm{d}t & (n = 0, 1, 2, \cdots) \\ b_n = \dfrac{1}{\pi}\displaystyle\int_{-\pi}^{\pi} x(t)\sin(nt)\,\mathrm{d}t & (n = 1, 2, \cdots) \end{cases} \tag{5.2}$$

如果 $x(t)$ 是以 T 为周期的周期函数，那么，

$$x(t) = \frac{a_0}{2} + \sum_{n=1}^{\infty}\left[a_n\cos\left(n\frac{2\pi t}{T}\right) + b_n\sin\left(n\frac{2\pi t}{T}\right)\right] \tag{5.3}$$

其中，

$$\begin{cases} a_n = \dfrac{2}{T}\displaystyle\int_{-T/2}^{T/2} x(t)\cos\left(n\frac{2\pi t}{T}\right)\mathrm{d}t & (n = 0, 1, 2, \cdots) \\ b_n = \dfrac{2}{T}\displaystyle\int_{-T/2}^{T/2} x(t)\sin\left(n\frac{2\pi t}{T}\right)\mathrm{d}t & (n = 1, 2, \cdots) \end{cases} \tag{5.4}$$

称为傅里叶系数。令 $\omega_n = \dfrac{2\pi n}{T}$，称其为第 n 个谐波的圆频率，n 称为谐波的波数。实际应用中，还常使用频率 $f_n = \dfrac{n}{T}$，它与 ω_n 的关系是 $\omega_n = 2\pi f_n$。式（5.4）表明，一般的时间函数可看成由无穷个不同频率的振动波叠加而成，实际分析中对这些振动波的振幅和相位的了解是十分重要的。由式（5.4）我们发现傅里叶系数满足如下的关系：

$$\begin{cases} a_{-n} = a_n \\ b_{-n} = -b_n \end{cases} \tag{5.5}$$

利用欧拉公式，有

$$\begin{cases} \cos\left(n\dfrac{2\pi t}{T}\right) = \dfrac{1}{2}\left(e^{in\frac{2\pi t}{T}} + e^{-in\frac{2\pi t}{T}}\right) \\ \sin\left(n\dfrac{2\pi t}{T}\right) = \dfrac{1}{2i}\left(e^{in\frac{2\pi t}{T}} - e^{-in\frac{2\pi t}{T}}\right) \end{cases} \tag{5.6}$$

于是有

$$\begin{aligned}
x(t) &= \frac{a_0}{2} + \sum_{n=1}^{\infty}\left[a_n\cos\left(n\frac{2\pi t}{T}\right) + b_n\sin\left(n\frac{2\pi t}{T}\right)\right] \\
&= \frac{a_0}{2} + \frac{1}{2}\sum_{n=1}^{\infty}(a_n - ib_n)e^{in\frac{2\pi t}{T}} + \frac{1}{2}\sum_{n=1}^{\infty}(a_n + ib_n)e^{-in\frac{2\pi t}{T}} \\
&= \frac{a_0}{2} + \frac{1}{2}\sum_{n=1}^{\infty}(a_n - ib_n)e^{in\frac{2\pi t}{T}} + \frac{1}{2}\sum_{n=-1}^{-\infty}(a_{-n} + ib_{-n})e^{in\frac{2\pi t}{T}} \\
&= \frac{a_0}{2} + \frac{1}{2}\sum_{n=1}^{\infty}(a_n - ib_n)e^{in\frac{2\pi t}{T}} + \frac{1}{2}\sum_{n=-1}^{-\infty}(a_n - ib_n)e^{in\frac{2\pi t}{T}} \\
&= \sum_{n=-\infty}^{\infty}\frac{1}{2}(a_n - ib_n)e^{in\frac{2\pi t}{T}} \\
&= \sum_{n=-\infty}^{\infty}\frac{1}{2}\left[\frac{2}{T}\int_{-T/2}^{T/2}x(t')\cos\left(n\frac{2\pi t'}{T}\right)dt' - i\frac{2}{T}\int_{-T/2}^{T/2}x(t')\sin\left(n\frac{2\pi t'}{T}\right)dt'\right]e^{in\frac{2\pi t}{T}} \\
&= \sum_{n=-\infty}^{\infty}\left[\int_{-T/2}^{T/2}x(t')e^{-in\frac{2\pi t'}{T}}dt'\right]\frac{1}{T}e^{in\frac{2\pi t}{T}}
\end{aligned} \tag{5.7}$$

当 $T\to\infty$ 时，$df = 1/T$，此处暗示周期无限长，能够分辨的频率间隔无限小，于是上式中的中括号中的内容就是连续形式的傅里叶变换，即

$$X(f) = \int_{-\infty}^{\infty}x(t)e^{-i2\pi ft}dt \tag{5.8}$$

求和号就可以使用积分号来代替，于是得到傅里叶逆变换为

$$x(t) = \int_{-\infty}^{\infty}X(f)e^{i2\pi ft}df \tag{5.9}$$

注意，此处积分号的上、下限是从负无穷到正无穷，即要求时间序列 $x(t)$ 是无穷长的，

而积分号中的 dt 是无穷小量，即要求采样间隔为无穷小，我们可以称其为连续形式的傅里叶变换，这实际上相当于将一个无穷长的连续的时间序列 $x(t)$ 采用一组完备的正交的基函数进行展开，此处每一个基函数 $\exp(\mathrm{i}2\pi ft)$ 都是单频的，且不同频率的基函数在整个时域的内积为 0，即基函数相互是正交的，而每个基函数前面的系数就是该时间序列 $x(t)$ 在该频率 f 下的傅里叶变换 $X(f)$，我们可以把一个时间序列 $x(t)$ 定义到时间域上，每个时间点 t 的值就是该时刻的值 $x(t)$，我们同样也可以把这个时间序列定义到频率域上，每个频率点 f 上的值就是傅里叶变换 $X(f)$ 。

第二节　卷积、卷积定理和巴什瓦定理

定义时域上的卷积计算为

$$y(t) = \int_{-\infty}^{\infty} h(\tau)x(t-\tau)\mathrm{d}\tau = \int_{-\infty}^{\infty} x(\tau)h(t-\tau)\mathrm{d}\tau \tag{5.10}$$

函数 $y(t)$ 称为函数 $h(t)$ 和 $x(t)$ 的卷积。如果 $h(t)$ 和 $x(t)$ 分别有傅里叶变换 $H(f)$ 和 $X(f)$，那么我们可以计算 $y(t)$ 的傅里叶变换，将式 (5.10) 时域上的卷积公式代入，得到

$$\begin{aligned} Y(f) &= \int_{-\infty}^{\infty} y(t)\mathrm{e}^{-\mathrm{i}2\pi ft}\mathrm{d}t \\ &= \int_{-\infty}^{\infty}\left[\int_{-\infty}^{\infty} h(\tau)x(t-\tau)\mathrm{d}\tau\right]\mathrm{e}^{-\mathrm{i}2\pi ft}\mathrm{d}t \\ &= \int_{-\infty}^{\infty} h(\tau)\left[\int_{-\infty}^{\infty} x(t-\tau)\mathrm{e}^{-\mathrm{i}2\pi ft}\mathrm{d}t\right]\mathrm{d}\tau \\ &= \int_{-\infty}^{\infty} h(\tau)X(f)\mathrm{e}^{-\mathrm{i}2\pi f\tau}\mathrm{d}\tau \\ &= H(f)X(f) \end{aligned} \tag{5.11}$$

这说明时域上的卷积对应于频域上的乘积。同理，我们还可以计算频域上的卷积

$$Y(f) = \int_{-\infty}^{\infty} H(\varphi)X(f-\varphi)\mathrm{d}\varphi = \int_{-\infty}^{\infty} H(f-\varphi)X(\varphi)\mathrm{d}\varphi \tag{5.12}$$

对其进行傅里叶逆变换，并将上述频域上的卷积公式代入，得到

$$\begin{aligned} y(t) &= \int_{-\infty}^{\infty} Y(f)\mathrm{e}^{\mathrm{i}2\pi ft}\mathrm{d}f \\ &= \int_{-\infty}^{\infty}\left[\int_{-\infty}^{\infty} H(\varphi)X(f-\varphi)\mathrm{d}\varphi\right]\mathrm{e}^{\mathrm{i}2\pi ft}\mathrm{d}f \\ &= \int_{-\infty}^{\infty} H(\varphi)\left[\int_{-\infty}^{\infty} X(f-\varphi)\mathrm{e}^{\mathrm{i}2\pi ft}\mathrm{d}f\right]\mathrm{d}\varphi \\ &= \int_{-\infty}^{\infty} H(\varphi)x(t)\mathrm{e}^{\mathrm{i}2\pi f\varphi}\mathrm{d}\varphi \\ &= h(t)x(t) \end{aligned} \tag{5.13}$$

这说明频域上的卷积对应于时域上的乘积。

我们还可以考虑这样一个函数 $y(t) = x(t)x(t)$，利用上述频域上的卷积定理，$y(t)$ 的傅里叶变换为

$$Y(f) = \int_{-\infty}^{\infty} X(\varphi)X(f-\varphi)\mathrm{d}\varphi \tag{5.14}$$

于是有

$$\int_{-\infty}^{\infty} [x(t)]^2 \mathrm{e}^{-\mathrm{i}2\pi ft}\mathrm{d}t = \int_{-\infty}^{\infty} X(\varphi)X(f-\varphi)\mathrm{d}\varphi \tag{5.15}$$

令 $f = 0$，于是有

$$\int_{-\infty}^{\infty} [x(t)]^2 \mathrm{d}t = \int_{-\infty}^{\infty} X(\varphi)X(-\varphi)\mathrm{d}\varphi = \int_{-\infty}^{\infty} X(\varphi)X^*(\varphi)\mathrm{d}\varphi = \int_{-\infty}^{\infty} |X(\varphi)|^2\mathrm{d}\varphi \tag{5.16}$$

于是我们得到巴什瓦定理

$$\int_{-\infty}^{\infty} [x(t)]^2 \mathrm{d}t = \int_{-\infty}^{\infty} |X(f)|^2\mathrm{d}f \tag{5.17}$$

按照一般的物理模型，考虑 1 个单位的电阻，瞬时电压用 $x(t)$ 表示，则它的瞬时功率就是 $[x(t)]^2$，它的总能量就是 $\int_{-\infty}^{\infty}[x(t)]^2\mathrm{d}t$。那么式（5.17）表示的就是时域上的总能量等于频域上的总能量。

第三节　线谱和 δ 函数

让我们考虑一个频率为 f_0 的单一频率振荡

$$x(t) = \mathrm{e}^{\mathrm{i}2\pi f_0 t} \tag{5.18}$$

其傅里叶变换为

$$\begin{aligned}
X(f) &= \int_{-\infty}^{\infty} x(t)\mathrm{e}^{-\mathrm{i}2\pi ft}\mathrm{d}t \\
&= \int_{-\infty}^{\infty} \mathrm{e}^{\mathrm{i}2\pi f_0 t}\mathrm{e}^{-\mathrm{i}2\pi ft}\mathrm{d}t \\
&= \int_{-\infty}^{\infty} \mathrm{e}^{-\mathrm{i}2\pi(f-f_0)t}\mathrm{d}t \\
&= \int_{-\infty}^{\infty} \cos[2\pi(f-f_0)t]\mathrm{d}t \\
&= \lim_{N\to\infty}\frac{\sin[2\pi(f-f_0)N]}{\pi(f-f_0)} \\
&= \delta(f-f_0) = \begin{cases}\infty, & f = f_0 \\ 0, & f \neq f_0\end{cases}
\end{aligned} \tag{5.19}$$

上述推导中用到了如下公式：

$$\int_{-\infty}^{\infty} \cos(2\pi ft)\mathrm{d}f = \int_{-\infty}^{\infty} \mathrm{e}^{\mathrm{i}2\pi ft}\mathrm{d}f = \delta(t) \tag{5.20}$$

δ 函数是一种特殊函数，$t=0$ 时其值为无穷大，$t\neq 0$ 时，其值为0。δ 函数具有如下性质：

$$\begin{cases}\int_{-\infty}^{\infty}\delta(t-t_0)\,\mathrm{d}t=1\\ \int_{-\infty}^{\infty}h(t)\delta(t-t_0)\,\mathrm{d}t=h(t_0)\end{cases}\tag{5.21}$$

上述傅里叶变换结果表明，频率为 f_0 的单一频率振荡的谱是不连续的，而是一种线状的谱，其谱值在 f_0 处为无穷大，在其他位置为0。

如果某一个时间信号序列是由许多离散的频率为 $\frac{n}{T}$（其中 n 为整数）的单频振荡组成的，则

$$x(t)=\sum_{n=-\infty}^{\infty}\frac{1}{2}(a_n-\mathrm{i}b_n)\mathrm{e}^{\mathrm{i}n\frac{2\pi t}{T}}\tag{5.22}$$

那么，其傅里叶变换为

$$\begin{aligned}X(f)&=\int_{-\infty}^{\infty}x(t)\mathrm{e}^{-\mathrm{i}2\pi ft}\mathrm{d}t\\&=\int_{-\infty}^{\infty}\sum_{n=-\infty}^{\infty}\frac{1}{2}(a_n-\mathrm{i}b_n)\mathrm{e}^{\mathrm{i}n\frac{2\pi t}{T}}\mathrm{e}^{-\mathrm{i}2\pi ft}\mathrm{d}t\\&=\sum_{n=-\infty}^{\infty}\frac{1}{2}(a_n-\mathrm{i}b_n)\int_{-\infty}^{\infty}\mathrm{e}^{-\mathrm{i}2\pi(f-\frac{n}{T})t}\mathrm{d}t\\&=\sum_{n=-\infty}^{\infty}\frac{1}{2}(a_n-\mathrm{i}b_n)\delta\left(f-\frac{n}{T}\right)\end{aligned}\tag{5.23}$$

那么该时间信号序列的谱也是不连续的，是线状的谱，谱值在频率为 $\frac{n}{T}$（其中 n 为整数）时无穷大，在其他位置为0。

第四节　离散傅里叶变换

本章第一节中介绍的是信号为无限长，且采样间隔无穷小的情况下时间序列的傅里叶变换。但是，在实际工作中，我们对一个过程的采样间隔不可能是无穷小，而是一个有限大的采样间隔 Δt，此外，采样的时间序列也不能是无限长，而是一个有限大时间段 $N\Delta t$，其中 N 是总的采样次数，简称资料长度，即信号是有限长度的、离散形式的，可以用 $x(k\Delta t)$（其中，$k=0, 1, 2, \cdots, N-1$）来表示，我们能否对这样的实际的时间序列进行分解呢？实际上，我们可以采用上述连续形式的傅里叶变换直接推导离散形式的傅里叶变换，但推导过程较为烦琐，已超出本书范围，读者可参考有关傅里叶变换的相关书籍，此处直接给出离散傅里叶变换

$$X\left(\frac{n}{N\Delta t}\right)=\sum_{k=0}^{N-1}x(k\Delta t)\mathrm{e}^{-\frac{\mathrm{i}2\pi nk}{N}}\quad(n=0, 1, \cdots, N-1)\tag{5.24}$$

由上式我们可以得出

$$\left[X\left(\frac{N-n}{N\Delta t}\right)\right]^{*}=X\left(\frac{n}{N\Delta t}\right)=X\left(\frac{n+mN}{N\Delta t}\right) \tag{5.25}$$

离散傅里叶逆变换为

$$x(k\Delta t)=\frac{1}{N}\sum_{n=0}^{N-1}X\left(\frac{n}{N\Delta t}\right)\mathrm{e}^{\frac{\mathrm{i}2\pi nk}{N}} \quad (k=0,1,\cdots,N-1) \tag{5.26}$$

将离散傅里叶变换的公式代入式（5.26），我们可以验证傅里叶逆变换的正确性，

$$\begin{aligned}\frac{1}{N}\sum_{n=0}^{N-1}X\left(\frac{n}{N\Delta t}\right)\mathrm{e}^{\frac{\mathrm{i}2\pi nk}{N}} &= \frac{1}{N}\sum_{n=0}^{N-1}\sum_{k'=0}^{N-1}x(k'\Delta t)\mathrm{e}^{-\frac{\mathrm{i}2\pi nk'}{N}}\mathrm{e}^{\frac{\mathrm{i}2\pi nk}{N}}\\ &= \frac{1}{N}\sum_{n=0}^{N-1}\sum_{k'=0}^{N-1}x(k'\Delta t)\mathrm{e}^{-\frac{\mathrm{i}2\pi n(k'-k)}{N}}\\ &= \frac{1}{N}\sum_{k'=0}^{N-1}x(k'\Delta t)\sum_{n=0}^{N-1}\mathrm{e}^{-\frac{\mathrm{i}2\pi n(k'-k)}{N}}\\ &= \frac{1}{N}\sum_{k'=0}^{N-1}x(k'\Delta t)N\delta_{kk'}\\ &= x(k\Delta t)\end{aligned} \tag{5.27}$$

在式（5.27）的推导过程中，我们使用了关系式

$$\sum_{n=0}^{N-1}\mathrm{e}^{-\frac{\mathrm{i}2\pi n(k'-k)}{N}}=N\delta_{kk'} \tag{5.28}$$

在很多文献中，离散傅里叶变换也可以表述为

$$\widetilde{X}\left(\frac{n}{N\Delta t}\right)=\frac{2}{N}\sum_{k=0}^{N-1}x(k\Delta t)\mathrm{e}^{-\frac{\mathrm{i}2\pi nk}{N}} \quad (n=0,1,\cdots,N-1) \tag{5.29}$$

由式（5.29）我们同样可以得出

$$\left[\widetilde{X}\left(\frac{N-n}{N\Delta t}\right)\right]^{*}=\widetilde{X}\left(\frac{n}{N\Delta t}\right)=\widetilde{X}\left(\frac{n+mN}{N\Delta t}\right) \tag{5.30}$$

相对应地，离散傅里叶逆变换也可以表述为

$$x(k\Delta t)=\frac{1}{2}\sum_{n=0}^{N-1}\widetilde{X}\left(\frac{n}{N\Delta t}\right)\mathrm{e}^{\frac{\mathrm{i}2\pi nk}{N}} \quad (k=0,1,\cdots,N-1) \tag{5.31}$$

读者可自行验证其正确性。

需要指出的是，有时为了理论分析方便，也经常会考虑无限长的离散信号，在这种情况下可以无须考虑边界的问题。这样一来，在离散傅里叶变换中

$$X\left(\frac{n}{N\Delta t}\right)=\sum_{k=0}^{N-1}x(k\Delta t)\mathrm{e}^{-\frac{\mathrm{i}2\pi nk}{N}} \tag{5.32}$$

N 将趋于无穷大，求和号的指标 k 范围也将变为 $-\infty\sim\infty$，频率 $\frac{n}{N\Delta t}$ 将变为频率 f，即 $\frac{n}{N\Delta t}=$

f, 于是离散傅里叶变换可以变为

$$X(f) = \sum_{k=-\infty}^{\infty} x(k\Delta t)\mathrm{e}^{-\mathrm{i}2\pi fk\Delta t} \tag{5.33}$$

有时为了处理上更为方便，在计算过程中去掉 Δt, 即在计算中令 $\Delta t = 1$, 然后在分析结果中再将 Δt 置换回来即可，于是离散傅里叶变换还可以变为

$$X(f) = \sum_{k=-\infty}^{\infty} x(k)\mathrm{e}^{-\mathrm{i}2\pi fk} \tag{5.34}$$

第五节　功率谱

注意到积分

$$\int_{-\infty}^{\infty} [x(t)]^2 \mathrm{d}t = \int_{-\infty}^{\infty} |X(f)|^2 \mathrm{d}f \tag{5.35}$$

表示的是总能量，而平均功率 = 总能量 ÷ 总时间，于是信号 $x(t)$ 的平均功率可以定义为

$$P \equiv \lim_{T\to\infty} \frac{1}{T} \int_{-T/2}^{T/2} [x(t)]^2 \mathrm{d}t \tag{5.36}$$

应用巴什瓦定理，我们得到

$$\begin{aligned} P &\equiv \lim_{T\to\infty} \frac{1}{T} \int_{-T/2}^{T/2} [x(t)]^2 \mathrm{d}t = \lim_{T\to\infty} \frac{1}{T} \int_{-\infty}^{\infty} |X(f)|^2 \mathrm{d}f \\ &= \int_{-\infty}^{\infty} \lim_{T\to\infty} \frac{|X(f)|^2}{T} \mathrm{d}f \end{aligned} \tag{5.37}$$

这实际上表示了平均功率在各个频率上的分配，于是我们可以定义功率密度函数（功率谱）为

$$S(f) \equiv \lim_{T\to\infty} \frac{|X(f)|^2}{T} \tag{5.38}$$

依据上述功率谱的定义可以发现，对于一个时间序列 $x(t)$，只要计算出它的傅里叶变换，然后依据式（5.38）即可计算出该时间序列的功率谱。从统计观点来看，平均功率 $\lim_{T\to\infty} \frac{1}{T} \int_{-T/2}^{T/2} [x(t)]^2 \mathrm{d}t$ 表示的是数学期望为 0 的信号 $x(t)$ 的方差，那么功率谱的概念实际上表述了方差可以分解为各部分波动功率之和。除此之外，还可以采用自相关函数来计算功率谱，下面讨论自相关函数与功率谱之间的关系。对于平稳的随机过程，自相关函数定义为

$$R(\tau) \equiv E\{x(t+\tau)x^*(t)\} \tag{5.39}$$

在各态历经性假设下，上述期望可以采用如下的时间平均来计算：

$$R(\tau) \equiv E\{x(t+\tau)x^*(t)\} = \lim_{T\to\infty} \frac{1}{T} \int_{-T/2}^{T/2} x(t+\tau)x^*(t)\mathrm{d}t \tag{5.40}$$

计算上述自相关函数的傅里叶变换

$$
\begin{aligned}
\int_{-\infty}^{\infty} R(\tau)\mathrm{e}^{-\mathrm{i}2\pi f\tau}\mathrm{d}\tau &= \int_{-\infty}^{\infty}\left[\lim_{T\to\infty}\frac{1}{T}\int_{-T/2}^{T/2}x(t+\tau)x^{*}(t)\mathrm{d}t\right]\mathrm{e}^{-\mathrm{i}2\pi f\tau}\mathrm{d}\tau \\
&= \lim_{T\to\infty}\frac{1}{T}\int_{-T/2}^{T/2}\left[\int_{-\infty}^{\infty}x(t+\tau)\mathrm{e}^{-\mathrm{i}2\pi f\tau}\mathrm{d}\tau\right]x^{*}(t)\mathrm{d}t \\
&= \lim_{T\to\infty}\frac{1}{T}\int_{-T/2}^{T/2}\left[\int_{-\infty}^{\infty}x(\tau)\mathrm{e}^{-\mathrm{i}2\pi f\tau}\mathrm{d}\tau\right]x^{*}(t)\mathrm{e}^{\mathrm{i}2\pi ft}\mathrm{d}t \\
&= \lim_{T\to\infty}\frac{1}{T}\left|\int_{-T/2}^{T/2}x(t)\mathrm{e}^{-\mathrm{i}2\pi ft}\mathrm{d}t\right|^{2} = \lim_{T\to\infty}\frac{|X(f)|^{2}}{T} = S(f)
\end{aligned}
\tag{5.41}
$$

由此可以发现自相关函数的傅里叶变换就是功率谱。这里需要注意的是，自相关函数通常采用去掉平均值之后的距平值时间序列来计算，因此使用自相关函数计算得到的功率谱通常是距平时间序列的功率谱。

实际的观测资料都是有限长度且离散的。基于上述离散傅里叶变换，可以定义有限长度离散信号的功率谱。设采样间隔为 Δt，总资料长度为 N，信号为 $x(k\Delta t)$（其中 $k = 0, 1, 2, \cdots, N-1$），则该信号的平均功率 = 总能量 ÷ 总时间，即 $\frac{1}{N}\sum_{k=0}^{N-1}[x(k\Delta t)]^2$，将离散傅里叶逆变换代入，得

$$
\begin{aligned}
\frac{1}{N}\sum_{k=0}^{N-1}[x(k\Delta t)]^2 &= \frac{1}{N^3}\sum_{k=0}^{N-1}\sum_{n=0}^{N-1}X\left(\frac{n}{N\Delta t}\right)\mathrm{e}^{\frac{\mathrm{i}2\pi nk}{N}}\sum_{m=0}^{N-1}\left[X\left(\frac{m}{N\Delta t}\right)\right]^{*}\mathrm{e}^{-\frac{\mathrm{i}2\pi mk}{N}} \\
&= \frac{1}{N^3}\sum_{n=0}^{N-1}\sum_{m=0}^{N-1}X\left(\frac{n}{N\Delta t}\right)\left[X\left(\frac{m}{N\Delta t}\right)\right]^{*}\sum_{k=0}^{N-1}\mathrm{e}^{\frac{\mathrm{i}2\pi(n-m)k}{N}} \\
&= \frac{1}{N^3}\sum_{n=0}^{N-1}\sum_{m=0}^{N-1}X\left(\frac{n}{N\Delta t}\right)\left[X\left(\frac{m}{N\Delta t}\right)\right]^{*}N\delta_{nm} \\
&= \frac{1}{N^2}\sum_{n=0}^{N-1}\left|X\left(\frac{n}{N\Delta t}\right)\right|^2 = \sum_{n=0}^{N/2}\frac{2}{N^2}\left|X\left(\frac{n}{N\Delta t}\right)\right|^2
\end{aligned}
\tag{5.42}
$$

按照前述的平均功率在各个频率上的分配来定义功率密度函数（功率谱），我们可以定义有限长度离散信号的功率谱为

$$
S\left(\frac{n}{N\Delta t}\right) = \frac{2}{N^2}\left|X\left(\frac{n}{N\Delta t}\right)\right|^2 = \frac{2}{N^2}\left|\sum_{k=0}^{N-1}x(k\Delta t)\mathrm{e}^{-\frac{\mathrm{i}2\pi nk}{N}}\right|^2 \quad \left(n = 0, 1, \cdots, \frac{N}{2}\right)
\tag{5.43}
$$

由上述公式我们可以得到如下的关系：

$$
S\left(\frac{N-n}{N\Delta t}\right) = S\left(\frac{n}{N\Delta t}\right)
\tag{5.44}
$$

利用另一种离散傅里叶变换公式我们同样可以得到

$$
\frac{1}{N}\sum_{k=0}^{N-1}[x(k\Delta t)]^2 = \frac{1}{N}\frac{1}{4}\sum_{k=0}^{N-1}\sum_{n=0}^{N-1}\widetilde{X}\left(\frac{n}{N\Delta t}\right)\mathrm{e}^{\frac{\mathrm{i}2\pi nk}{N}}\sum_{m=0}^{N-1}\left[\widetilde{X}\left(\frac{m}{N\Delta t}\right)\right]^{*}\mathrm{e}^{-\frac{\mathrm{i}2\pi mk}{N}}
$$

$$
\begin{aligned}
&= \frac{1}{N}\frac{1}{4}\sum_{n=0}^{N-1}\sum_{m=0}^{N-1}\widetilde{X}\left(\frac{n}{N\Delta t}\right)\left[\widetilde{X}\left(\frac{m}{N\Delta t}\right)\right]^{*}\sum_{k=0}^{N-1}\mathrm{e}^{\frac{\mathrm{i}2\pi(n-m)k}{N}} \\
&= \frac{1}{4}\sum_{n=0}^{N-1}\sum_{m=0}^{N-1}\widetilde{X}\left(\frac{n}{N\Delta t}\right)\left[\widetilde{X}\left(\frac{m}{N\Delta t}\right)\right]^{*}\delta_{nm} \\
&= \frac{1}{4}\sum_{n=0}^{N-1}\left|\widetilde{X}\left(\frac{n}{N\Delta t}\right)\right|^{2} = \sum_{n=0}^{N/2}\frac{1}{2}\left|\widetilde{X}\left(\frac{n}{N\Delta t}\right)\right|^{2}
\end{aligned}
\tag{5.45}
$$

于是，有限长度离散信号的功率谱还可以表示为

$$
S\left(\frac{n}{N\Delta t}\right) = \frac{1}{2}\left|\widetilde{X}\left(\frac{n}{N\Delta t}\right)\right|^{2} = \frac{2}{N^{2}}\left|\sum_{k=0}^{N-1}x(k\Delta t)\mathrm{e}^{-\frac{\mathrm{i}2\pi nk}{N}}\right|^{2} \quad \left(n = 0, 1, \cdots, \frac{N}{2}\right)
\tag{5.46}
$$

与前述公式是完全等价的。

如果将原时间序列去掉平均值后得到距平时间序列，那么

$$
s^{2} = \frac{1}{N}\sum_{k=0}^{N-1}\left[x(k\Delta t) - \bar{x}\right]^{2}
\tag{5.47}
$$

实际上代表了这个时间序列的方差。上述距平时间序列的功率谱的具体计算公式为

$$
S\left(\frac{n}{N\Delta t}\right) = \frac{1}{2}(a_n^2 + b_n^2)
\tag{5.48}
$$

其中，

$$
\begin{cases}
a_n = \dfrac{2}{N}\displaystyle\sum_{k=0}^{N-1}\left[x(k\Delta t) - \bar{x}\right]\cos\left(\dfrac{2\pi nk}{N}\right) \\
b_n = \dfrac{2}{N}\displaystyle\sum_{k=0}^{N-1}\left[x(k\Delta t) - \bar{x}\right]\sin\left(\dfrac{2\pi nk}{N}\right)
\end{cases}
\quad \left(n = 0, 1, \cdots, \frac{N}{2}\right)
\tag{5.49}
$$

利用式（5.48）可以直接计算一个有限长度等间隔离散时间序列的功率谱，对应的频率为$f_n = \frac{n}{N\Delta t}$，周期为 $T_n = \frac{N\Delta t}{n}$ $\left(其中, n = 0, 1, \cdots, \frac{N}{2}\right)$。功率谱图显示了不同频率振动的功率大小，也是对方差贡献的大小，因而可以从谱曲线中的谱值来确认主要振动及其对应的周期，但这一确认是否有统计意义，还需要做显著性检验。假设 $H_0: E(a_n) = E(b_n) = 0$ 的情况下，统计量

$$
F(2, n-2-1) = \frac{\left(\frac{1}{2}a_n^2 + \frac{1}{2}b_n^2\right)\Big/2}{\left(s^2 - \frac{1}{2}a_n^2 - \frac{1}{2}b_n^2\right)\Big/(n-2-1)}
\tag{5.50}
$$

遵从分子自由度为2，分母自由度为（$n-2-1$）的 F 分布。

如果在上述功率谱公式两边同除以 s^2，还可以得到归一化的功率谱，这相当于原时

间序列的标准化序列（减掉平均值再除以标准差的时间序列，这样的序列均值为0，方差为1）的功率谱

$$\hat{S}\left(\frac{n}{N\Delta t}\right)=\frac{2}{N^2}\left|\sum_{k=0}^{N-1}\left[\frac{x(k\Delta t)-\bar{x}}{s}\right]e^{-\frac{i2\pi nk}{N}}\right|^2\quad\left(n=0,1,\cdots,\frac{N}{2}\right)\tag{5.51}$$

根据谱密度与自相关函数互为傅里叶变换的重要性质，通过自相关函数可以间接给出功率谱估计。对于一个时间序列 $x(k\Delta t)$，设其均值为 $\bar{x}$，标准差为 s，最大滞后时间长度为 M 的自相关系数 $R(m\Delta t)$ 为

$$R(m\Delta t)=\frac{1}{N-m}\sum_{k=0}^{N-1-m}\left[\frac{x(k\Delta t)-\bar{x}}{s}\right]\left[\frac{x(k\Delta t+m\Delta t)-\bar{x}}{s}\right]\quad(m=0,1,2,\cdots,M)\tag{5.52}$$

自相关函数 $R(m\Delta t)$ 属于偶函数，对式（5.52）做傅里叶变换时需要与 $e^{\frac{i2\pi lm}{M}}$ 相乘，并在整个时域上进行积分，由于 $\sin(2\pi lm/M)$ 是奇函数，与自相关函数相乘做积分时等于0，于是只剩下偶函数 $\cos(2\pi lm/M)$ 与自相关函数相乘做积分，而偶函数与偶函数相乘仍为偶函数，在整个时域上积分时，只需计算时间正轴部分然后乘以2即可。根据上述离散傅里叶变换的特点，总长度为 M 的时间序列 $R(m\Delta t)$，其波数 l 最大可以取到 $M/2$，因此，习惯上令 $n=2l$，那么波数 n 取值可以从0到 M。于是，不同波数 n 的粗谱估计值为

$$\hat{S}\left(\frac{n}{2M\Delta t}\right)=\frac{1}{M}\left[R(0)+2\sum_{m=1}^{M-1}R(m\Delta t)\cos\left(\frac{\pi nm}{M}\right)+R(M\Delta t)\cos(\pi n)\right]\tag{5.53}$$

为了消除粗谱估计的抽样误差，还要对粗谱估计做平滑处理，作为功率谱的最后估计，常用的平滑公式为

$$\begin{cases}S(0)=0.5\hat{S}(0)+0.5\hat{S}\left(\dfrac{1}{2M\Delta t}\right)\\ S\left(\dfrac{n}{2M\Delta t}\right)=0.25\hat{S}\left(\dfrac{n-1}{2M\Delta t}\right)+0.5\hat{S}\left(\dfrac{n}{2M\Delta t}\right)+0.25\hat{S}\left(\dfrac{n+1}{2M\Delta t}\right)\\ S\left(\dfrac{1}{2\Delta t}\right)=0.5\hat{S}\left(\dfrac{M-1}{2M\Delta t}\right)+0.5\hat{S}\left(\dfrac{1}{2\Delta t}\right)\end{cases}\tag{5.54}$$

于是得到谱估计公式：

$$S\left(\frac{n}{2M\Delta t}\right)=\frac{1}{M}\left\{R(0)+\sum_{m=1}^{M-1}R(m\Delta t)\left[1+\cos\left(\frac{\pi m}{M}\right)\right]\cos\left(\frac{\pi nm}{M}\right)\right\}\tag{5.55}$$

另外，为了保持权重一致，端点处也还要乘以0.5，于是得到计算平滑功率谱估计公式：

$$S\left(\frac{n}{2M\Delta t}\right)=\frac{B_n}{M}\left\{R(0)+\sum_{m=1}^{M-1}R(m\Delta t)\left[1+\cos\left(\frac{\pi m}{M}\right)\right]\cos\left(\frac{\pi nm}{M}\right)\right\}\tag{5.56}$$

其中，$n=0,1,2,\cdots,M$；$B_n=\begin{cases}1 & (n\neq 0, M)\\ 0.5 & (n=0, M)\end{cases}$。

周期与波数的关系是 $T_n = 2M\Delta t/n$。对已知序列样本容量为 N 的情况，功率谱估计随 M 的取值不同而不同。M 越大，用来估计谱的采样点就越多，但并不表明功率谱估计就越准确。因为 M 太大时，由于样本容量太小，自相关函数功率谱估计就差，功率谱估计的误差就越大。通常 M 取值为 $\frac{N}{10} \sim \frac{N}{3}$。

为了确定谱值在哪一波段最突出并了解该谱值的统计意义，需要求出一个标准过程谱以便比较。标准谱有两种情况。

➢ 红噪声标准谱

$$S_0\left(\frac{n}{2M\Delta t}\right) = \bar{S}\left[\frac{1 - R^2(\Delta t)}{1 + R^2(\Delta t) - 2R(\Delta t)\cos\left(\frac{\pi n}{M}\right)}\right] \tag{5.57}$$

式中 $\bar{S}$ 为 $(M+1)$ 个谱估计值的均值，即

$$\bar{S} = \frac{1}{2M}\left[S(0) + S\left(\frac{1}{2\Delta t}\right)\right] + \frac{1}{M}\sum_{n=1}^{M-1} S\left(\frac{n}{2M\Delta t}\right) \tag{5.58}$$

➢ 白噪声标准谱

$$S_0\left(\frac{n}{2M\Delta t}\right) = \bar{S} \tag{5.59}$$

如果序列的滞后自相关系数 $R(\Delta t)$ 为较大正值时，表明序列具有持续性，用红噪声标准谱检验。若 $R(\Delta t)$ 接近于 0 或者为负值时，表明序列无持续性，用白噪声标准谱检验。

假设总体谱是某一随机过程的谱，记为 $E(S)$，则

$$\frac{S}{E(S)/\nu} = \chi^2(\nu) \tag{5.60}$$

遵从自由度为 ν 的 χ^2 分布。自由度 ν 与样本量 N 及最大滞后长度 M 有关，即

$$\nu = \left(2N - \frac{M}{2}\right)\Big/ M \tag{5.61}$$

给定显著性水平 α，查表得到 χ_α^2 值，计算

$$S_0'\left(\frac{n}{2M\Delta t}\right) = S_0\left(\frac{n}{2M\Delta t}\right)\left(\frac{\chi_\alpha^2}{\nu}\right) \tag{5.62}$$

若谱估计值 $S\left(\frac{n}{2M\Delta t}\right) > S_0'\left(\frac{n}{2M\Delta t}\right)$，则表明 n 波数对应的周期波动是显著的。

第六节　折叠谱与瑞利准则

对连续信号进行离散化取样（如潮汐资料）时，应满足以下两个条件：

➢ $X(f)$ 有截止频率 f_N，即当 $|f| \geq f_N$ 时，$X(f) = 0$；

➢ 取样间隔 $\Delta t \leqslant 1/(2f_N)$，或截止频率 $f_N \leqslant 1/(2\Delta t)$。

在给定取样间隔 Δt 的条件下，取 $f_N = 1/(2\Delta t)$ 为奈奎斯特（Nyquist）频率。当满足取样间隔的上述两个条件，在奈奎斯特频率以内，离散信号的频谱与连续信号的频谱是一致的。但是，如果取样间隔 Δt 太大而不满足上述取样条件时，离散信号的频谱变为由连续信号的频谱折叠而成

$$X_\Delta(f) = \sum_{m=-\infty}^{\infty} X\left(f + \frac{m}{\Delta t}\right) \tag{5.63}$$

为此，如果给定取样间隔 Δt，我们需要计算原频率 f 折叠到奈奎斯特频率 f_N 之内的频率 f_Δ。具体做法是，利用原频率 f 计算

$$f' = f - \frac{m}{\Delta t} \tag{5.64}$$

需要寻找 m 为整数，使得

$$0 \leqslant f' \leqslant \frac{1}{\Delta t} = 2f_N \tag{5.65}$$

之后，计算折叠频率

$$f_\Delta = \begin{cases} f' & \left[0 \leqslant f' \leqslant \left(f_N \equiv \dfrac{1}{2\Delta t}\right)\right] \\ \dfrac{1}{\Delta t} - f' & \left[\left(f_N \equiv \dfrac{1}{2\Delta t}\right) < f' \leqslant \dfrac{1}{\Delta t}\right] \end{cases} \tag{5.66}$$

依据合理的取样间隔获取的离散资料能够得到合理的频谱，但是，它要求具有无限长的时间序列，而这是做不到的，实际工作中只能依据有限长的取样资料进行计算，如此便会造成失真。由于不能无限多地取样，因而在序列分析中如果两个谱线的频率间隔太小，那么两个谱线将不能分离开来。例如，取样间隔为 Δt，资料总长度为 N，假设该资料序列中包含有两个频率 f_1 和 f_2（如果取样间隔 Δt 太大，我们需要先利用原频率计算其折叠频率，再开展下述的计算），那么由下述公式：

$$\begin{aligned} &\cos(2\pi f_1 t + \theta_1) + \cos(2\pi f_2 t + \theta_2) \\ &= 2\cos\left(2\pi\frac{f_1 + f_2}{2}t + \frac{\theta_1 + \theta_2}{2}\right)\cos\left(2\pi\frac{f_1 - f_2}{2}t + \frac{\theta_1 - \theta_2}{2}\right) \end{aligned} \tag{5.67}$$

分析发现，如果想将这两个频率分离开，则需要资料总长度应该至少能够完整地刻画上述差频过程的一半，即瑞利（Rayleigh）准则：

$$2\pi\frac{f_1 - f_2}{2}N\Delta t \geqslant \pi \text{ 或者 } f_1 - f_2 \geqslant \frac{1}{N\Delta t} \text{ 或者 } N\Delta t \geqslant \frac{1}{f_1 - f_2}$$

资料的时间序列越长，其分辨率越高，而资料的取样间隔 Δt 则决定着截止频率。当 $\Delta t = 1$ h时，可以分析的最短周期为 $T = 2$ h。对于高频振动，需要更短的取样间隔。

第七节　交叉谱

功率谱用来研究单个序列的频域结构和周期特性，但由于海洋系统是一个复杂的多变量多尺度系统，往往需要研究不同序列在频域上的相互关系。交叉谱是研究两个时间序列在不同频率上的相互关系的一种分析方法。交叉谱不仅可以给出两个时间序列在不同频率上的相关关系，而且能给出在不同频率上的超前滞后关系。功率谱和交叉谱都是基于傅里叶变换的分析方法。功率谱和自相关函数是一组傅里叶变换对，而交叉谱和互相关函数也是一组傅里叶变换对。一元回归分析也可以用来研究两个时间序列之间的相互关系，但不能给出这种相关关系在频域的分布。

设存在两个时间序列 $x_1(t)$ 和 $x_2(t)$，它们的协方差反映它们的交叉能量，可以表示为

$$
\begin{aligned}
\lim_{T\to\infty}\frac{1}{T}\int_{-T/2}^{T/2}x_1(t)x_2(t)\,\mathrm{d}t &= \lim_{T\to\infty}\frac{1}{T}\int_{-T/2}^{T/2}x_1(t)\left[\int_{-\infty}^{\infty}X_2(f)\mathrm{e}^{\mathrm{i}2\pi ft}\mathrm{d}f\right]\mathrm{d}t \\
&= \int_{-\infty}^{\infty}X_2(f)\lim_{T\to\infty}\frac{1}{T}\left[\int_{-T/2}^{T/2}x_1(t)\mathrm{e}^{\mathrm{i}2\pi ft}\mathrm{d}t\right]\mathrm{d}f \\
&= \int_{-\infty}^{\infty}\lim_{T\to\infty}\frac{X_1(-f)X_2(f)}{T}\mathrm{d}f \\
&= \int_{-\infty}^{\infty}\lim_{T\to\infty}\frac{X_1^*(f)X_2(f)}{T}\mathrm{d}f
\end{aligned}
\tag{5.68}
$$

$X_1(f)$ 和 $X_2(f)$ 分别为 $x_1(t)$ 和 $x_2(t)$ 的傅里叶变换，注意到

$$X_1(-f)=X_1^*(f),\ X_2(-f)=X_2^*(f) \tag{5.69}$$

于是仿照功率谱的定义，$x_1(t)$ 和 $x_2(t)$ 的交叉谱定义为

$$S_{12}(f)=\lim_{T\to\infty}\frac{X_2(f)X_1^*(f)}{T}=P_{12}(f)-\mathrm{i}Q_{12}(f) \tag{5.70}$$

两个标准化时间序列 $x_1(t)$ 和 $x_2(t)$，假设这两个序列都具有各态历经性，那么 $x_2(t)$ 序列落后于 $x_1(t)$ 序列 τ 时刻的互相关函数为

$$r_{12}(\tau)\equiv E[x_1(t)x_2(t+\tau)]=\lim_{T\to\infty}\frac{1}{T}\int_{-T/2}^{T/2}x_1(t)x_2(t+\tau)\,\mathrm{d}t \tag{5.71}$$

$x_1(t)$ 序列落后于 $x_2(t)$ 序列 τ 时刻的互相关函数为

$$r_{21}(\tau)=E[x_2(t)x_1(t+\tau)]=\lim_{T\to\infty}\frac{1}{T}\int_{-T/2}^{T/2}x_2(t)x_1(t+\tau)\,\mathrm{d}t \tag{5.72}$$

互相关函数存在如下对称性：

$$r_{21}(\tau)=r_{12}(-\tau),\ r_{12}(\tau)=r_{21}(-\tau) \tag{5.73}$$

互相关函数与交叉谱存在如下关系：

$$\int_{-\infty}^{\infty}r_{12}(\tau)\mathrm{e}^{-\mathrm{i}2\pi f\tau}\mathrm{d}\tau=\int_{-\infty}^{\infty}\left[\lim_{T\to\infty}\frac{1}{T}\int_{-T/2}^{T/2}x_1(t)x_2(t+\tau)\,\mathrm{d}t\right]\mathrm{e}^{-\mathrm{i}2\pi f\tau}\mathrm{d}\tau$$

$$= \lim_{T\to\infty}\frac{1}{T}\int_{-T/2}^{T/2}\left[\int_{-\infty}^{\infty}x_1(t)x_2(t+\tau)\mathrm{e}^{-\mathrm{i}2\pi f\tau}\mathrm{d}\tau\right]\mathrm{d}t$$

$$= \lim_{T\to\infty}\frac{1}{T}\int_{-T/2}^{T/2}\left[\int_{-\infty}^{\infty}x_2(t+\tau)\mathrm{e}^{-\mathrm{i}2\pi f(t+\tau)}\mathrm{d}(t+\tau)\right]x_1(t)\mathrm{e}^{\mathrm{i}2\pi ft}\mathrm{d}t$$

$$= \lim_{T\to\infty}\frac{X_2(f)X_1^*(f)}{T} = S_{12}(f) \tag{5.74}$$

根据傅里叶逆变换公式，有

$$r_{12}(\tau) = \int_{-\infty}^{\infty}S_{12}(f)\mathrm{e}^{\mathrm{i}2\pi f\tau}\mathrm{d}\tau \tag{5.75}$$

因此，互相关函数与交叉谱是一组傅里叶变换对。交叉谱是复数，将交叉谱写成实部和虚部形式，有

$$S_{12}(f) = \int_{-\infty}^{\infty}r_{12}(\tau)\cos(2\pi f\tau)\mathrm{d}\tau - \mathrm{i}\int_{-\infty}^{\infty}r_{12}(\tau)\sin(2\pi f\tau)\mathrm{d}\tau \tag{5.76}$$

由前述公式得

$$P_{12}(f) = \int_{-\infty}^{\infty}r_{12}(\tau)\cos(2\pi f\tau)\mathrm{d}\tau \tag{5.77}$$

$$Q_{12}(f) = \int_{-\infty}^{\infty}r_{12}(\tau)\sin(2\pi f\tau)\mathrm{d}\tau \tag{5.78}$$

其中实部谱 $P_{12}(f)$ 为协谱，虚部谱 $Q_{12}(f)$ 为正交谱，利用互相关函数的性质，协谱可以写为

$$P_{12}(f) = \int_{-\infty}^{0}r_{12}(\tau)\cos(2\pi f\tau)\mathrm{d}\tau + \int_{0}^{\infty}r_{12}(\tau)\cos(2\pi f\tau)\mathrm{d}\tau$$

$$= \int_{0}^{\infty}[r_{12}(\tau) + r_{21}(\tau)]\cos(2\pi f\tau)\mathrm{d}\tau \tag{5.79}$$

协谱反映的是两个时间序列在某一个频率 f 同相位的相关程度，且具有对称性质，即

$$P_{12}(f) = P_{21}(f) \tag{5.80}$$

正交谱可以写为

$$Q_{12}(f) = \int_{-\infty}^{0}r_{12}(\tau)\sin(2\pi f\tau)\mathrm{d}\tau + \int_{0}^{\infty}r_{12}(\tau)\sin(2\pi f\tau)\mathrm{d}\tau$$

$$= \int_{0}^{\infty}[r_{12}(\tau) - r_{21}(\tau)]\sin(2\pi f\tau)\mathrm{d}\tau \tag{5.81}$$

正交谱反映的是两个时间序列在某一个频率 f 相位差 90°的相关程度，且具有反对称性质，即

$$Q_{12}(f) = -Q_{21}(f) \tag{5.82}$$

交叉谱还可以按照振幅和相位的形式改写成 $S_{12}(f) = C_{12}(f)\mathrm{e}^{-\mathrm{i}\theta_{12}(f)}$，其中，$C_{12}(f) \equiv \sqrt{P_{12}^2(f) + Q_{12}^2(f)}$ 为振幅谱，代表两个序列分解出的某一频率振动的能量关系，$\theta_{12}(f) \equiv \arctan[Q_{12}(f)/P_{12}(f)]$ 为相位谱，代表两个序列各个频率波动的相位差关系，可以换算为时间延迟长度（T 为 f 对应的周期）$L(f) = \theta_{12}(f)T/(2\pi)$。用一个简单例子来理解相位谱的含义，假设有两个由余弦函数表示的单频的时间序列，频率为 f_0，振幅分别为 A_1

和 A_2，位相相差 θ，即

$$x_1(t) = A_1\cos(2\pi f_0 t),\ x_2(t) = A_2\cos(2\pi f_0 t + \theta) \tag{5.83}$$

于是，

$$\begin{aligned}
r_{12}(\tau) &= \lim_{T\to\infty}\frac{1}{T}\int_{-T/2}^{T/2} x_1(t)x_2(t+\tau)\mathrm{d}t \\
&= \lim_{T\to\infty}\frac{A_1A_2}{T}\int_{-T/2}^{T/2}\cos(2\pi f_0 t)\cos[2\pi f_0(t+\tau)+\theta]\mathrm{d}t \\
&= \lim_{T\to\infty}\frac{A_1A_2}{T}\int_{-T/2}^{T/2}\frac{1}{2}[\cos(4\pi f_0 t + 2\pi f_0\tau + \theta) + \cos(2\pi f_0\tau + \theta)]\mathrm{d}t \\
&= \frac{A_1A_2}{2}\cos(2\pi f_0\tau + \theta)
\end{aligned} \tag{5.84}$$

其协谱为

$$\begin{aligned}
P_{12}(f) &= \int_{-\infty}^{\infty} r_{12}(\tau)\cos(2\pi f\tau)\mathrm{d}\tau = \int_{-\infty}^{\infty}\frac{A_1A_2}{2}\cos(2\pi f_0\tau+\theta)\cos(2\pi f\tau)\mathrm{d}\tau \\
&= \frac{A_1A_2}{4}\int_{-\infty}^{\infty}[\cos(2\pi f_0\tau + 2\pi f\tau + \theta) + \cos(2\pi f_0\tau - 2\pi f\tau + \theta)]\mathrm{d}\tau \\
&= \frac{A_1A_2}{4}\lim_{T\to\infty}\frac{\sin(2\pi f_0 T + 2\pi f T + \theta) - \sin(-2\pi f_0 T - 2\pi f T + \theta)}{2\pi(f_0+f)} \\
&\quad + \frac{A_1A_2}{4}\lim_{T\to\infty}\frac{\sin(2\pi f_0 T - 2\pi f T + \theta) - \sin(-2\pi f_0 T + 2\pi f T + \theta)}{2\pi(f_0-f)} \\
&= \frac{A_1A_2}{4}\lim_{T\to\infty}\frac{2\cos\theta\sin[2\pi(f_0+f)T]}{2\pi(f_0+f)} + \frac{A_1A_2}{4}\lim_{T\to\infty}\frac{2\cos\theta\sin[2\pi(f_0-f)T]}{2\pi(f_0-f)} \\
&= \frac{A_1A_2}{4}\cos\theta\left\{\lim_{T\to\infty}\frac{\sin[2\pi(f_0+f)T]}{\pi(f_0+f)} + \lim_{T\to\infty}\frac{\sin[2\pi(f_0-f)T]}{\pi(f_0-f)}\right\} \\
&= \frac{A_1A_2}{4}\cos\theta\,[\delta(f_0+f) + \delta(f_0-f)]
\end{aligned} \tag{5.85}$$

其正交谱为

$$\begin{aligned}
Q_{12}(f) &= \int_{-\infty}^{\infty} r_{12}(\tau)\sin(2\pi f\tau)\mathrm{d}\tau = \int_{-\infty}^{\infty}\frac{A_1A_2}{2}\cos(2\pi f_0\tau+\theta)\sin(2\pi f\tau)\mathrm{d}\tau \\
&= \frac{A_1A_2}{4}\int_{-\infty}^{\infty}[\sin(2\pi f_0\tau + 2\pi f\tau + \theta) - \sin(2\pi f_0\tau - 2\pi f\tau + \theta)]\mathrm{d}\tau \\
&= -\frac{A_1A_2}{4}\lim_{T\to\infty}\frac{\cos(2\pi f_0 T + 2\pi f T + \theta) - \cos(-2\pi f_0 T - 2\pi f T + \theta)}{2\pi(f_0+f)} \\
&\quad + \frac{A_1A_2}{4}\lim_{T\to\infty}\frac{\cos(2\pi f_0 T - 2\pi f T + \theta) - \cos(-2\pi f_0 T + 2\pi f T + \theta)}{2\pi(f_0-f)} \\
&= \frac{A_1A_2}{4}\lim_{T\to\infty}\frac{2\sin\theta\sin[2\pi(f_0+f)T]}{2\pi(f_0+f)} - \frac{A_1A_2}{4}\lim_{T\to\infty}\frac{2\sin\theta\sin[2\pi(f_0-f)T]}{2\pi(f_0-f)}
\end{aligned}$$

$$= \frac{A_1 A_2}{4} \sin\theta \left\{ \lim_{T\to\infty} \frac{\sin[2\pi(f_0+f)T]}{\pi(f_0+f)} - \lim_{T\to\infty} \frac{\sin[2\pi(f_0-f)T]}{\pi(f_0-f)} \right\}$$

$$= \frac{A_1 A_2}{4} \sin\theta\, [\delta(f_0+f) - \delta(f_0-f)] \tag{5.86}$$

所以有

$$\theta_{12}(f_0) = \arctan \frac{Q_{12}(f_0)}{P_{12}(f_0)}$$

$$= \arctan \frac{\frac{A_1 A_2}{4} \sin\theta\, [\delta(f_0+f) - \delta(f_0-f)]\big|_{f=f_0}}{\frac{A_1 A_2}{4} \cos\theta\, [\delta(f_0+f) + \delta(f_0-f)]\big|_{f=f_0}}$$

$$= -\theta \tag{5.87}$$

这说明，如果 $\theta_{12}(f_0) > 0$，那么在频率 f_0 上，x_2 信号落后 x_1 信号相位 $\theta_{12}(f_0)$。我们还可以定义凝聚谱为

$$R_{12}^2(f) = \frac{P_{12}^2(f) + Q_{12}^2(f)}{P_{11}(f)P_{22}(f)} \tag{5.88}$$

式中，$P_{11}(f)$ 和 $P_{22}(f)$ 是 $x_1(t)$ 和 $x_2(t)$ 的功率谱。凝聚谱反映的是两个时间序列在各个频率上的相关程度，其值在 0 ~ 1 变动。

对于两个有限长度 N 的离散信号 $x_1(k\Delta t)$ 和 $x_2(k\Delta t)$（其中 $k = 0, 1, \cdots, N-1$），仿照前述的无限长连续信号的做法，有

$$\frac{1}{N}\sum_{k=0}^{N-1} x_1(k\Delta t)x_2(k\Delta t) = \frac{1}{N^3}\sum_{k=0}^{N-1}\sum_{m=0}^{N-1}\left[X_1\left(\frac{m}{N\Delta t}\right)\right]^* e^{-\frac{i2\pi mk}{N}} \sum_{n=0}^{N-1} X_2\left(\frac{n}{N\Delta t}\right) e^{\frac{i2\pi nk}{N}}$$

$$= \frac{1}{N^3}\sum_{m=0}^{N-1}\sum_{n=0}^{N-1}\left[X_1\left(\frac{m}{N\Delta t}\right)\right]^* X_2\left(\frac{n}{N\Delta t}\right)\sum_{k=0}^{N-1} e^{\frac{i2\pi(n-m)k}{N}}$$

$$= \frac{1}{N^3}\sum_{n=0}^{N-1}\sum_{m=0}^{N-1}\left[X_1\left(\frac{m}{N\Delta t}\right)\right]^* X_2\left(\frac{n}{N\Delta t}\right) N\delta_{nm}$$

$$= \frac{1}{N^2}\sum_{n=0}^{N-1}\left[X_1\left(\frac{n}{N\Delta t}\right)\right]^* X_2\left(\frac{n}{N\Delta t}\right) \tag{5.89}$$

式中，“ * ”表示对函数取共轭。也可以等价地使用另一种离散傅里叶变换公式，有

$$\frac{1}{N}\sum_{k=0}^{N-1} x_1(k\Delta t)x_2(k\Delta t) = \frac{1}{4N}\sum_{k=0}^{N-1}\sum_{m=0}^{N-1}\left[\widetilde{X}_1\left(\frac{m}{N\Delta t}\right)\right]^* e^{-\frac{i2\pi mk}{N}} \sum_{n=0}^{N-1} \widetilde{X}_2\left(\frac{n}{N\Delta t}\right) e^{\frac{i2\pi nk}{N}}$$

$$= \frac{1}{4N}\sum_{m=0}^{N-1}\sum_{n=0}^{N-1}\left[\widetilde{X}_1\left(\frac{m}{N\Delta t}\right)\right]^* \widetilde{X}_2\left(\frac{n}{N\Delta t}\right)\sum_{k=0}^{N-1} e^{\frac{i2\pi(n-m)k}{N}}$$

$$= \frac{1}{4N}\sum_{n=0}^{N-1}\sum_{m=0}^{N-1}\left[\widetilde{X}_1\left(\frac{m}{N\Delta t}\right)\right]^* \widetilde{X}_2\left(\frac{n}{N\Delta t}\right) N\delta_{nm}$$

$$= \sum_{n=0}^{N-1} \frac{1}{4} \left[\widetilde{X}_1 \left(\frac{n}{N\Delta t} \right) \right]^* \widetilde{X}_2 \left(\frac{n}{N\Delta t} \right) = \sum_{n=0}^{N-1} S_{12n} \tag{5.90}$$

于是这两列离散信号的交叉谱可以定义为

$$S_{12n} = \frac{1}{4} \left[\widetilde{X}_1 \left(\frac{n}{N\Delta t} \right) \right]^* \widetilde{X}_2 \left(\frac{n}{N\Delta t} \right) \tag{5.91}$$

可以采用傅里叶变换法和互相关法来计算这两列离散信号之间的交叉谱。

➢ 傅里叶变换法

注意到

$$\widetilde{X} \left(\frac{n}{N\Delta t} \right) = \frac{2}{N} \sum_{k=0}^{N-1} x(k\Delta t) \mathrm{e}^{-\frac{\mathrm{i}2\pi nk}{N}} = a_n - \mathrm{i}b_n \tag{5.92}$$

于是有

$$\begin{aligned} S_{12n} &= \frac{1}{4} \left[\widetilde{X}_1 \left(\frac{n}{N\Delta t} \right) \right]^* \widetilde{X}_2 \left(\frac{n}{N\Delta t} \right) \\ &= \frac{1}{4}(a_{1n} + \mathrm{i}b_{1n})(a_{2n} - \mathrm{i}b_{2n}) \\ &= \frac{1}{4}(a_{1n}a_{2n} + b_{1n}b_{2n}) - \mathrm{i}\frac{1}{4}(a_{1n}b_{2n} - b_{1n}a_{2n}) \end{aligned} \tag{5.93}$$

其中,

$$\begin{cases} a_{1n} = \dfrac{2}{N} \sum\limits_{k=0}^{N-1} \dfrac{x_1(k\Delta t) - \bar{x}_1}{s_1} \cos\left(\dfrac{2\pi nk}{N} \right) \\ b_{1n} = \dfrac{2}{N} \sum\limits_{k=0}^{N-1} \dfrac{x_1(k\Delta t) - \bar{x}_1}{s_1} \sin\left(\dfrac{2\pi nk}{N} \right) \end{cases}, \begin{cases} a_{2n} = \dfrac{2}{N} \sum\limits_{k=0}^{N-1} \dfrac{x_2(k\Delta t) - \bar{x}_2}{s_2} \cos\left(\dfrac{2\pi nk}{N} \right) \\ b_{2n} = \dfrac{2}{N} \sum\limits_{k=0}^{N-1} \dfrac{x_2(k\Delta t) - \bar{x}_2}{s_2} \sin\left(\dfrac{2\pi nk}{N} \right) \end{cases} \tag{5.94}$$

于是,

$$P_{12n} = \frac{1}{4}(a_{1n}a_{2n} + b_{1n}b_{2n}), Q_{12n} = \frac{1}{4}(a_{1n}b_{2n} - a_{2n}b_{1n}) \tag{5.95}$$

式中, $n = 0, 1, \cdots, \frac{N}{2}$。根据上述协谱和正交谱,可以相应计算振幅谱、相位谱和凝聚谱。

➢ 互相关法

$$\begin{cases} R_{12}(m\Delta t) = \dfrac{1}{N-m} \sum\limits_{k=0}^{N-1-m} \left[\dfrac{x_1(k\Delta t) - \bar{x}_1}{s_1} \right] \left[\dfrac{x_2(k\Delta t + m\Delta t) - \bar{x}_2}{s_2} \right] \\ R_{21}(m\Delta t) = \dfrac{1}{N-m} \sum\limits_{k=0}^{N-1-m} \left[\dfrac{x_2(k\Delta t) - \bar{x}_2}{s_2} \right] \left[\dfrac{x_1(k\Delta t + m\Delta t) - \bar{x}_1}{s_1} \right] \end{cases} \tag{5.96}$$

式中，$m = 0, 1, 2, \cdots, M$。计算粗协谱和粗正交谱估计值

$$
\begin{cases}
\hat{P}_{12}\dfrac{n}{2M\Delta t} = \dfrac{1}{M}\left\{R_{12}(0) + \sum_{m=1}^{M-1}\left[R_{12}(m\Delta t) + R_{21}(m\Delta t)\right]\cos\dfrac{\pi nm}{M} + R_{12}(M\Delta t)\cos(n\pi)\right\} \\
\hat{Q}_{12}\left(\dfrac{n}{2M\Delta t}\right) = \dfrac{1}{M}\sum_{m=1}^{M-1}\left[R_{12}(m\Delta t) - R_{21}(m\Delta t)\right]\sin\left(\dfrac{\pi nm}{M}\right) \\
P_{12}\left(\dfrac{n}{2M\Delta t}\right) = 0.25\hat{P}_{12}\left(\dfrac{n-1}{2M\Delta t}\right) + 0.5\hat{P}_{12}\left(\dfrac{n}{2M\Delta t}\right) + 0.25\hat{P}_{12}\left(\dfrac{n+1}{2M\Delta t}\right) \\
Q_{12}\left(\dfrac{n}{2M\Delta t}\right) = 0.25\hat{Q}_{12}\left(\dfrac{n-1}{2M\Delta t}\right) + 0.5\hat{Q}_{12}\left(\dfrac{n}{2M\Delta t}\right) + 0.25\hat{Q}_{12}\left(\dfrac{n+1}{2M\Delta t}\right)
\end{cases}
\tag{5.97}
$$

或者等价地

$$
\begin{cases}
P_{12}\left(\dfrac{n}{2M\Delta t}\right) = \dfrac{B_n}{M}\left[R_{12}(0) + \sum_{m=1}^{M-1}\dfrac{R_{12}(m\Delta t) + R_{21}(m\Delta t)}{2}\cos\dfrac{\pi nm}{M}\left(1 + \cos\dfrac{\pi m}{M}\right)\right] \\
Q_{12}\left(\dfrac{n}{2M\Delta t}\right) = \dfrac{B_n}{M}\left[\sum_{m=1}^{M-1}\dfrac{R_{12}(m\Delta t) - R_{21}(m\Delta t)}{2}\sin\dfrac{\pi nm}{M}\left(1 + \cos\dfrac{\pi m}{M}\right)\right]
\end{cases}
\tag{5.98}
$$

其中，

$$
B_n = \begin{cases} 1 & (n \neq 0, M) \\ \dfrac{1}{2} & (n = 0, M) \end{cases}
$$

按照功率谱的标准做法计算两个序列的功率谱 $P_{11}\left(\dfrac{n}{2M\Delta t}\right)$ 和 $P_{22}\left(\dfrac{n}{2M\Delta t}\right)$，最后即可按照相关公式计算振幅谱、相位谱、凝聚谱落后时间为

$$
L\left(\frac{n}{2M\Delta t}\right) = \theta_{12}\left(\frac{n}{2M\Delta t}\right)\frac{M\Delta t}{\pi n} \tag{5.99}
$$

在计算了交叉谱之后，还需要对交叉谱进行显著性检验。统计原假设 H_0：在某一频率上两序列的凝聚谱为0，基于此构建统计量 F

$$
F(2, 2\nu - 2) = \frac{(\nu - 1)R_{12}^2}{1 - R_{12}^2} \tag{5.100}
$$

满足分子自由度为2，分母自由度为 $(2\nu - 2)$ 的 F 分布，其中

$$
\nu = \frac{2N - \dfrac{M-1}{2}}{M - 1} \tag{5.101}
$$

取信度 $\alpha \in (0.1 \quad 0.05 \quad 0.01)$，查 F 分布表得到对应的 F 值 F_α。若 $F \geq F_\alpha$，则拒绝 H_0，说明凝聚谱显著；若 $F < F_\alpha$，则接受 H_0，说明凝聚谱不显著。

第八节　旋转谱

海流是矢量，包括流速和流向，也可以按照纬向（沿着纬线的方向）和经向（沿着经线的方向）将水平的海流矢量分解为东分量 $\boldsymbol{u}$ 和北分量 $\boldsymbol{v}$，它们都是时间的函数。我们可以依据海流矢量两个分量之间的交叉谱，以及各分量的功率谱，构建海流矢量的旋转谱。如果 $\boldsymbol{u}(t)$ 和 $\boldsymbol{v}(t)$ 都是以 T 为周期的周期函数，那么它们都可以展开成傅里叶级数的形式：

$$\begin{cases} \boldsymbol{u}(t) = \dfrac{a_{u0}}{2} + \sum\limits_{k=1}^{\infty}\left[a_{uk}\cos\left(k\dfrac{2\pi t}{T}\right) + b_{uk}\sin\left(k\dfrac{2\pi t}{T}\right)\right] \\ \boldsymbol{v}(t) = \dfrac{a_{v0}}{2} + \sum\limits_{k=1}^{\infty}\left[a_{vk}\cos\left(k\dfrac{2\pi t}{T}\right) + b_{vk}\sin\left(k\dfrac{2\pi t}{T}\right)\right] \end{cases} \tag{5.102}$$

其中，

$$\begin{cases} a_{uk} = \dfrac{2}{T}\int_{-T/2}^{T/2} u(t)\cos\left(k\dfrac{2\pi t}{T}\right)\mathrm{d}t \quad (k = 0, 1, 2, \cdots) \\ b_{uk} = \dfrac{2}{T}\int_{-T/2}^{T/2} u(t)\sin\left(k\dfrac{2\pi t}{T}\right)\mathrm{d}t \quad (k = 1, 2, \cdots) \end{cases} \tag{5.103}$$

$$\begin{cases} a_{vk} = \dfrac{2}{T}\int_{-T/2}^{T/2} v(t)\cos\left(k\dfrac{2\pi t}{T}\right)\mathrm{d}t \quad (k = 0, 1, 2, \cdots) \\ b_{vk} = \dfrac{2}{T}\int_{-T/2}^{T/2} v(t)\sin\left(k\dfrac{2\pi t}{T}\right)\mathrm{d}t \quad (k = 1, 2, \cdots) \end{cases} \tag{5.104}$$

将 $\boldsymbol{u}(t)$ 和 $\boldsymbol{v}(t)$ 分别作为实部和虚部，海流矢量时间序列可以用复数形式表示为

$$\begin{aligned} \boldsymbol{w}(t) &= \boldsymbol{u}(t) + \mathrm{i}\boldsymbol{v}(t) \\ &= \left(\frac{a_{u0}}{2} + \mathrm{i}\frac{a_{v0}}{2}\right) + \sum_{k=1}^{\infty}\left[A_k e^{\mathrm{i}\left(\frac{2\pi kt}{T}+\varphi_k\right)} + C_k e^{-\mathrm{i}\left(\frac{2\pi kt}{T}+\theta_k\right)}\right] \end{aligned} \tag{5.105}$$

其中，

$$\begin{cases} A_k = \dfrac{1}{2}\sqrt{(a_{uk} + b_{vk})^2 + (a_{vk} - b_{uk})^2} \\ C_k = \dfrac{1}{2}\sqrt{(a_{uk} - b_{vk})^2 + (a_{vk} + b_{uk})^2} \\ \varphi_k = \arctan\left(\dfrac{a_{vk} - b_{uk}}{a_{uk} + b_{vk}}\right) \\ \theta_k = \arctan\left(\dfrac{a_{vk} + b_{uk}}{a_{uk} - b_{vk}}\right) \end{cases} \tag{5.106}$$

据此，我们可以构造上述复数形式海流时间序列的内自相关函数

$$\begin{aligned} R_{w^*w}(\tau) &= E[w^*(t)w(t+\tau)] \\ &= E\{[u(t)-\mathrm{i}v(t)][u(t+\tau)+\mathrm{i}v(t+\tau)]\} \\ &= E[u(t)u(t+\tau)]+E[v(t)v(t+\tau)] \\ &\quad -\mathrm{i}E[v(t)u(t+\tau)]+\mathrm{i}E[u(t)v(t+\tau)] \\ &= R_u(\tau)+R_v(\tau)-\mathrm{i}r_{vu}(\tau)+\mathrm{i}r_{uv}(\tau) \end{aligned} \tag{5.107}$$

其对应的傅里叶变换为内自谱

$$\begin{aligned} & S_u(f)+S_v(f)-\mathrm{i}[P_{vu}(f)-\mathrm{i}Q_{vu}(f)]+\mathrm{i}[P_{uv}(f)-iQ_{uv}(f)] \\ &= S_u(f)+S_v(f)+Q_{uv}(f)-Q_{vu}(f)+\mathrm{i}[P_{uv}(f)-P_{vu}(f)] \\ &= S_u(f)+S_v(f)+2Q_{uv}(f) \\ &= \frac{1}{4}[a_u^2(f)+b_u^2(f)]+\frac{1}{4}[a_v^2(f)+b_v^2(f)]+\frac{1}{2}[a_u(f)b_v(f)-b_u(f)a_v(f)] \end{aligned} \tag{5.108}$$

其中，当$f>0$时，对应逆时针旋转的谱，称为正旋谱；而当$f<0$时，对应顺时针旋转的谱，称为负旋谱。我们还可以构造上述复数形式海流时间序列的外自相关函数：

$$\begin{aligned} R_{ww}(\tau) &= E[w(t)w(t+\tau)] \\ &= E\{[u(t)+\mathrm{i}v(t)][u(t+\tau)+\mathrm{i}v(t+\tau)]\} \\ &= E[u(t)u(t+\tau)]-E[v(t)v(t+\tau)] \\ &\quad +\mathrm{i}E[v(t)u(t+\tau)]+\mathrm{i}E[u(t)v(t+\tau)] \\ &= R_u(\tau)-R_v(\tau)+\mathrm{i}r_{vu}(\tau)+\mathrm{i}r_{uv}(\tau) \end{aligned} \tag{5.109}$$

其对应的傅里叶变换为外自谱

$$\begin{aligned} & S_u(f)-S_v(f)+\mathrm{i}[P_{vu}(f)-\mathrm{i}Q_{vu}(f)]+\mathrm{i}[P_{uv}(f)-\mathrm{i}Q_{uv}(f)] \\ &= S_u(f)-S_v(f)+Q_{uv}(f)+Q_{vu}(f)+\mathrm{i}[P_{uv}(f)+P_{vu}(f)] \\ &= S_u(f)-S_v(f)+\mathrm{i}2P_{uv}(f) \end{aligned} \tag{5.110}$$

第九节 滤　　波

1. 理想的数字滤波器

在实际工作中所收到的信号$x(t)$通常包含两个部分，一部分是有效信号$s(t)$，这是我们需要的；另一部分是我们不需要的干扰噪声$n(t)$，即

$$x(t)=s(t)+n(t) \tag{5.111}$$

噪声的存在会影响分析结果，在分析之前应该尽量设法将其滤掉。此外，分析资料时，所关心的要素变化的周期或者频率总有一定的范围，范围之外的信号存在也会影响结果。因此，我们希望实际是对输入信号进行过滤或者分离，允许信号中某些频率成分通过，同时阻尼或者削弱另一些频率分量。滤波的目的就是从测得的实测信号中，消除

或削弱干扰信号 $n(t)$，增强或保持有效信号 $s(t)$ 。根据所需信号的频带，滤波可以通过截断傅里叶级数得到。例如，对于采样间隔为 Δt，总长度为 $N\Delta t$ 的信号序列，可以展开为

$$x(k\Delta t) = \frac{1}{2}\sum_{n=0}^{N-1}\widetilde{X}\left(\frac{n}{N\Delta t}\right)e^{\frac{i2\pi nk}{N}} \quad (k = 0, 1, \cdots, N-1) \tag{5.112}$$

其中，

$$\widetilde{X}\left(\frac{n}{N\Delta t}\right) = \frac{2}{N}\sum_{k=0}^{N-1}x(k\Delta t)e^{-\frac{i2\pi nk}{N}} \quad (n = 0, 1, \cdots, N-1) \tag{5.113}$$

则可以根据所需信号的频带 $\left(\frac{n_1}{N\Delta t} \sim \frac{n_2}{N\Delta t}\right)$，按照如下方式滤波：

$$y(k\Delta t) = \frac{1}{2}\sum_{n=n_1}^{n_2}\widetilde{X}\left(\frac{n}{N\Delta t}\right)e^{\frac{i2\pi nk}{N}} \quad (k = 0, 1, \cdots, N-1) \tag{5.114}$$

此外，也可以使用数字滤波器。例如，信号 $x(t) = s(t) + n(t)$ 的傅里叶变换为

$$X(f) = S(f) + N(f) \tag{5.115}$$

根据实际资料的分析，发现在许多情况下，干扰信号的频谱 $N(f)$ 与有效信号的频谱 $S(f)$ 不在同一频率段上。在这种情况下，我们可以设计一个数字滤波器 $H(f)$，满足

$$H(f) = \begin{cases} 1 & [S(f) \neq 0] \\ 0 & [S(f) = 0] \end{cases} \tag{5.116}$$

于是有

$$\begin{aligned} Y(f) &= X(f)H(f) \\ &= S(f)H(f) + N(f)H(f) \\ &= S(f) \end{aligned} \tag{5.117}$$

这样的数字滤波器 $H(f)$ 就是一个很理想的数字滤波器，可以消除不需要的频谱而完全保留需要的频谱。对滤波后的频谱进行傅里叶逆变换，就可以得到滤波后的时间信号序列，即

$$\begin{aligned} y(t) &= \int_{-\infty}^{\infty} Y(f)e^{i2\pi ft}df \\ &= \int_{-\infty}^{\infty} X(f)H(f)e^{i2\pi ft}df \\ &= \int_{-\infty}^{\infty} X(f)\left[\int_{-\infty}^{\infty} h(\tau)e^{-i2\pi f\tau}d\tau\right]e^{i2\pi ft}df \\ &= \int_{-\infty}^{\infty} h(\tau)\left[\int_{-\infty}^{\infty} X(f)e^{i2\pi f(t-\tau)}df\right]d\tau \\ &= \int_{-\infty}^{\infty} h(\tau)x(t-\tau)d\tau \end{aligned} \tag{5.118}$$

它实际上就是 $x(t)$ 与 $h(t)$ 的卷积。$H(f)$ 一般为复数，称为频率响应函数，而 $|H(f)|$ 为振幅响应函数，$|H(f)|=1$ 表示滤波前后振幅保持不变。$H(f)$ 的实部和虚部分别为

$$\begin{cases}\operatorname{Re}[H(f)]=\int_{-\infty}^{\infty}h(\tau)\cos(2\pi f\tau)\,\mathrm{d}\tau\\ \operatorname{Im}[H(f)]=-\int_{-\infty}^{\infty}h(\tau)\sin(2\pi f\tau)\,\mathrm{d}\tau\end{cases}\tag{5.119}$$

频率响应函数 $H(f)$ 与输入信号的傅里叶变换 $X(f)$ 以及输出信号的傅里叶变换 $Y(f)$ 的关系为

$$H(f)=\frac{Y(f)}{X(f)}\tag{5.120}$$

如果 $S_x(f)$ 和 $S_y(f)$ 分别为 $x(t)$ 和 $y(t)$ 的功率谱，那么

$$|H(f)|^2=\frac{S_y(f)}{S_x(f)}\tag{5.121}$$

这说明 $H(f)$ 完整地反映了不同频率成分经过滤波器后的振幅、相位和功率的变化。在实际应用中，不希望产生位相移动，这就要求 $h(\tau)$ 为偶函数，即有 $h(\tau)=h(-\tau)$，此时 $\operatorname{Im}[H(f)]=0$，$H(f)$ 为实数。这里分两类情况：$H(f)>0$ 时，滤波前后信号是同相位的；当 $H(f)<0$ 时，滤波前后信号是反相位的。一般情况下，滤波前后反相位是不希望出现的，这就要求反相位对应的 $H(f)$ 值比较小。

需要注意的是，上述讨论的理想数字滤波器的时间表达式 $h(t)$ 的长度是无限长，即 t 从 $-\infty$ 变化到 ∞，由此才能得到理想数字滤波器的频谱，但在实际中，由于在实际滤波中只能取滤波器时间表达式的有限部分，由此得到的滤波器的频谱会在边界处产生较为严重的振荡现象，这种现象被称为吉布斯现象，该现象会使得滤波后的信号发生畸变，所以应该尽量被减弱。

滤波的方法按用途可以分为低通滤波器、高通滤波器、带通滤波器等。低通滤波是从原序列中滤出低于某个频率的成分；高通滤波是从原序列中滤出高于某个频率的成分；带通滤波是从原序列中滤出某个频带的成分。

2. 低通滤波器

使过滤后的序列主要含有低频振动分量的滤波称为低通滤波。可以采用以下方式构造低通滤波器。

① 等权滑动平均法低通滤波

在前面我们讨论了等权滑动平均，公式如下：

$$y(t) = \sum_{j=-k}^{k} h(j\Delta t)x(t + j\Delta t)\text{，其中，}h(j\Delta t) = \begin{cases} \dfrac{1}{2k+1} & (j = 0, \pm 1, \cdots, \pm k) \\ 0 & (j < -k \text{ 或者 } j > k) \end{cases} \tag{5.122}$$

这种滑动平均会让时间序列变得平滑，即滤掉了高频的振荡，因此属于一种低通滤波，下面考查其频率响应函数。不难看出这一频率响应函数是偶函数，为了避免处理边界，我们考虑无限长的离散信号，于是有

$$H(f) = \sum_{j=-\infty}^{\infty} h(j\Delta t)\mathrm{e}^{-\mathrm{i}2\pi fj\Delta t} = \sum_{j=-k}^{k} \frac{1}{2k+1}\mathrm{e}^{-\mathrm{i}2\pi fj\Delta t} = \frac{1}{2k+1}\sum_{j=-k}^{k} \mathrm{e}^{-\mathrm{i}2\pi fj\Delta t} \tag{5.123}$$

应用等比数列求和公式，得

$$\begin{aligned} H(f) &= \frac{1}{2k+1}\sum_{j=-k}^{k} \mathrm{e}^{-\mathrm{i}2\pi fj\Delta t} = \frac{1}{2k+1}\frac{\mathrm{e}^{\mathrm{i}2\pi fk\Delta t} - \mathrm{e}^{-\mathrm{i}2\pi f(k+1)\Delta t}}{1 - \mathrm{e}^{-\mathrm{i}2\pi f\Delta t}} \\ &= \frac{1}{2k+1}\frac{\mathrm{e}^{\mathrm{i}\pi f(2k+1)\Delta t} - \mathrm{e}^{-\mathrm{i}\pi f(2k+1)\Delta t}}{\mathrm{e}^{\mathrm{i}\pi f\Delta t} - \mathrm{e}^{-\mathrm{i}\pi f\Delta t}} = \frac{1}{2k+1}\frac{\mathrm{i}2\sin[\pi f(2k+1)\Delta t]}{\mathrm{i}2\sin(\pi f\Delta t)} \\ &= \frac{1}{2k+1}\frac{\sin[\pi f(2k+1)\Delta t]}{\sin(\pi f\Delta t)} \end{aligned} \tag{5.124}$$

因此，这种滤波器可以保留周期大于 $(2k+1)\Delta t$ 的波动。通过绘制上述频率响应函数随频率 f 的变化曲线（图 5－1），可以仔细分析这一滤波器的性质，以五项等权滑动平均为例，此时 $k = 2$，曲线如图 5－1 所示。不难发现，当 $0 \leqslant f < \dfrac{1}{5\Delta t}$ 时，$H(f) > 0$，滤波前后信号是同相位的，幅度减弱较小；当 $\dfrac{1}{5\Delta t} \leqslant f < \dfrac{2}{5\Delta t}$ 时，$H(f) < 0$，滤波前后信号是反相位的，幅度减弱较大；当 $\dfrac{2}{5\Delta t} \leqslant f < \dfrac{1}{2\Delta t} = f_{\mathrm{N}}$ 时，$H(f) > 0$，滤波前后信号又变为同相位，但幅度减弱更大。

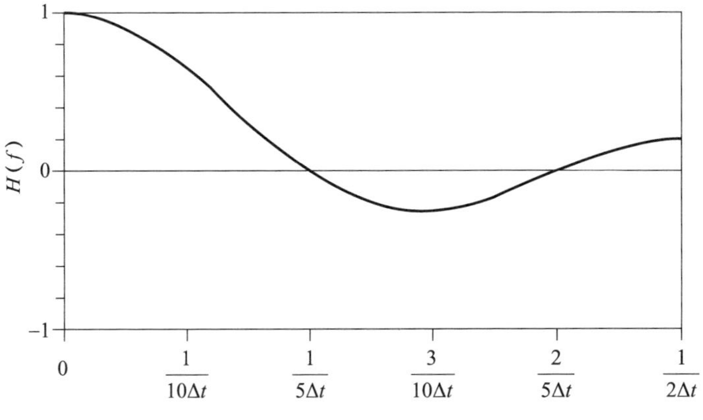

图 5－1　五项（$k = 2$）等权滑动平均的频率响应函数

② 二项系数法低通滤波

在时间间隔 $m = 2k + 1$ 内，滑动步长 j 与 k 有如下关系：

$$h(j\Delta t)=\begin{cases}2^{-2k}C_{2k}^{k+j}=\dfrac{(2k)!}{2^{2k}(k+j)!(k-j)!} & (j=0,\pm 1,\cdots,\pm k)\\ 0 & (j<-k\text{ 或者 }j>k)\end{cases}\tag{5.125}$$

其频率响应函数为

$$\begin{aligned}H(f)&=\sum_{j=-\infty}^{\infty}h(j\Delta t)\mathrm{e}^{-\mathrm{i}2\pi fj\Delta t}\\&=\sum_{j=-k}^{k}\frac{(2k)!}{2^{2k}(k+j)!(k-j)!}\mathrm{e}^{-\mathrm{i}2\pi fj\Delta t}\\&=\sum_{j=-k}^{k}\frac{(2k)!}{2^{2k}(k+j)!(k-j)!}(\mathrm{e}^{\mathrm{i}\pi f\Delta t})^{k-j}(\mathrm{e}^{-\mathrm{i}\pi f\Delta t})^{k+j}\\&=2^{-2k}(\mathrm{e}^{\mathrm{i}\pi f\Delta t}+\mathrm{e}^{-\mathrm{i}\pi f\Delta t})^{2k}=\cos^{2k}(\pi f\Delta t)\end{aligned}\tag{5.126}$$

$f=0$ 时，对应函数值为1；$f=\dfrac{1}{2\Delta t}=f_{\mathrm{N}}$ 时，对应函数值为0，可见对高频信号削弱很大。三点（$k=1$）二项式的频率响应函数和九点（$k=4$）二项式的频率响应函数的曲线如图5－2所示。可见，随着权重系数的增加，使用的点数 k 越多，对高频部分的削弱越明显。

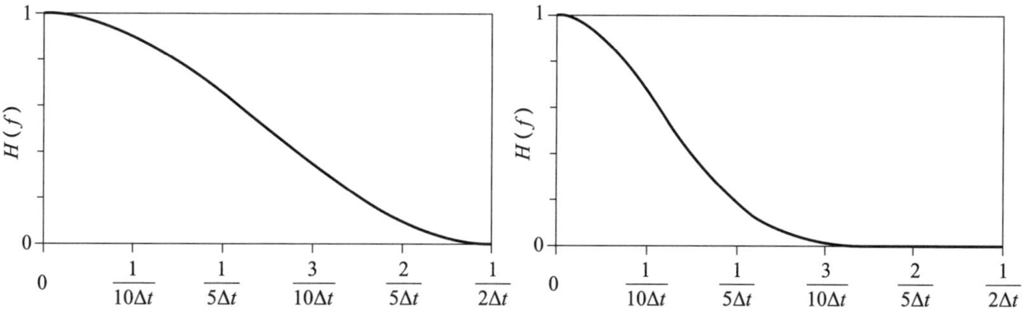

图5－2 三点（$k=1$）二项式（左）和九点（$k=4$）二项式（右）的频率响应函数

③ 高斯滤波法低通滤波

取权重系数为正态分布函数值，则

$$h(j\Delta t)=\begin{cases}\dfrac{1}{\sqrt{2\pi}\sigma}\mathrm{e}^{-\frac{j^2}{2\sigma^2}} & (j=0,\pm 1,\cdots,\pm k)\\ 0 & (j<-k\text{ 或者 }j>k)\end{cases}\tag{5.127}$$

其中，$\sigma=k/3$，这样的取值能够基本保证权重系数的求和为1。其频率响应函数为

$$H(f)=\sum_{j=-\infty}^{\infty}h(j\Delta t)\mathrm{e}^{-\mathrm{i}2\pi fj\Delta t}=\sum_{j=-k}^{k}\frac{1}{\sqrt{2\pi}\sigma}\mathrm{e}^{-\frac{j^2}{2\sigma^2}}\cos(2\pi fj\Delta t)\tag{5.128}$$

其频率响应函数的曲线如图5－3所示。可见，随着权重系数的增加，对高频部分的削弱更明显。

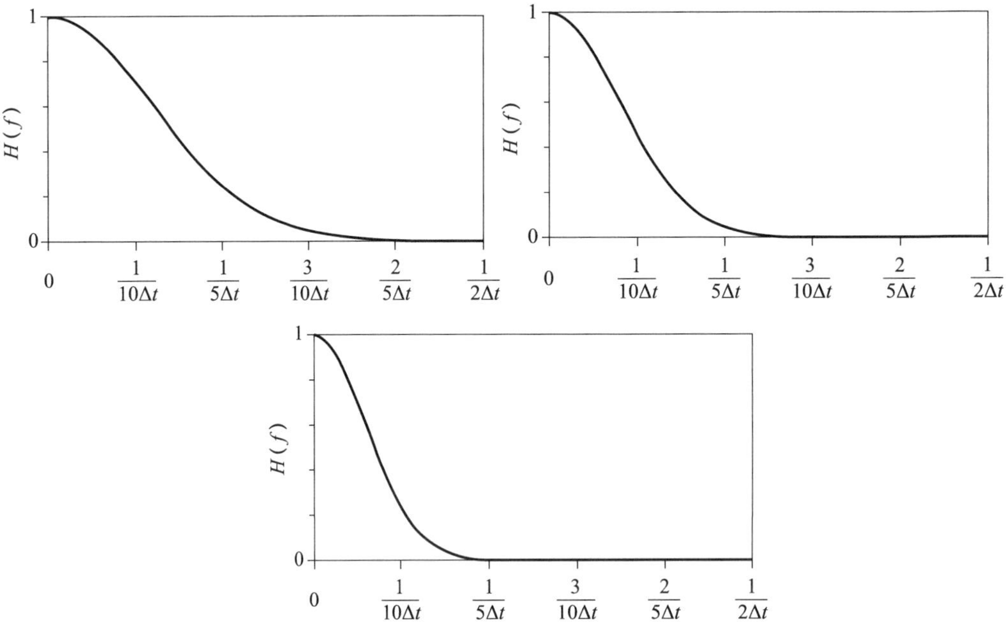

图 5－3　$k=4$（上左）、$k=6$（上右）、$k=8$（下）的高斯滤波的频率响应函数

3. 高通滤波器

使过滤后的序列主要含有高频振动分量的滤波称为高通滤波。可以采用以下方式构造高通滤波器。

① 扣除低通法高通滤波

可先进行低通滤波，然后用原序列减去低通部分，即为高通部分。

② 差分滤波法高通滤波

一阶差分过滤可表示为

$$y(t)=x(t)-x(t-1) \tag{5.129}$$

上述一阶差分过滤可以用后移算子 B 表示为

$$y(t)=(1-B)x(t) \tag{5.130}$$

如此可以定义 q 阶差分过滤，可表示为

$$y(t)=(1-B)^{q}x(t) \tag{5.131}$$

其频率响应函数为

$$H(f)=[1-\exp(-\mathrm{i}2\pi f)]^{q}=[1-\cos(2\pi f)+\mathrm{i}\sin(2\pi f)]^{q} \tag{5.132}$$

可见当 $f=0$ 时，对应函数为0，而当 $f=\dfrac{1}{2}$ 时，对应函数值为极大，因此，这种滤波器可以对低频进行极大的削弱。

4. 带通滤波器

当需要滤出某一感兴趣的波段或频率带的振动时，可以使用带通滤波器。

① 低通或高通相减法带通滤波

可以采用两个简单的低通滤波器（或者高通滤波器）构成一个带通滤波器。第一次做对应于时间间隔 $m_1 = 2k_1 + 1$ 的低通滤波，过滤后序列为

$$y_1(t) = \sum_{j=-k_1}^{k_1} h_1(j\Delta t)x(t + j\Delta t) \tag{5.133}$$

第二次做对应于时间间隔 $m_2 = 2k_2 + 1$ 的低通滤波，过滤后序列为

$$y_2(t) = \sum_{j=-k_2}^{k_2} h_2(j\Delta t)x(t + j\Delta t) \tag{5.134}$$

则带通过滤后新序列为

$$y(t) = y_1(t) - y_2(t) \tag{5.135}$$

其相应的频率响应函数为

$$H(f) = H_1(f) - H_2(f) \tag{5.136}$$

例如，可以先做 5 年滑动平均，去掉 5 年以下的波，再把原序列做 9 年滑动平均，去掉 9 年以上的波，二者相减，可以得到 5 ~ 9 年的波。

② 理想带通滤波

如果想要过滤出中心频率 f_0，频带范围 $f_0/2 \leqslant f \leqslant 2f_0$ 内的序列，并希望在 f_0 频率振动上无任何削弱，即对应的频率响应为 1；而将不在上述频带内的振动削弱为 0，即对应的频率响应函数为 0，那么可以设计如下带通滤波器：

$$H(f) = \begin{cases} 0 & (0 < f < f_0/2) \\ \dfrac{1}{2} + \dfrac{1}{2}\cos\left(2\pi\dfrac{f}{f_0}\right) & (f_0/2 \leqslant f < f_0) \\ \dfrac{1}{2} - \dfrac{1}{2}\cos\left(2\pi\dfrac{f}{2f_0}\right) & (f_0 \leqslant f < 2f_0) \\ 0 & [2f_0 \leqslant f < 1/(2\Delta t)] \end{cases} \tag{5.137}$$

对应的 $h(t)$ 可以由傅里叶逆变换求出

$$h(t) = \int_{-\infty}^{\infty} H(f)\mathrm{e}^{\mathrm{i}2\pi ft}\mathrm{d}f = 2\int_0^{\infty} H(f)\cos(2\pi ft)\mathrm{d}f \tag{5.138}$$

考虑一个样本为 n 的序列，以求和形式估计上式，取 $1/(2n\Delta t)$ 或 $1/(3n\Delta t)$ 作为 $f = 0$ 的估计，可以得出

$$h(j\Delta t) = \frac{1}{2n}\left[H(0) + 2\sum_{f=1/(2n\Delta t)}^{1/(2\Delta t)} H(f)\cos(2\pi fj\Delta t)\right] \tag{5.139}$$

③ 巴特沃思（Butterworth）带通滤波

$$y_k = a(x_k - x_{k-2}) - b_1 y_{k-1} - b_2 y_{k-2} \tag{5.140}$$

其中，

$$\begin{cases} a = \dfrac{2\Delta\Omega}{4 + 2\Delta\Omega + \Omega_0^2} \\ b_1 = \dfrac{2(\Omega_0^2 - 4)}{4 + 2\Delta\Omega + \Omega_0^2}, \\ b_2 = \dfrac{4 - 2\Delta\Omega + \Omega_0^2}{4 + 2\Delta\Omega + \Omega_0^2} \end{cases} \begin{cases} \Delta\Omega = 2\left|\dfrac{\sin(2\pi f_1 \Delta t)}{1 + \cos(2\pi f_1 \Delta t)} - \dfrac{\sin(2\pi f_2 \Delta t)}{1 + \cos(2\pi f_2 \Delta t)}\right| \\ \Omega_0^2 = \dfrac{4\sin(2\pi f_1 \Delta t)\sin(2\pi f_2 \Delta t)}{[1 + \cos(2\pi f_1 \Delta t)][1 + \cos(2\pi f_2 \Delta t)]} \end{cases} \tag{5.141}$$

f_1 和 f_2 为带通滤波器的通过带，f_0 是带通滤波器的中心频率，且有

$$f_0^2 = f_1 f_2 \tag{5.142}$$

实际计算之前，需要先去掉原序列的均值和线性趋势，滤波时先进行正向滤波，再进行反向滤波。

第六章　小波变换

傅里叶变换在处理非平稳信号上存在缺陷。它只能获取一段信号总体上包含哪些频率的成分，但对各成分出现的时刻并无所知。因此时域相差很大的两个信号，可能频谱图一样。基于傅里叶变换的功率谱给出的是信号 $x(t)$ 在整个时间域上平均的振幅、位相和功率贡献。对于某个频率或者周期，功率谱分析无法给出振幅、位相和功率贡献随时间的变化。傅里叶变换缺陷的来源在于基函数（正弦、余弦函数）在时域上是无限的。

为了克服这个局限，Gabor（1946）首先用加博（Gabor）变换进行局部化分析，后来发展为熟知的加窗傅里叶变换，也称短时傅里叶变换。加窗傅里叶变换的基本思想是把信号划分成很多小的时间间隔，用傅里叶变换分析每个时间间隔，以便确定信号在该时间间隔内存在的频率。其处理方法是对信号 $x(t)$ 加一个滑动窗 $g(t-b)$，再进行傅里叶变换。加窗傅里叶变换的定义为

$$X_g(f, b) = \int_{-\infty}^{\infty} x(t) g^*(t-b) \mathrm{e}^{-\mathrm{i}2\pi f t} \mathrm{d}t \tag{6.1}$$

对应的逆变换定义为

$$x(t) = \int_{-\infty}^{\infty}\int_{-\infty}^{\infty} X_g(f, b) g(t-b) \mathrm{e}^{\mathrm{i}2\pi f t} \mathrm{d}b\mathrm{d}f \tag{6.2}$$

把式（6.1）和式（6.2）与傅里叶变换和逆变换相比较可见，差别仅在于基函数由 $\mathrm{e}^{\mathrm{i}2\pi f t}$ 变成了 $g(t-b)\mathrm{e}^{\mathrm{i}2\pi f t}$。时域局部化的效果与窗函数 $g(t)$ 有关，要求它具有单位能量

$$\int_{-\infty}^{\infty} |g(t)|^2 \mathrm{d}t = 1 \tag{6.3}$$

Gabor 使用的窗函数为

$$g(t) = \pi^{-\frac{1}{4}} \mathrm{e}^{-\frac{t^2}{2}} \tag{6.4}$$

于是 $g(t-b) = \pi^{-\frac{1}{4}}\mathrm{e}^{-\frac{(t-b)2}{2}}$，在 $t = b$ 处，其值为 $\pi^{-\frac{1}{4}} \approx 0.75$，是最大值，在 $t = b$ 的两侧是对称的，以 e^{-2} 速度衰减，$g(t-b)\mathrm{e}^{\mathrm{i}2\pi f t}$ 使得 $\cos(2\pi f t)$ 和 $\sin(2\pi f t)$ 的振幅在 $t = b$ 处最大，而在 $t = b$ 的两侧迅速衰减。这样，加窗傅里叶变换相当于把时间函数 $x(t)$ 在以时间中心为 b 的一段时间内做傅里叶变换，b 在 $x(t)$ 所在的时域上移动，就得到了不同时间的频率特征。目前已有时间局部化的“最优”窗函数，即 $g_a(t) = (2\pi a)^{-\frac{1}{4}}\mathrm{e}^{-\frac{t^2}{4a}}$，$a$ 为调节窗口宽度的参数。

加窗傅里叶变换在一定程度上解决了局部分析的问题，但由于它具有固定的形式和大小，对所有频率共用一个相同宽度或相同衰减速度窗口，导致时频窗口大小、形状不变，只有位置变化，也就是说，其窗口形状不能自动调节，因此对于突变信号和非平稳

信号仍难以得到满意的结果。窗太窄，窗内的信号太短，会导致频率分析不够精准，频率分辨率差。窗太宽，时域上又不够精细，时间分辨率低。窗口的宽度决定了加窗傅里叶变换能够辨认的频率范围，对于长度为 T 的时间窗（此处 T 取决于上述参数 a），如果采样周期为 Δt，那么能够辨认的频率区间为从 T^{-1} 到 $(2\Delta t)^{-1}$，在该频率区间以外的高频和低频成分经过加窗傅里叶变换识别就不准确了。

小波变换（Wavelet Transform，WT）是一种新的变换方法，它继承和发展了加窗傅里叶变换局部化的思想，同时又克服了窗口大小不随频率变化等缺点，能够提供一个随频率改变的“时间－频率”窗口，是进行信号时频分析和处理的理想工具。其主要特点是通过变换能够充分突出问题某些方面的特征，通过伸缩平移运算对信号逐步进行多尺度细化，最终达到高频处时间细分，低频处频率细分，能自动适应时频信号分析的要求，从而可聚焦到信号的任意细节。

第一节　连续小波变换

傅里叶变换之所以无法提供时间定位信息，是由于采用了无限时宽的正弦函数或者余弦函数。为了提供频率信息，必须使用“波”函数，即要求 $\int_{-\infty}^{\infty}\varphi(t)\mathrm{d}t = 0$；为了提供时间定位信息，必须采用具有衰减性的“有限时宽的波”，即要求 $\int_{-\infty}^{\infty}|\varphi(t)|\mathrm{d}t < \infty$。在数学上有限时间内不为 0 的函数，称为在时域上具有紧支撑（Compactly Support）或者近似紧支撑特性，也就是“小”（let）的含义。二者同时具备就是小波（wavelet）。小波必须具有正负交替的波动性，同时在时域具有有限的持续时间，是一种在时域能量非常集中的波。如果不能同时具备以上条件，则不是小波。基小波或者母小波 $\varphi(t)$ 满足下列条件：

$$\begin{cases}\int_{-\infty}^{\infty}\varphi(t)\mathrm{d}t = 0\\ \int_{-\infty}^{\infty}\dfrac{|\Phi(f)|^2}{f}\mathrm{d}f < \infty\end{cases} \tag{6.5}$$

式中，$\Phi(f)$ 是 $\varphi(t)$ 的傅里叶变换。令

$$\varphi_{a,b}(t) = \frac{1}{\sqrt{a}}\varphi\left(\frac{t-b}{a}\right) \quad (a > 0, b \in R) \tag{6.6}$$

$\varphi_{a,b}(t)$ 可称为连续小波或者分析小波。参数 a 起到缩放的作用，参数 b 起到时间平移的作用。$\varphi_{a,b}(t)$ 的傅里叶变换为

$$\Phi_{a,b}(f) = \int_{-\infty}^{\infty}\varphi_{a,b}(t)\mathrm{e}^{-\mathrm{i}2\pi ft}\mathrm{d}t = \int_{-\infty}^{\infty}\frac{1}{\sqrt{a}}\varphi\left(\frac{t-b}{a}\right)\mathrm{e}^{-\mathrm{i}2\pi ft}\mathrm{d}t \tag{6.7}$$

做变量替换 $s = \dfrac{t-b}{a}$，得

$$\begin{aligned}\Phi_{a,b}(f) &= \int_{-\infty}^{\infty} \frac{1}{\sqrt{a}}\varphi(s)\mathrm{e}^{-\mathrm{i}2\pi f(as+b)}a\mathrm{d}s \\ &= \sqrt{a}\mathrm{e}^{-\mathrm{i}2\pi fb}\int_{-\infty}^{\infty}\varphi(s)\mathrm{e}^{-\mathrm{i}2\pi fas}\mathrm{d}s \\ &= \sqrt{a}\mathrm{e}^{-\mathrm{i}2\pi fb}\Phi(af)\end{aligned} \tag{6.8}$$

由上式可见，由于$\sqrt{a}$与频率f无关，而$\mathrm{e}^{-\mathrm{i}2\pi fb}$的模为1，因此，当$\Phi(af)$的模最大时，$\Phi_{a,b}(f)$的模达到最大。设$|\Phi(f)|$在$f=f^*$处达到最大，则$f^*$称为$\varphi(t)$的中心频率，对应的周期记为$T^*=1/f^*$，那么，对于放缩参数为$a$的小波$\varphi_{a,b}(t)$，它的傅里叶变换的模$|\Phi_{a,b}(f)|$在$af=f^*$处达到最大，即它的中心频率为$f=f^*/a$，中心周期为$aT^*$，由此可见，放缩参数$a$是中心周期的放大倍数。另外，一个时间函数的傅里叶变换的辐角是用余弦函数表示该时间函数时的初位相，因此上式中的$\mathrm{e}^{-\mathrm{i}2\pi fb}$表示$\varphi_{a,b}(t)$中的频率为$f$的成分相对于$\varphi(t)$中的同频率成分初位相滞后的相角为$-2\pi fb$。大气海洋中常用的基小波包括墨西哥帽小波和 Morlet 小波，分别介绍如下。

1）墨西哥帽小波

高斯函数$g(t)=\mathrm{e}^{-t^2/2}$的各阶导数可以作为基小波，其中，负的二阶导数图形像墨西哥帽，称为墨西哥帽小波，也就是取

$$\varphi(t) = -\frac{\mathrm{d}^2}{\mathrm{d}t^2}(\mathrm{e}^{-t^2/2}) = (1-t^2)\mathrm{e}^{-t^2/2} \tag{6.9}$$

为基小波。其傅里叶变换为

$$\begin{aligned}\Phi(f) &= \int_{-\infty}^{\infty}\varphi(t)\mathrm{e}^{-\mathrm{i}2\pi ft}\mathrm{d}t \\ &= \int_{-\infty}^{\infty}\left[-\frac{\mathrm{d}^2}{\mathrm{d}t^2}(\mathrm{e}^{-t^2/2})\right]\mathrm{e}^{-\mathrm{i}2\pi ft}\mathrm{d}t \\ &= (2\pi f)^2\int_{-\infty}^{\infty}\mathrm{e}^{-t^2/2}\mathrm{e}^{-\mathrm{i}2\pi ft}\mathrm{d}t \\ &= \sqrt{2\pi}\,(2\pi f)^2\mathrm{e}^{-\frac{(2\pi f)^2}{2}}\end{aligned} \tag{6.10}$$

高斯函数的各阶导数作为基小波被统一称为高斯小波。有时，为了使不同序列的小波变换可以相互比较，把基小波标准化，使得基小波的总能量等于1（或者2π）。根据巴什瓦定理，基小波的总能量为

$$\int_{-\infty}^{\infty}[\varphi(t)]^2\mathrm{d}t = \int_{-\infty}^{\infty}|\Phi(f)|^2\mathrm{d}f \tag{6.11}$$

2）Morlet 小波

Morlet 小波是正弦和余弦函数的振幅被高斯函数调节产生的，表示成复小波，标准 Morlet 小波写为

$$\varphi(t) = \pi^{-1/4}\mathrm{e}^{-t^2/2}\mathrm{e}^{\mathrm{i}2\pi f_0 t} = \pi^{-1/4}\mathrm{e}^{-t^2/2}\cos(2\pi f_0 t) + \mathrm{i}\pi^{-1/4}\mathrm{e}^{-t^2/2}\sin(2\pi f_0 t) \tag{6.12}$$

其傅里叶变换为

$$
\begin{aligned}
\Phi(f) &= \int_{-\infty}^{\infty} \varphi(t)\mathrm{e}^{-\mathrm{i}2\pi ft}\mathrm{d}t \\
&= \int_{-\infty}^{\infty} (\pi^{-1/4}\mathrm{e}^{-t^2/2}\mathrm{e}^{\mathrm{i}2\pi f_0 t})\mathrm{e}^{-\mathrm{i}2\pi ft}\mathrm{d}t \\
&= \sqrt{2\pi}\,\pi^{-1/4}\mathrm{e}^{-\frac{[2\pi(f-f_0)]^2}{2}}
\end{aligned}
\tag{6.13}
$$

可见，Morlet 小波的总能量为

$$
\int_{-\infty}^{\infty} |\Phi(f)|^2\mathrm{d}f = \int_{-\infty}^{\infty} \left| \sqrt{2\pi}\,\pi^{-\frac{1}{4}}\mathrm{e}^{\frac{-[2\pi(f-f_0)]^2}{2}} \right|^2\mathrm{d}f = 1 \tag{6.14}
$$

如果将上述 Morlet 小波中的 f_0 取为 1，由傅里叶变换可知，Morlet 小波的傅里叶变换在 $f=f_0$ 处达到最大，也就是说，在这种基小波中，$f=f_0=1$ 的周期成分振幅最大，且在 $f=f_0$ 两侧是对称衰减的，所以在这种情况下，$f^*=f_0=1$ 就是中心频率，对应的中心周期 $T^*=1/f^*=1$，这种取法的好处是，在应用中因为尺度参数是周期的放大倍数，当基小波 $\varphi(t)$ 的中心周期为 1 时，小波 $\varphi_{a,b}(t)$ 的中心周期就是 a 。

这里还需要说明的是，$\mathrm{e}^{\mathrm{i}2\pi f_0 t}$ 本身只包含一个孤立的频率成分，无任何其他频率成分，但 Morlet 基小波的傅里叶变换表明，它已经包含了各种频率成分，且在 $f=f_0$ 处振幅达到最大，在 $f=f_0$ 两侧是对称衰减的，因此，对于基小波和小波，说它们对应于某个频率（或者周期）成分是不太合适的，而应该说它们对应于某个频带（或者周期带），具体的频率区间划分取决于尺度参数 a 的取法。

当分析对象 $x(t)$ 是平方可积的，类似于傅里叶变换，它的连续小波变换定义为

$$
X_{\mathrm{S}}(a,\ b) = \int_{-\infty}^{\infty} x(t)\varphi_{a,\ b}^{*}(t)\mathrm{d}t = \frac{1}{\sqrt{a}}\int_{-\infty}^{\infty} x(t)\varphi^{*}\left(\frac{t-b}{a}\right)\mathrm{d}t \tag{6.15}
$$

小波逆变换公式为

$$
x(t) = \frac{1}{C_\varphi}\iint_{-\infty}^{\infty} X_{\mathrm{S}}(a,\ b)\varphi_{a,\ b}(t)\,\frac{1}{a^2}\mathrm{d}a\mathrm{d}b = \frac{1}{C_\varphi}\iint_{-\infty}^{\infty} X_{\mathrm{S}}(a,\ b)\frac{1}{\sqrt{a}}\varphi\left(\frac{t-b}{a}\right)\frac{1}{a^2}\mathrm{d}a\mathrm{d}b \tag{6.16}
$$

下面，我们来看看 C_φ 等于什么

$$
\begin{aligned}
x(t) &= \frac{1}{C_\varphi}\iint_{-\infty}^{\infty} X_{\mathrm{S}}(a,\ b)\varphi_{a,\ b}(t)\,\frac{1}{a^2}\mathrm{d}a\mathrm{d}b \\
&= \frac{1}{C_\varphi}\iint_{-\infty}^{\infty} \left[\int_{-\infty}^{\infty} x(t')\varphi_{a,\ b}^{*}(t')\mathrm{d}t'\right]\varphi_{a,\ b}(t)\,\frac{1}{a^2}\mathrm{d}a\mathrm{d}b \\
&= \frac{1}{C_\varphi}\iint_{-\infty}^{\infty} \left\{\int_{-\infty}^{\infty} x(t')\left[\int_{-\infty}^{\infty} \Phi_{a,\ b}^{*}(f')\mathrm{e}^{-\mathrm{i}2\pi f't'}\mathrm{d}f'\right]\mathrm{d}t'\right\}\left[\int_{-\infty}^{\infty} \Phi_{a,\ b}(f)\mathrm{e}^{\mathrm{i}2\pi ft}\mathrm{d}f\right]\frac{1}{a^2}\mathrm{d}a\mathrm{d}b \\
&= \frac{1}{C_\varphi}\iint_{-\infty}^{\infty} \left\{\int_{-\infty}^{\infty} x(t')\left[\int_{-\infty}^{\infty} \sqrt{a}\,\mathrm{e}^{\mathrm{i}2\pi f'b}\Phi^{*}(af')\mathrm{e}^{-\mathrm{i}2\pi f't'}\mathrm{d}f'\right]\mathrm{d}t'\right\}\left[\int_{-\infty}^{\infty} \sqrt{a}\,\mathrm{e}^{-\mathrm{i}2\pi fb}\Phi(af)\mathrm{e}^{\mathrm{i}2\pi ft}\mathrm{d}f\right]\frac{1}{a^2}\mathrm{d}a\mathrm{d}b \\
&= \frac{1}{C_\varphi}\iiiint\int_{-\infty}^{\infty} x(t')\sqrt{a}\,\mathrm{e}^{\mathrm{i}2\pi f'b}\Phi^{*}(af')\mathrm{e}^{-\mathrm{i}2\pi f't'}\sqrt{a}\,\mathrm{e}^{-\mathrm{i}2\pi fb}\Phi(af)\mathrm{e}^{\mathrm{i}2\pi ft}\mathrm{d}f'\mathrm{d}t'\mathrm{d}f\,\frac{1}{a^2}\mathrm{d}a\mathrm{d}b
\end{aligned}
$$

$$= \frac{1}{C_\varphi}\iiiint\int_{-\infty}^{\infty} x(t')\Phi^*(af')\Phi(af)\mathrm{e}^{\mathrm{i}2\pi(f'-f)b}\mathrm{e}^{-\mathrm{i}2\pi f't'}\mathrm{e}^{\mathrm{i}2\pi ft}\mathrm{d}f'\mathrm{d}t'\mathrm{d}f\frac{1}{a}\mathrm{d}a\mathrm{d}b$$

$$= \frac{1}{C_\varphi}\iiint\int_{-\infty}^{\infty} x(t')\Phi^*(af')\Phi(af)\left[\int_{-\infty}^{\infty}\mathrm{e}^{\mathrm{i}2\pi(f'-f)b}\mathrm{d}b\right]\mathrm{e}^{-\mathrm{i}2\pi f't'}\mathrm{e}^{\mathrm{i}2\pi ft}\mathrm{d}f'\mathrm{d}t'\mathrm{d}f\frac{1}{a}\mathrm{d}a$$

$$= \frac{1}{C_\varphi}\iiint\int_{-\infty}^{\infty} x(t')\Phi^*(af')\Phi(af)\delta(f'-f)\mathrm{e}^{-\mathrm{i}2\pi f't'}\mathrm{e}^{\mathrm{i}2\pi ft}\mathrm{d}f'\mathrm{d}t'\mathrm{d}f\frac{1}{a}\mathrm{d}a$$

$$= \frac{1}{C_\varphi}\iint\int_{-\infty}^{\infty} x(t')\Phi^*(af)\Phi(af)\mathrm{e}^{-\mathrm{i}2\pi ft'}\mathrm{e}^{\mathrm{i}2\pi ft}\mathrm{d}t'\mathrm{d}f\frac{1}{a}\mathrm{d}a$$

$$= \frac{1}{C_\varphi}\int\int_{-\infty}^{\infty} x(t')\Phi^*(af)\Phi(af)\left[\int_{-\infty}^{\infty}\mathrm{e}^{\mathrm{i}2\pi f(t-t')}\mathrm{d}f\right]\mathrm{d}t'\frac{1}{a}\mathrm{d}a$$

$$= \frac{1}{C_\varphi}\int\int_{-\infty}^{\infty} x(t')\Phi^*(af)\Phi(af)\delta(t-t')\mathrm{d}t'\frac{1}{a}\mathrm{d}a$$

$$= \frac{1}{C_\varphi}\int_{-\infty}^{\infty} x(t)\Phi^*(af)\Phi(af)\frac{1}{a}\mathrm{d}a$$

$$= x(t)\frac{1}{C_\varphi}\int_{-\infty}^{\infty}|\Phi(af)|^2\frac{1}{af}\mathrm{d}(af) \tag{6.17}$$

比较等式两边，因此有

$$C_\varphi = \int_{-\infty}^{\infty}\frac{|\Phi(f)|^2}{f}\mathrm{d}f \tag{6.18}$$

小波系数 $X_{\mathrm{S}}(a,b)$ 还可以用信号 $x(t)$ 和小波 $\varphi_{a,b}(t)$ 的傅里叶变换表示出来，这里需要用到下面的巴什瓦定理：

$$\int_{-\infty}^{\infty}x(t)y^*(t)\mathrm{d}t = \int_{-\infty}^{\infty}x(t)\left[\int_{-\infty}^{\infty}Y(f)\mathrm{e}^{\mathrm{i}2\pi ft}\mathrm{d}f\right]^*\mathrm{d}t$$

$$= \int_{-\infty}^{\infty}Y^*(f)\left[\int_{-\infty}^{\infty}x(t)\mathrm{e}^{-\mathrm{i}2\pi ft}\mathrm{d}t\right]\mathrm{d}f$$

$$= \int_{-\infty}^{\infty}X(f)Y^*(f)\mathrm{d}f \tag{6.19}$$

因此，

$$X_{\mathrm{S}}(a,b) = \int_{-\infty}^{\infty}x(t)\varphi_{a,b}^*(t)\mathrm{d}t$$

$$= \frac{1}{\sqrt{a}}\int_{-\infty}^{\infty}x(t)\varphi^*\left(\frac{t-b}{a}\right)\mathrm{d}t$$

$$= \sqrt{a}\int_{-\infty}^{\infty}X(f)\mathrm{e}^{\mathrm{i}2\pi fb}\Phi^*(af)\mathrm{d}f \tag{6.20}$$

小波变换可以理解为用一组尺度不断变化的基函数对信号 $x(t)$ 进行分析，这一变化正好适应了在不同的频率范围需要不同的分辨率这一基本要求。参数 a 的作用是把基小波进行伸缩，参数 b 是确定信号 $x(t)$ 的时间位置。尺度因子 a 的物理意义是，当用较小的 a 对信号做高频分析时，实际上是用高频小波对信号进行细致观察，而当用较大的 a 做低频分析时，实际上是用低频小波对信号进行概貌观察。

如果两个时间函数 $x(t)$ 和 $y(t)$ 都是平方可积函数，那么，

$$\begin{cases} X_{\mathrm{S}}(a,b) = \int_{-\infty}^{\infty} x(t)\varphi_{a,b}^{*}(t)\mathrm{d}t = \frac{1}{\sqrt{a}}\int_{-\infty}^{\infty} x(t)\varphi^{*}\left(\frac{t-b}{a}\right)\mathrm{d}t \\ \qquad = \sqrt{a}\int_{-\infty}^{\infty} X(f)\mathrm{e}^{\mathrm{i}2\pi fb}\boldsymbol{\Phi}^{*}(af)\mathrm{d}f \\ Y_{\mathrm{S}}^{*}(a,b) = \int_{-\infty}^{\infty} y^{*}(t)\varphi_{a,b}(t)\mathrm{d}t = \frac{1}{\sqrt{a}}\int_{-\infty}^{\infty} y^{*}(t)\varphi\left(\frac{t-b}{a}\right)\mathrm{d}t \\ \qquad = \sqrt{a}\int_{-\infty}^{\infty} Y^{*}(f)\mathrm{e}^{-\mathrm{i}2\pi fb}\boldsymbol{\Phi}(af)\mathrm{d}f \end{cases} \tag{6.21}$$

我们将会有如下的公式：

$$\begin{aligned}
&\iint_{-\infty}^{\infty} X_{\mathrm{S}}(a,b)Y_{\mathrm{S}}^{*}(a,b)\frac{1}{a^{2}}\mathrm{d}a\mathrm{d}b \\
&= \iint_{-\infty}^{\infty}\left[\sqrt{a}\int_{-\infty}^{\infty} X(f)\mathrm{e}^{\mathrm{i}2\pi fb}\boldsymbol{\Phi}^{*}(af)\mathrm{d}f\right]\left[\frac{1}{\sqrt{a}}\int_{-\infty}^{\infty} y^{*}(t)\varphi\left(\frac{t-b}{a}\right)\mathrm{d}t\right]\frac{1}{a^{2}}\mathrm{d}a\mathrm{d}b \\
&= \iiint_{-\infty}^{\infty}\left[\int_{-\infty}^{\infty}\mathrm{e}^{\mathrm{i}2\pi fb}\varphi\left(\frac{t-b}{a}\right)\mathrm{d}b\right]\boldsymbol{\Phi}^{*}(af)X(f)y^{*}(t)\frac{1}{a^{2}}\mathrm{d}a\mathrm{d}f\mathrm{d}t \\
&= \iiint_{-\infty}^{\infty}\left[-\int_{-\infty}^{\infty}\mathrm{e}^{-\mathrm{i}2\pi fa\frac{t-b}{a}}\varphi\left(\frac{t-b}{a}\right)\mathrm{d}\left(\frac{t-b}{a}\right)\right]a\mathrm{e}^{\mathrm{i}2\pi ft}\boldsymbol{\Phi}^{*}(af)X(f)y^{*}(t)\frac{1}{a^{2}}\mathrm{d}a\mathrm{d}f\mathrm{d}t \\
&= \iiint_{-\infty}^{\infty}\boldsymbol{\Phi}(af)a\mathrm{e}^{\mathrm{i}2\pi ft}\boldsymbol{\Phi}^{*}(af)X(f)y^{*}(t)\frac{1}{a^{2}}\mathrm{d}a\mathrm{d}f\mathrm{d}t \\
&= \iint_{-\infty}^{\infty}\left[\int_{-\infty}^{\infty}|\boldsymbol{\Phi}(af)|^{2}\frac{1}{a}\mathrm{d}a\right]\mathrm{e}^{\mathrm{i}2\pi ft}X(f)y^{*}(t)\mathrm{d}f\mathrm{d}t \\
&= \iint_{-\infty}^{\infty}\left[\int_{-\infty}^{\infty}\frac{|\boldsymbol{\Phi}(af)|^{2}}{af}\mathrm{d}(af)\right]\mathrm{e}^{\mathrm{i}2\pi ft}X(f)y^{*}(t)\mathrm{d}f\mathrm{d}t \\
&= C_{\varphi}\iint_{-\infty}^{\infty}\mathrm{e}^{\mathrm{i}2\pi ft}X(f)y^{*}(t)\mathrm{d}f\mathrm{d}t \\
&= C_{\varphi}\int_{-\infty}^{\infty}\left[\int_{-\infty}^{\infty}\mathrm{e}^{\mathrm{i}2\pi ft}X(f)\mathrm{d}f\right]y^{*}(t)\mathrm{d}t \\
&= C_{\varphi}\int_{-\infty}^{\infty}x(t)y^{*}(t)\mathrm{d}t
\end{aligned} \tag{6.22}$$

所以，

$$\int_{-\infty}^{\infty}x(t)y^{*}(t)\mathrm{d}t = \frac{1}{C_{\varphi}}\iint_{-\infty}^{\infty}X_{\mathrm{S}}(a,b)Y_{\mathrm{S}}^{*}(a,b)\frac{1}{a^{2}}\mathrm{d}a\mathrm{d}b \tag{6.23}$$

如果 $y(t)=x(t)$，那么

$$\int_{-\infty}^{\infty} x(t)x^*(t)\mathrm{d}t = \frac{1}{C_\varphi}\iint_{-\infty}^{\infty} |X_S(a, b)|^2 \frac{1}{a^2}\mathrm{d}a\mathrm{d}b \tag{6.24}$$

如果 $x(t)$ 是实数，那么

$$\int_{-\infty}^{\infty} x^2(t)\mathrm{d}t = \frac{1}{C_\varphi}\iint_{-\infty}^{\infty} |X_S(a, b)|^2 \frac{1}{a^2}\mathrm{d}a\mathrm{d}b \tag{6.25}$$

式（6.25）左边是 $x(t)$ 的总能量，它被分解为不同的尺度参数 a 和不同平移参数 b 的小波系数的贡献。于是，小波能量谱应该被定义为

$$E(a, b) \equiv \frac{1}{C_\varphi a^2} |X_S(a, b)|^2 \tag{6.26}$$

于是有

$$\int_{-\infty}^{\infty} x^2(t)\mathrm{d}t = \iint_{-\infty}^{\infty} E(a, b)\mathrm{d}a\mathrm{d}b \tag{6.27}$$

因为对于不同的 a 和 b，C_φ 是常数，所以分析中也可以采用 $\frac{1}{a^2}|X_S(a, b)|^2$，可见小波能量贡献正比于小波系数模的平方，反比于 a^2。当 $x(t)$ 和 $y(t)$ 是两个实函数，且已是中心化的序列（距平或标准化距平序列），则有

$$\int_{-\infty}^{\infty} x(t)y(t)\mathrm{d}t = \frac{1}{C_\varphi}\iint_{-\infty}^{\infty} X_S(a, b)Y_S^*(a, b)\frac{1}{a^2}\mathrm{d}a\mathrm{d}b \tag{6.28}$$

式（6.28）左边是 $x(t)$ 和 $y(t)$ 的交叉能量，或者总协方差，反映两个序列总的相关程度，它被分解为不同参数的小波的贡献，所以小波交叉谱定义为

$$E_{xy}(a, b) = \frac{1}{C_\varphi a^2}X_S(a, b)Y_S^*(a, b) \tag{6.29}$$

第二节　离散小波变换

前文引入了连续小波及其变换，但是在应用中，需要把连续小波及小波变换离散化。由前文讨论可知，a 是周期放大倍数，$1/a$ 是频率放大倍数，那么，为了不遗漏信号 $x(t)$ 中任何频率成分的信息，a 的选取应该使得不同 a 的小波 $\varphi_{a,b}(t)$ 的一定宽度的频带在正频率轴上互相连接。比较有效和方便的取法是

$$a = a_j = \frac{1}{2^j} \quad (j \in \text{整数}) \tag{6.30}$$

讨论不同缩放参数 a 对应的小波 $\varphi_{a,b}(t)$ 的频带连接情况，需要先确定一个基小波，假如取 $f_0 = 1$ 的标准 Morlet 小波为基小波

$$\varphi(t) = \pi^{-1/4}\mathrm{e}^{-t^2/2}\mathrm{e}^{\mathrm{i}2\pi t} \tag{6.31}$$

其傅里叶变换为

$$\Phi(f) = \sqrt{2\pi}\pi^{-1/4}\mathrm{e}^{-[2\pi(f-1)]^2/2} \tag{6.32}$$

可见，其中心频率在 $f^* = f_0 = 1$，对应的中心周期为 $T^* = 1/f^* = 1$，小波 $\varphi_{a,b}(t)$ 的傅

里叶变换为

$$\Phi_{a,b}(f) = \sqrt{a}\mathrm{e}^{-\mathrm{i}2\pi fb} \sqrt{2\pi}\pi^{-1/4}\mathrm{e}^{-[2\pi(af-1)]^2/2} \tag{6.33}$$

其模 $|\Phi_{a,b}(f)|$ 在 $f = 1/a$ 处达到最大，且在该频率两侧对称地衰减。$\varphi_{a,b}(t)$ 的中心频率在 $f = 1/a = 2^j$，即 …，1/4，1/2，1，2，4，…，如果取基小波的频带半宽度 $\Delta f = 1/3$，即基小波的频带为 $(1 - 1/3, 1 + 1/3] = (2/3, 4/3]$，那么以 $f = 1/a = 2^j$ 为中心频率的频带为 $(2^j \times 2/3, 2^j \times 4/3] = (2^{j+1}/3, 2^{j+2}/3] = (2^{j+1}\Delta f, 2^{j+2}\Delta f]$，那么 $\varphi_{a,b}(t)$ 将正频率轴二进划分为

$$(0, \infty) = \bigcup_{j=-\infty}^{\infty}(2^j \times 2/3, 2^j \times 4/3] = \bigcup_{j=-\infty}^{\infty}(2^{j+1}/3, 2^{j+2}/3] = \bigcup_{j=-\infty}^{\infty}(2^{j+1}\Delta f, 2^{j+2}\Delta f] \tag{6.34}$$

相应地，$\varphi_{a,b}(t)$ 的中心周期为 $T = a = 1/2^j$，即 …，4，2，1，1/2，1/4，…，将正周期轴二进划分为

$$(0, \infty) = \bigcup_{j=-\infty}^{\infty}\left[\frac{1}{2^{j+2}\Delta f}, \frac{1}{2^{j+1}\Delta f}\right) = \bigcup_{j=-\infty}^{\infty}[3/2^{j+2}, 3/2^{j+1}) \tag{6.35}$$

平移参数 b 也要离散取值，为了在时域上也具有良好的局部化性质，对高频（短周期）成分，时域的取样步长应取得短些，因此 b 的取样步长应该与 a 成正比。为了计算的有效性，b 的抽样点可取

$$b_{j,k} = a_j b_0 k = \frac{1}{2^j}b_0 k \quad (k \in \text{整数}) \tag{6.36}$$

即 b 的取样步长为 $a_j b_0$，a 小则 b 的步长小，其中 b_0 是一个固定的常数，称为抽样速率，在大多数应用中取 $b_0 = 1$。综合 a 和 b 的离散取法，可见这种二进划分在频率域和周期域同时具有良好的局部化性质，而且对于高频成分采用逐渐精细的频率域和周期域步长，从而可以聚焦到分析对象的任何细节，在这个意义上讲，小波分析被誉为数学显微镜。

对于离散的信号，小波变换公式为

$$X_S(a,b) = \frac{1}{\sqrt{a}}\sum_{k=0}^{N-1}x(k\Delta t)\varphi^*\left(\frac{k\Delta t - b}{a}\right) \tag{6.37}$$

变换小波尺度 a 及将其在局部时间点 b 上进行滑动，则可得到相对于每个尺度的振幅及其振幅随时间的变化。利用卷积定理，小波变换公式还可以写为

$$X_S(a,b) = \sqrt{a}\sum_{n=0}^{N-1}X\left(\frac{n}{N\Delta t}\right)\mathrm{e}^{\mathrm{i}\frac{2\pi n}{N\Delta t}b}\Phi^*\left(\frac{an}{N\Delta t}\right) \tag{6.38}$$

其中，

$$X\left(\frac{n}{N\Delta t}\right) = \sum_{k=0}^{N-1}x(k\Delta t)\mathrm{e}^{-\frac{\mathrm{i}2\pi nk}{N}}, \Phi\left(\frac{n}{N\Delta t}\right) = \sum_{k=0}^{N-1}\varphi(k\Delta t)\mathrm{e}^{-\frac{\mathrm{i}2\pi nk}{N}} \tag{6.39}$$

常用小波函数 $\varphi(t)$ 为复数，其小波变换 $X_S(a, b)$ 也为复数，它包括实部和虚部，或用振幅 $|X_S(a, b)|$ 和位相表示。定义小波功率谱为 $E(a, b)/N = |X_S(a, b)|^2/(Na^2)$。为了方便对不同的子波功率谱进行比较，将子波功率谱进行标准化，标准化的功率谱为

$|X_S(a,\ b)|^2/(Na^2s^2)$，其中 s^2 为原序列的方差。

选取某一类型小波，对余弦信号 $\cos(k_0t)$ 进行小波变换得到该余弦信号的小波功率谱。利用小波功率谱对尺度的导数为 0，就可以得到尺度和周期的关系。一般而言，周期与尺度成正比。对于 Morlet 小波，周期 $T=0.987\,6$ s；对于墨西哥帽小波，周期 $T=4$ s。

我们需要对小波功率谱进行显著性检验。红噪声标准谱为

$$P\left(\frac{n}{N\Delta t}\right)=\frac{1-R^2(\Delta t)}{1+R^2(\Delta t)-2R(\Delta t)\cos\left(\frac{2\pi n}{N}\right)}\quad\left(k=0,1,\cdots,\frac{N}{2}\right)\tag{6.40}$$

采用红噪声标准谱进行小波功率谱的检验，给定 α，计算 $\frac{1}{2}P\left(\frac{n}{N\Delta t}\right)\chi_\alpha^2(2)$，如果 $\frac{|X_S(a,b)|^2}{Na^2s^2}>\frac{1}{2}P\left(\frac{n}{N\Delta t}\right)\chi_\alpha^2(2)$，则表明 n 波数对应的波动是显著的。

由于时间序列是有限的，当平移参数 b 逐渐接近序列的两端时，在开始端和末尾端的小波功率谱会失真，将该范围称为影响锥（Cone of Influence，COI）。一般会在序列两端外侧补上足够多的 0，或者在头尾的外侧用头尾内侧的值对称地延伸。Torrence（1998）定义 e 折时间（e-folding time）为两端受影响的区域。对于标准 Morlet 小波和墨西哥帽小波，小波的 e 折时间为 $\sqrt{2}a$。当平移参数落入信号两端 $\sqrt{2}a$ 范围内，结果应该放弃。

第七章　经验模态分解方法

传统傅里叶变换并不能分析出信号的某个频率在什么时刻出现，为此产生了能同时在时间和频率上表示信号强度和频率的时频分析，如加窗傅里叶变换和小波分析等，但该类时频分析方法的基本思想都是源于傅里叶变换，需要人为给定基函数。小波分析基函数比傅里叶分析所用的三角函数要复杂得多。

美国宇航局 N. E. Huang 等于 1998 年提出了一种新型的时间序列的自适应时频分析方法，不需要人为给定基函数。该方法具体包含两部分内容：一部分是经验模态分解（Empirical Mode Decomposition，EMD），能够将一个复杂的非平稳信号进行平稳化处理，从原时间序列中提取出不同尺度或者层次的波动或者趋势，得到若干个具有不同尺度的本征模态函数（Intrinsic Mode Function，IMF）分量，该部分是这一新方法的核心内容；另一部分是对得到的 IMF 进行希尔伯特 - 黄变换（Hilbert - Huang Transform，HHT），得到 IMF 随时间变化的瞬时频率和振幅，最终可以得到振幅 - 频率 - 时间的三维谱分布。

EMD - HHT 这一新方法，不仅从根本上摆脱了傅里叶变换的约束，不需要考虑选择基函数的难题，消除了为反映非线性、非平稳过程而引入的无物理意义的简谐波，而且克服了小波分析在分辨率上不清晰的缺点，吸收了小波变换多分辨率的优点，局部适应性强，得到的振幅和频率是随时间变化的。因此，EMD 非常适合客观地处理非线性、非平稳过程。

第一节　经验模态分解

信号的特征时间尺度与频率密切相关，一般大的特征尺度对应低频，小的特征尺度对应高频。通过定义特定点之间的时间尺度来获取信号特征，例如，函数过 0 点的时间间隔定义为过 0 点的时间尺度，连续两个极值点的时间间隔定义为极值点的时间尺度。Huang 等（1998）的经验模态分解采用的是极值点的时间尺度（找极值点比找 0 点简单），即从一个极值点到另一个相反的极值点，认为时间尺度代表信号的局部振荡尺度，是振荡的内在隐含的特征时间尺度，可以反映数据的非平稳性特征。

EMD 方法不需要选择基函数，只需要根据信号的局部特征时间尺度自动对信号进行分解，把原始信号进行平稳化处理，将复杂信号分解成有限个具有不同特征时间尺度的序列，每一个序列即为一个本征模态函数。信号经过 EMD 分解后，IMF 代表着信号不同尺度的特征，其瞬时频率就有了物理意义。由于本征模态函数表征了数据的内在振动模式，Huang 等（1998）认为任何复杂信号都可以由若干本征模态函数组成。IMF 分量由于靠极值点时间尺度来定义，因此具有显著的缓变波包的特性，其缓变波包特征意味着不同特征尺度波动的振幅和频率随时间变化，因而也具有时域上的局域化特征。

EMD 方法的具体思路是，通过多次移动过程逐个分解本征模态函数，在每个过程中，根据信号的波动计算上、下包络，这里的上、下包络由信号的局部极大值和极小值通过样条函数插值计算得出。EMD 通过多次移动过程，不仅消除了信号的骑行波（riding waves），还对序列进行了平滑处理。得到的每一个 IMF 均满足如下两个条件：①极大值、极小值和过 0 点的数目必须相等或者至多只相差一个点；②在任意时刻，由极大值点定义的上包络和由极小值定义的下包络的平均值为 0，也就是说，上、下包络线对于时间轴是局部对称的。满足上述两个条件的 IMF 就是一个单分量信号，这两个条件也是 EMD 分解过程结束的收敛原则。

设一时间序列为 $x(t)$，提取 IMF 分量的步骤如下：

① 找出原序列 $x(t)$ 各个局部的极大值，这里局部极大值定义为时间序列某个时刻的值，其前后一个时刻的值都不能比它大。利用三次样条函数插值的方法得到序列 $x(t)$ 的上包络线 $u(t)$ 。同样，找出 $x(t)$ 各个局部的极小值，利用三次样条函数插值得到下包络线 $v(t)$ 。上、下包络线的平均曲线 $m(t)$ 为

$$m(t) = \frac{u(t) + v(t)}{2} \tag{7.1}$$

② 用原序列 $x(t)$ 减去 $m(t)$ 得到 $h_1(t) = x(t) - m(t)$，检验 $h_1(t)$ 是否满足 IMF 的两个条件，如果满足则认为 $h_1(t)$ 是一个 IMF，否则，用 $h_1(t)$ 替换 $x(t)$，找出 $h_1(t)$ 的上、下包络线 $u_1(t)$ 和 $v_1(t)$，重复上述过程，

$$\begin{cases} m_1(t) = \dfrac{u_1(t) + v_1(t)}{2}, & h_2(t) = h_1(t) - m_1(t) \\ \vdots & \vdots \\ m_{k-1}(t) = \dfrac{u_{k-1}(t) + v_{k-1}(t)}{2}, & h_k(t) = h_{k-1}(t) - m_{k-1}(t) \end{cases} \tag{7.2}$$

直到满足 IMF 的两个条件，得到第 1 个 IMF，即 $c_1(t) = h_k(t)$ 。通常情况下，为方便起见，可以用前后两个 $h(t)$ 的标准差（Standard Deviation，SD）作为分解 IMF 停止的判据，即

$$SD = \sum_{t=0}^{T} \frac{[h_{k-1}(t) - h_k(t)]^2}{h_{k-1}^2(t)} \tag{7.3}$$

达到一个较小值时，停止分解。一般而言，*SD* 越小，得到的 IMF 的稳定性越好。实践表明，*SD* 取 0.2～0.3 时，IMF 的稳定性好，并能够使 IMF 具有较为清晰的物理意义。信号的剩余部分为

$$r_1(t) = x(t) - c_1(t) \tag{7.4}$$

③ 对剩余部分 $r_1(t)$ 重复步骤①和步骤②，直到剩余部分是一个单调序列则结束分解。

原始序列 $x(t)$ 可以表示为所有 IMF 及剩余部分之和，即

$$x(t) = \sum_{i=1}^{n} c_i(t) + r_n(t) \tag{7.5}$$

这里 n 为所提取的 IMF 的个数。

EMD 具有完备性，即通过分解得到的 IMF 分量 $c_i(t)$ 和残余分量 $r_n(t)$ 加起来就是 $x(t)$ 。此外，EMD 具有一定的近似正交性，而 IMF 的这种近似正交性可以通过后验方法得到。把残余分量 $r_n(t)$ 看成第 $n+1$ 个 IMF 分量，即 $x(t) = \sum_{i=1}^{n+1} c_i(t)$，对上式进行平方可知

$$x^2(t) = \sum_{i=1}^{n+1} c_i^2(t) + 2\sum_{\substack{i,j=1 \\ i\neq j}}^{n+1} c_i(t)c_j(t) \tag{7.6}$$

定义正交性指标

$$IO = \sum_{t=0}^{T} \sum_{\substack{i,j=1 \\ i\neq j}}^{n+1} \frac{c_i(t)c_j(t)}{x^2(t)} \tag{7.7}$$

如果分解是正交的，那么 $IO=0$。Huang 等（1998）通过大量试验指出 IO 的取值为 1% ~5%，因此 IMF 分量之间是近似正交的。最后，EMD 具有很好的自适应性，即 EMD 分解的基函数完全由信号本身决定，不需要预设基函数，而每一个 IMF 分量包含的频率是不一样的，EMD 分解把各个 IMF 分量按频率从高到低排列。

EMD 方法存在的问题：

① 理论体系不成熟。傅里叶变换和小波分析都有严格的数学基础，但是 EMD 只能通过试验方法来近似判断正交性、收敛性和完备性，没有解决“哪些信号能进行 EMD 分析，哪些信号不能进行 EMD 分析”的问题。尽管大部分的例子表明 EMD 的直观合理性，但其理论框架尚待完善；

② 端点效应。EMD 是通过多次筛选过程来分解 IMF 的，信号的上、下包络线是通过三次样条函数插值得到的，但是，序列两端不可能同时出现极值点，在信号两端的包络线可能存在发散，而且随着筛分过程的进行，这种发散现象可能传播到信号内部，使得分解结果失真。对于这一问题，Huang 等（1998）指出，可以用在序列两端增加两组特征波的方式进行延拓。另外，还存在镜像闭合延拓等其他解决办法；

③ IMF 筛分准则。在 EMD 分解过程中，是以标准差（0.2 ~0.3）作为停止分解 IMF 的判据，Huang 等（1998）认为这样可以保证分解出来的 IMF 具有物理意义。但是在实际应用中，有时候用上述判据得到的 IMF 分量很难得到相应的物理解释；

④ 模态混叠。模态混叠指的是同一个 IMF 分量当中出现了不同尺度或频率的信号，或者同一尺度或频率的信号被分解到多个不同的 IMF 之中。模态混叠一经产生，将对后续 IMF 分量产生影响，导致 EMD 分解结果失去物理意义。

针对 EMD 中出现的模态混叠缺陷，Wu 等（2009）提出了集合经验模态分解（EEMD），这一方法通过对原始信号加入白噪声之后进行 EMD 分解，将多次分解的结果进行平均即得到最终的 IMF，其本质是一种噪声协助信号处理方法。由于白噪声的极值点间隔分布紧密，信号的低频部分极值点间隔分布稀疏。通过白噪声的加入，改变了低频信号的极值点的分布特性，使得信号在整个频段的极值点间隔分布均匀，保证每次对信号准确提取上、下包络线的局部均值，以此避免模态混淆。

EEMD 的具体步骤：

① 通过给原始信号 $x(t)$ 添加白噪声信号 $n_1(t)$ 获得目标信号 $X_1(t)$；

② 对 $X_1(t)$ 进行 EMD 分解，得到各个 IMF 分量；

③ 给原始信号 $x(t)$ 添加不同强度的白噪声信号 $n_i(t)$，重复步骤①和步骤②，得到

$$X_i(t) = \sum_{j=1}^{n} c_{ij}(t) + r_{in}(t) \tag{7.8}$$

④ 将上述分解结果进行总体平均，消除白噪声的影响

$$c_j(t) = \frac{1}{N}\sum_{i=1}^{N} c_{ij}(t) \tag{7.9}$$

第二节　希尔伯特-黄变换

对所有的 IMF，即上一节的 $c_i(t)$，进行希尔伯特变换（Hilbert Transform，HT），称为希尔伯特-黄变换，求出瞬时频率和瞬时振幅，就可以得到希尔伯特谱。不失一般性，本节讨论任意时间序列 $x(t)$ 的希尔伯特变换。定义 $x(t)$ 的希尔伯特变换为

$$y(t) = \frac{1}{\pi}\int_{-\infty}^{\infty} \frac{x(\tau)}{t-\tau}\mathrm{d}\tau \tag{7.10}$$

希尔伯特变换相当于对信号 $x(t)$ 和 $\frac{1}{\pi t}$ 做卷积运算，因此希尔伯特变换后的信号 $y(t)$ 的傅里叶变换为

$$Y(f) = H(f)X(f) \tag{7.11}$$

$$Y(f) = \int_{-\infty}^{\infty} \frac{1}{\pi t}\mathrm{e}^{-\mathrm{i}2\pi ft}\mathrm{d}t = \begin{cases} -i = \mathrm{e}^{-\mathrm{i}\pi/2} & (f>0) \\ 0 & (f=0) \\ i = \mathrm{e}^{\mathrm{i}\pi/2} & (f<0) \end{cases} \tag{7.12}$$

由此可见，$Y(f)$ 不改变原来信号的幅度，但是原信号在相位上变化 90°，即正频率相位移动 -90°，负频率相位移动 90°。利用希尔伯特变换可把一个实信号转化为一个复信号。

对于一个有限长度为 N、采样间隔为 Δt 的离散的实信号时间序列 $x(k\Delta t)$（其中，$k=0, 1, \cdots, N-1$），其离散傅里叶变换为

$$\widetilde{X}\left(\frac{n}{N\Delta t}\right) = \frac{2}{N}\sum_{k=0}^{N-1} x(k\Delta t)\mathrm{e}^{-\mathrm{i}2\pi nk/N} \tag{7.13}$$

逆变换为

$$x(k\Delta t) = \frac{1}{2}\sum_{n=0}^{N-1} \widetilde{X}\left(\frac{n}{N\Delta t}\right)\mathrm{e}^{\mathrm{i}2\pi nk/N} \tag{7.14}$$

傅里叶变换本身是个复数，可以写成

$$\widetilde{X}\left(\frac{n}{N\Delta t}\right) \equiv a_n - \mathrm{i}b_n \tag{7.15}$$

其中，

$$\begin{cases} a_n = \dfrac{2}{N}\sum\limits_{k=0}^{N-1} x(k\Delta t)\cos\left(\dfrac{2\pi nk}{N}\right) \\ b_n = \dfrac{2}{N}\sum\limits_{k=0}^{N-1} x(k\Delta t)\sin\left(\dfrac{2\pi nk}{N}\right) \end{cases} \tag{7.16}$$

由此可见，实部和虚部有如下性质：

$$\begin{cases} a_{-n} = a_n = a_{N-n} \\ b_{-n} = -b_n = b_{N-n} \end{cases} \tag{7.17}$$

于是，逆变换可以改写为

$$x(k\Delta t) = \frac{1}{2}\sum_{n=-N/2}^{N/2} \widetilde{X}\left(\frac{n}{N\Delta t}\right) e^{\frac{i2\pi nk}{N}} \tag{7.18}$$

进一步有

$$\begin{aligned} x(k\Delta t) &= \frac{1}{2}\sum_{n=-N/2}^{N/2} \widetilde{X}\left(\frac{n}{N\Delta t}\right) e^{\frac{i2\pi nk}{N}} \\ &= \frac{1}{2}\sum_{n=-N/2}^{N/2} (a_n - ib_n)\left[\cos\left(\frac{2\pi nk}{N}\right) + i\sin\left(\frac{2\pi nk}{N}\right)\right] \\ &= \frac{1}{2}\sum_{n=-N/2}^{-1} (a_n - ib_n)\left[\cos\left(\frac{2\pi nk}{N}\right) + i\sin\left(\frac{2\pi nk}{N}\right)\right] \\ &\quad + \frac{1}{2}\sum_{n=0}^{N/2} (a_n - ib_n)\left[\cos\left(\frac{2\pi nk}{N}\right) + i\sin\left(\frac{2\pi nk}{N}\right)\right] \\ &= \frac{a_0}{2} + \sum_{n=1}^{N/2}\left[a_n\cos\left(\frac{2\pi nk}{N}\right) + b_n\sin\left(\frac{2\pi nk}{N}\right)\right] \end{aligned} \tag{7.19}$$

按照希尔伯特变换的性质，我们很容易得出 $x(k\Delta t)$ 的希尔伯特变换为

$$\begin{aligned} x_{\mathrm{HT}}(k\Delta t) &= \frac{a_0}{2} + \frac{1}{2}\sum_{n=1}^{N/2} (-i)(a_n - ib_n)\left[\cos\left(\frac{2\pi nk}{N}\right) + i\sin\left(\frac{2\pi nk}{N}\right)\right] \\ &\quad + \frac{1}{2}\sum_{n=-N/2}^{-1} i(a_n - ib_n)\left[\cos\left(\frac{2\pi nk}{N}\right) + i\sin\left(\frac{2\pi nk}{N}\right)\right] \\ &= \frac{a_0}{2} + \frac{1}{2}\sum_{n=1}^{N/2} (-b_n - ia_n)\left[\cos\left(\frac{2\pi nk}{N}\right) + i\sin\left(\frac{2\pi nk}{N}\right)\right] \\ &\quad + \frac{1}{2}\sum_{n=-N/2}^{-1} (b_n + ia_n)\left[\cos\left(\frac{2\pi nk}{N}\right) + i\sin\left(\frac{2\pi nk}{N}\right)\right] \end{aligned}$$

$$= \frac{a_0}{2} + \frac{1}{2}\sum_{n=1}^{N/2}\left[-b_n\cos\left(\frac{2\pi nk}{N}\right) + a_n\sin\left(\frac{2\pi nk}{N}\right)\right]$$

$$+ \frac{1}{2}\sum_{n=-N/2}^{-1}\left[b_n\cos\left(\frac{2\pi nk}{N}\right) - a_n\sin\left(\frac{2\pi nk}{N}\right)\right]$$

$$= \frac{a_0}{2} + \sum_{n=1}^{N/2}\left[a_n\sin\left(\frac{2\pi nk}{N}\right) - b_n\cos\left(\frac{2\pi nk}{N}\right)\right] \tag{7.20}$$

整理上面的公式，对于一个有限长度为 N 、采样间隔为 Δt 的离散的实信号时间序列 $x(k\Delta t)$（其中，$k = 0, 1, \cdots, N-1$），其可以展开为

$$x(k\Delta t) = \frac{a_0}{2} + \sum_{n=1}^{N/2}\left[a_n\cos\left(\frac{2\pi nk}{N}\right) + b_n\sin\left(\frac{2\pi nk}{N}\right)\right] \tag{7.21}$$

该实信号的希尔伯特变换为

$$x_{HT}(k\Delta t) = \frac{a_0}{2} + \sum_{n=1}^{N/2}\left[a_n\sin\left(\frac{2\pi nk}{N}\right) - b_n\cos\left(\frac{2\pi nk}{N}\right)\right] \tag{7.22}$$

把实信号 $x(t)$ 进行希尔伯特变换得到 $x_{HT}(t)$，我们还可以据此构造复信号

$$y(t) = x(t) + \mathrm{i}x_{HT}(t) = a(t)\mathrm{e}^{\mathrm{i}\theta(t)} \tag{7.23}$$

这个复信号的瞬时振幅（希尔伯特变换能谱）定义为

$$a(t) = \sqrt{x^2(t) + x_{HT}^2(t)} \tag{7.24}$$

而瞬时角频率则定义为

$$\omega(t) = \frac{\mathrm{d}\theta(t)}{\mathrm{d}t} \tag{7.25}$$

其中，

$$\theta(t) = \arctan\frac{x_{HT}(t)}{x(t)} \tag{7.26}$$

可以看出由希尔伯特变换可以得到随时间变化的振幅和频率。由于不受窗函数限制，该变换具有较高的时频分辨率。

第三部分

时空数据分析方法

第八章　网格化方法

在人们使用各种海洋观测仪器记录海洋要素参量的过程中，由于技术手段的限制，实际观测资料往往是离散的，而不是连续的。有时由于仪器故障等原因，还会发生特定层次的缺测现象。然而在实际应用中，又需要知道两个观测值之间未经采样的数据。此外，出海观测代价昂贵，在一片海区仅能观测几个剖面，且水平分布很不均匀，而在实际应用中，又需要利用有限的观测来反演海洋要素的空间分布状况。上述情况都需要用到本章所要讲述的插值知识。

第一节　一维插值方法

海洋要素随深度（或时间）的变化是连续的，对某一个固定测站来说，海洋要素 y 随深度（或时间）x 的变化可以表示为 $y = f(x)$。通常情况下，$y = f(x)$ 的函数关系是未知的，在实际海洋观测中，我们只能测得在深度（或时间）区间 $[a, b]$ 上 x_0，x_1，…，x_n 处 $f(x)$ 的取值 y_0，y_1，…，y_n，即

$$f(x_i) = y_i \quad (i = 0, 1, \cdots, n) \tag{8.1}$$

为了获得这些序列值之间的数值，我们借助不同的数学方法进行内插。上述问题等价于需要寻找一个近似函数 $\varphi(x)$，使得

$$\varphi(x_i) \approx f(x_i) \quad (i = 0, 1, \cdots, n) \tag{8.2}$$

其中，x_0，x_1，…，x_n 称为插值节点，$\varphi(x)$ 称为插值函数。

1. 拉格朗日插值法

对于 $(n + 1)$ 个节点，拉格朗日插值多项式为

$$\varphi(x) = \sum_{k=0}^{n} \left[\left(\prod_{\substack{j=0 \\ j \neq k}}^{n} \frac{x - x_j}{x_k - x_j} \right) y_k \right] \tag{8.3}$$

拉格朗日插值多项式仅与插值节点有关，与 $f(x)$ 具体形式无关；如果 $f(x)$ 为多项式，则拉格朗日插值多项式即为 $f(x)$；拉格朗日插值多项式结构紧凑，但如果增加一个节点，则所对应的拉格朗日插值多项式需要重新计算；通常而言，高阶插值优于低阶插值；当拉格朗日插值多项式阶数较高时，会出现数值不稳定的现象，即所谓的“龙格现象”。下面分述 n 取不同值（节点数不同或者多项式幂次不同）时的插值方法。

1）线性插值法（$n=1$）

根据2个实测层结果（x_0，y_0）和（x_1，y_1）来进行插值，当$x_0 \leqslant x \leqslant x_1$时，公式为

$$\begin{aligned}\varphi(x) &= \frac{x-x_1}{x_0-x_1}y_0+\frac{x-x_0}{x_1-x_0}y_1 \\ &= \frac{x_1-x}{x_1-x_0}y_0+\frac{x-x_0}{x_1-x_0}y_1 \\ &= \frac{y_1-y_0}{x_1-x_0}x+\left(y_0-\frac{y_1-y_0}{x_1-x_0}x_0\right)\end{aligned} \tag{8.4}$$

海洋混合层插值常用线性插值法，线性插值得到的是直线，不会出现凸起现象。

2）抛物线插值法（$n=2$）

根据3个实测层结果（x_0，y_0）、（x_1，y_1）和（x_2，y_2）进行插值，当$x_0 \leqslant x \leqslant x_2$时，公式为

$$\varphi(x) = \frac{(x-x_1)(x-x_2)}{(x_0-x_1)(x_0-x_2)}y_0+\frac{(x-x_0)(x-x_2)}{(x_1-x_0)(x_1-x_2)}y_1+\frac{(x-x_0)(x-x_1)}{(x_2-x_0)(x_2-x_1)}y_2 \tag{8.5}$$

3）两个抛物线插值平均法

对于4个实测层结果（x_0，y_0）、（x_1，y_1）、（x_2，y_2）和（x_3，y_3），可以利用上3点（x_0，y_0）、（x_1，y_1）和（x_2，y_2）构造抛物线插值公式$\varphi_1(x)$，即当$x_0 \leqslant x \leqslant x_2$时

$$\varphi_1(x) = \frac{(x-x_1)(x-x_2)}{(x_0-x_1)(x_0-x_2)}y_0+\frac{(x-x_0)(x-x_2)}{(x_1-x_0)(x_1-x_2)}y_1+\frac{(x-x_0)(x-x_1)}{(x_2-x_0)(x_2-x_1)}y_2 \tag{8.6}$$

再利用下3点（x_1，y_1）、（x_2，y_2）和（x_3，y_3）构造抛物线插值公式$\varphi_2(x)$，即当$x_1 \leqslant x \leqslant x_3$时

$$\varphi_2(x) = \frac{(x-x_2)(x-x_3)}{(x_1-x_2)(x_1-x_3)}y_1+\frac{(x-x_1)(x-x_3)}{(x_2-x_1)(x_2-x_3)}y_2+\frac{(x-x_1)(x-x_2)}{(x_3-x_1)(x_3-x_2)}y_3 \tag{8.7}$$

这样，对于$x_1 \leqslant x \leqslant x_2$，可以得到两个抛物线插值平均为

$$\varphi(x) = \frac{\varphi_1(x)+\varphi_2(x)}{2} \tag{8.8}$$

这种方法的缺点是强跃层处存在凸起，保凸性较差。

2. 样条函数插值法

此概念源于工程实践，“样条”是绘制曲线的一种绘图工具，是富有弹性的细长条

或薄钢条。样条函数是一类分段（片）光滑，并且在各段交接处也有一定光滑性的函数。由样条函数形成的曲线在连接点处具有连续的坡度与曲率，克服了高次多项式插值可能出现的振荡现象，具有较好的数值稳定性和收敛性。

1）二次样条函数插值法

若近似函数 $y = \varphi(x)$ 满足以下条件

$$\left.\frac{\mathrm{d}\varphi}{\mathrm{d}x}\right|_{x=x_0} = \left.\frac{\mathrm{d}f}{\mathrm{d}x}\right|_{x=x_0} = t_0,\ \varphi(x_i) = f(x_i) = y_i \quad (i = 0, 1, \cdots, n) \tag{8.9}$$

则点 (x_i, y_i) 与点 (x_{i+1}, y_{i+1}) 之间的点 (x, y) 可用以下二次样条函数插值法，

$$\varphi(x) = a_i + b_i(x - x_i) + c_i(x - x_i)(x - x_{i+1}) \tag{8.10}$$

其中，

$$a_i = y_i,\ b_i = \frac{y_{i+1} - y_i}{x_{i+1} - x_i} \quad (i = 0, 1, \cdots, n-1) \tag{8.11}$$

$$c_0 = \frac{\dfrac{y_1 - y_0}{x_1 - x_0} - t_0}{x_1 - x_0},\ c_i = -\frac{x_i - x_{i-1}}{x_{i+1} - x_i}c_{i-1} + \frac{\dfrac{y_{i+1} - y_i}{x_{i+1} - x_i} - \dfrac{y_i - y_{i-1}}{x_i - x_{i-1}}}{x_{i+1} - x_i} \quad (i = 1, 2, \cdots, n-1) \tag{8.12}$$

上述公式能够使得相邻两点的梯度值的平均正好等于这两点中间处由中心差分获得的梯度。

2）三次样条函数插值法

若近似函数 $y = \varphi(x)$ 满足以下条件

$$\left.\frac{\mathrm{d}\varphi}{\mathrm{d}x}\right|_{x=x_0} = \left.\frac{\mathrm{d}f}{\mathrm{d}x}\right|_{x=x_0} = t_0,\ \left.\frac{\mathrm{d}\varphi}{\mathrm{d}x}\right|_{x=x_n} = \left.\frac{\mathrm{d}f}{\mathrm{d}x}\right|_{x=x_n} = t_n,$$
$$\varphi(x_i) = f(x_i) = y_i \quad (i = 0, 1, \cdots, n) \tag{8.13}$$

则点 (x_i, y_i) 与点 (x_{i+1}, y_{i+1}) 之间的点 (x, y) 可用以下三次样条函数插值法，

$$\varphi(x) = \sum_{j=-1}^{n+1} C_j \Omega_3\left(\frac{x - x_0}{D} - j\right) \tag{8.14}$$

其中，

$$D \equiv \frac{x_n - x_0}{n} \tag{8.15}$$

求和号中的 Ω_3 函数定义为

$$\Omega_3(z) = \begin{cases} \dfrac{1}{2}|z|^3 - |z|^2 + \dfrac{2}{3} & (|z| \leqslant 1) \\ -\dfrac{1}{6}|z|^3 + |z|^2 - 2|z| + \dfrac{4}{3} & (1 < |z| < 2) \\ 0 & (|z| \geqslant 2) \end{cases} \tag{8.16}$$

形状如图 8 - 1 所示。

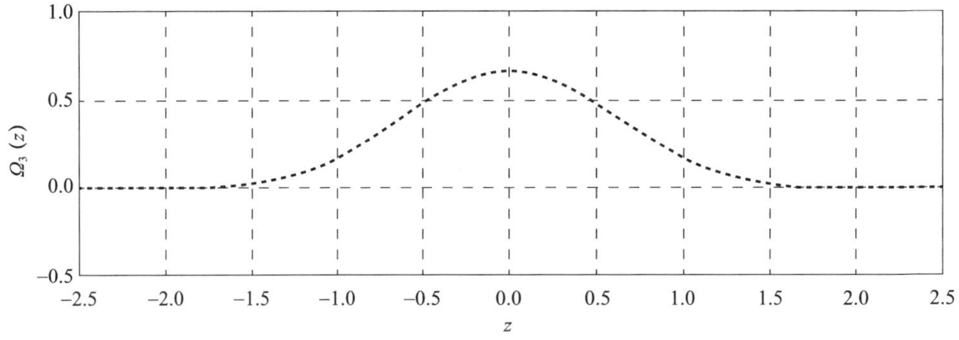

图 8 - 1 Ω_3 函数

由此可见，Ω_3 函数是连续的，且具有连续的一阶和二阶导数。插值函数展开式 $\varphi(x)$ 中 C_j 是待定系数，我们需要让 $\varphi(x)$ 满足上述题设条件。

假设采样点 x_0，x_1，…，x_n 是等间隔的（对于不等间隔的问题，也可以类似推导），对于内部点

$$\varphi(x_i) = f(x_i) = y_i \quad (i = 1, 2, \cdots, n-1) \tag{8.17}$$

有

$$\begin{aligned}\varphi(x_i) &= \sum_{j=-1}^{n+1} C_j \Omega_3\left(\frac{x_i - x_0}{D} - j\right) \\ &= \sum_{j=-1}^{n+1} C_j \Omega_3(i-j) = y_i \quad (i = 1, 2, \cdots, n-1)\end{aligned} \tag{8.18}$$

注意到当 $i - j \geqslant 2$ 时，Ω_3 函数为 0，于是有

$$\begin{aligned}\varphi(x_i) &= \sum_{j=-1}^{n+1} C_j \Omega_3(i-j) = C_{i-1}\Omega_3(1) + C_i\Omega_3(0) + C_{i+1}\Omega_3(-1) \\ &= y_i \quad (i = 1, 2, \cdots, n-1)\end{aligned} \tag{8.19}$$

利用 Ω_3 函数很容易算得 $\Omega_3(1) = \frac{1}{6}$，$\Omega_3(0) = \frac{2}{3}$，$\Omega_3(-1) = \frac{1}{6}$，因此有

$$C_{i-1} + 4C_i + C_{i+1} = 6y_i \quad (i = 1, 2, \cdots, n-1) \tag{8.20}$$

在端点 $x = x_0$ 处

$$\varphi(x_0) = f(x_0) = y_0, \left.\frac{\mathrm{d}\varphi}{\mathrm{d}x}\right|_{x=x_0} = \left.\frac{\mathrm{d}f}{\mathrm{d}x}\right|_{x=x_0} = t_0 \tag{8.21}$$

对于式（8.20），类似于前述推导有

$$C_{-1} + 4C_0 + C_1 = 6y_0 \tag{8.22}$$

对于式（8.21），我们需要先推导一下 $\varphi(x)$ 的导数

$$\left.\frac{\mathrm{d}\varphi(x)}{\mathrm{d}x}\right|_{x=x_i} = \sum_{j=-1}^{n+1} \frac{C_j}{D} \left.\frac{\mathrm{d}\Omega_3(z)}{\mathrm{d}z}\right|_{z=\frac{x_i-x_0}{D}-j} = \sum_{j=-1}^{n+1} \frac{C_j}{D} \left.\frac{\mathrm{d}\Omega_3(z)}{\mathrm{d}z}\right|_{z=i-j} \tag{8.23}$$

容易推得 Ω_3 函数的导数为

$$\frac{d\Omega_3(z)}{dz}=\begin{cases}0 & (z\leqslant -2)\\ \frac{1}{2}z^2+2z+2 & (-2<z<-1)\\ -\frac{3}{2}z^2-2z & (-1\leqslant z\leqslant 0)\\ \frac{3}{2}z^2-2z & (0\leqslant z\leqslant 1)\\ -\frac{1}{2}z^2+2z-2 & (1<z<2)\\ 0 & (z\geqslant 2)\end{cases} \tag{8.24}$$

注意到当 $i-j\geqslant 2$ 时，$d\Omega_3/dz=0$，于是有

$$\begin{aligned}\left.\frac{d\varphi(x)}{dx}\right|_{x=x_i}&=\sum_{j=-1}^{n+1}\frac{C_j}{D}\left.\frac{d\Omega_3(z)}{dz}\right|_{z=i-j}\\&=\frac{C_{i-1}}{D}\left.\frac{d\Omega_3(z)}{dz}\right|_{z=1}+\frac{C_i}{D}\left.\frac{d\Omega_3(z)}{dz}\right|_{z=0}+\frac{C_{i+1}}{D}\left.\frac{d\Omega_3(z)}{dz}\right|_{z=-1}\end{aligned} \tag{8.25}$$

利用 Ω_3 函数的导数很容易算得 $\left.\frac{d\Omega_3(z)}{dz}\right|_{z=1}=-\frac{1}{2}$，$\left.\frac{d\Omega_3(z)}{dz}\right|_{z=0}=0$，$\left.\frac{d\Omega_3(z)}{dz}\right|_{z=-1}=\frac{1}{2}$，因此有

$$\left.\frac{d\varphi(x)}{dx}\right|_{x=x_0}=-\frac{C_{-1}}{2D}+\frac{C_1}{2D}=t_0 \tag{8.26}$$

综合上述结果得到 $x=x_0$ 处的边界条件为

$$C_{-1}+4C_0+C_1=6y_0,\quad -C_{-1}+C_1=2Dt_0 \tag{8.27}$$

或者

$$4C_0+2C_1=6y_0+2Dt_0,\quad C_{-1}=C_1-2Dt_0 \tag{8.28}$$

在端点 $x=x_n$ 处

$$\varphi(x_n)=f(x_n)=y_n,\quad \left.\frac{d\varphi}{dx}\right|_{x=x_n}=\left.\frac{df}{dx}\right|_{x=x_n}=t_n \tag{8.29}$$

仿照上述推导，有

$$C_{n-1}+4C_n+C_{n+1}=6y_n,\quad -C_{n-1}+C_{n+1}=2Dt_n \tag{8.30}$$

或者

$$2C_{n-1}+4C_n=6y_n-2Dt_n,\quad C_{n+1}=C_{n-1}+2Dt_n \tag{8.31}$$

综上所述，即可获得相应的下述方程组，通过解下述线性方程组，可以求出 $n+3$ 个系数 C_j $(j=-1, 0, 1, 2, \cdots, n+1)$

$$\begin{pmatrix} 4 & 2 & & & & & \\ 1 & 4 & 1 & & & & \\ & \cdots & \cdots & \cdots & & & \\ & & 1 & 4 & 1 & & \\ & & & \cdots & \cdots & \cdots & \\ & & & & 1 & 4 & \\ & & & & & 2 & \end{pmatrix} \begin{pmatrix} C_0 \\ C_1 \\ \vdots \\ C_i \\ \vdots \\ C_{n-1} \\ 4C_n \end{pmatrix} = \begin{pmatrix} 6y_0 + 2Dt_0 \\ 6y_1 \\ \vdots \\ 6y_i \\ \vdots \\ 6y_{n-1} \\ 6y_n - 2Dt_n \end{pmatrix} \tag{8.32}$$

$$C_{-1} = C_1 - 2Dt_0, \quad C_{n+1} = C_{n-1} + 2Dt_n \tag{8.33}$$

3. Akima 插值法

若近似函数 $y = \varphi(x)$ 的 $n + 1$ 个有序值中任意两点（x_i，y_i）和（x_{i+1}，y_{i+1}）满足

$$\varphi(x_i) = f(x_i) = y_i, \quad \varphi(x_{i+1}) = f(x_{i+1}) = y_{i+1} \tag{8.34}$$

$$\left.\frac{\mathrm{d}\varphi}{\mathrm{d}x}\right|_{x=x_i} = \left.\frac{\mathrm{d}f}{\mathrm{d}x}\right|_{x=x_i} = t_i, \quad \left.\frac{\mathrm{d}\varphi}{\mathrm{d}x}\right|_{x=x_{i+1}} = \left.\frac{\mathrm{d}f}{\mathrm{d}x}\right|_{x=x_{i+1}} = t_{i+1} \tag{8.35}$$

则点（x_i，y_i）与点（x_{i+1}，y_{i+1}）之间的点（x，y）可用以下 Akima 插值法：

$$\varphi(x) = P_0 + P_1(x - x_i) + P_2(x - x_i)^2 + P_3(x - x_i)^3 \tag{8.36}$$

其中，

$$\begin{cases} P_0 = y_i \\ P_1 = t_i \\ P_2 = \dfrac{\dfrac{3(y_{i+1} - y_i)}{x_{i+1} - x_i} - 2t_i - t_{i+1}}{x_{i+1} - x_i} \\ P_3 = \dfrac{t_i + t_{i+1} - \dfrac{2(y_{i+1} - y_i)}{x_{i+1} - x_i}}{(x_{i+1} - x_i)^2} \end{cases} \tag{8.37}$$

t_i 与 t_{i+1} 为斜率，与周围 4 个点有关，由下式给出：

$$t_i = \frac{W_i m_i + W_{i+1} m_{i+1}}{W_i + W_{i+1}} \tag{8.38}$$

其中，

$$m_{i+j} = \frac{y_{i+j} - y_{i+j-1}}{x_{i+j} - x_{i+j-1}} \quad (j = -1, 0, 1, 2) \tag{8.39}$$

$$W_i = |m_{i+2} - m_{i+1}|, W_{i+1} = |m_i - m_{i-1}| \tag{8.40}$$

但是在曲线端点处，还需根据已知点再估算出两个增加点，假定左端点（x_i，y_i）向左延拓为（x_{i-2}，y_{i-2}）、（x_{i-1}，y_{i-1}），或者右端点（x_i，y_i）向右延拓为（x_{i+1}，y_{i+1}）、（x_{i+2}，

y_{i+2})，它们都需位于下式表示的一条曲线上：

$$y = g_0 + g_1(x - x_i) + g_2(x - x_i)^2 \tag{8.41}$$

其中，g_0、g_1 和 g_2 为待定常数，显然 $g_0 = y_i$。假定 $x_{i+2} - x_i = x_{i+1} - x_{i-1} = x_i - x_{i-2}$，这样就可以得到如下的表达式，从而确定 g_1 和 g_2，解决边界端点的问题：

$$\frac{y_{i+2} - y_{i+1}}{x_{i+2} - x_{i+1}} - \frac{y_{i+1} - y_i}{x_{i+1} - x_i} = \frac{y_{i+1} - y_i}{x_{i+1} - x_i} - \frac{y_i - y_{i-1}}{x_i - x_{i-1}} = \frac{y_i - y_{i-1}}{x_i - x_{i-1}} - \frac{y_{i-1} - y_{i-2}}{x_{i-1} - x_{i-2}} \tag{8.42}$$

4. 插值方法比较

插值数值试验结果表明，二次样条函数插值法在许多情况下会出现大起大落的摆动，插值的可靠性和稳定性都较差。三次样条函数插值法在资料存在跃层时会有一定的波动，跃层越强或者节点步长越大，其波动幅度越大，但在处理多跃层的水文资料中，仍不失为较好的方法之一。三点拉格朗日插值法，虽然曲线的光滑性较差，且在跃层处也会出现一些摆动，但是由于其方法简便、程序短小，因此目前世界许多海洋机构仍在继续使用。Akima 插值曲线具有良好的光滑性，在一般情况下，其插值曲线均无不合理的摆动出现，插值误差小。在跃层附近插值，推荐选用 Akima 插值法和三次样条函数插值法。插值结果依赖于节点分布，有时可以进行斜率判断，把斜率最大的点去掉，以改进插值效果。

第二节　简单的空间插值方法

真实的海洋现场观测（或者原位观测，英文是 *in-situ* observations）的时空分布是极其不均匀的，但是人们仍然想通过这些不均匀分布的观测资料大致了解海洋要素的时空分布特征，这就需要我们将待研究的海区划分出分辨率较高的网格，然后利用所能够获得的为数不多又分布极其不均匀的观测资料，对其进行二维空间、三维空间甚至是四维时空插值，得到海区网格点上的要素值，从而获得对应海洋要素的时空分布特征。这部分知识已经涉及主观分析、客观分析，甚至是数据同化的范畴。本节侧重讲述二维空间插值，对于三维空间乃至四维时空插值，读者可以类比于二维空间插值情况来学习。对应的数学问题是已知待分析区域内 n 个观测点（x_i，y_i）的观测值 z_i（其中，$i = 1, 2, \cdots, n$），能否利用这 n 个观测值来估计待分析区域任意网格点（x，y）的值？

类比于一维问题的解决方法，对于二维问题，我们同样可以在每一块小的海域采用多项式的形式对该海域内不均匀分布的观测点上的观测值进行拟合，如果采用最高到二次幂的多项式，那么数学形式如下：

$$z = \varphi(x, y) = a_{00} + a_{10}x + a_{01}y + a_{20}x^2 + a_{11}xy + a_{02}y^2 \tag{8.43}$$

z 是估计值，x 和 y 是空间坐标。可以在局地利用最小二乘法确定插值公式的系数 a_{00}、a_{10}、a_{01}、a_{20}、a_{11} 和 a_{02}，所需要的观测点数至少为 6 个。很显然也可以根据观测点的个数、观测的分布情况、观测中包含的尺度信息等具体情况，选择更高次幂的多项式形式，选择的幂次越高，所需要的观测点数越多。但是，这种做法需要对幂次的选择等进行人为测试，因此稳定性不高。下面列举较为常用的二维空间插值方法。

1. 反距离加权法

针对某一个网格点 (x, y)，我们可以认为该点的要素值是其周围所有观测点的加权平均值，至于权重，则有多种取法，最简单地按照距离反比的方式赋予权重，即离网格点近（远）的观测权重较大（小），如果有 n 个观测点，则插值公式为

$$z = \varphi(x, y) = \frac{\sum_{i=1}^{n} z_i d_i^{-p}(x, y)}{\sum_{i=1}^{n} d_i^{-p}(x, y)} \tag{8.44}$$

其中，

$$d_i(x, y) = \sqrt{(x - x_i)^2 + (y - y_i)^2}$$

z 是待插值点 (x, y) 的估计值，z_i 是第 i 个观测点 (x_i, y_i) 的观测值，$d_i(x, y)$ 是观测点 (x_i, y_i) 与待插值点 (x, y) 的距离，p 是幂次。

2. 克里金（Kriging）法

假设有 n 个观测值，设 $z^{t} = f(x, y)$ 代表点 (x, y) 的“真值”（这个值我们是不知道的），第 i 个观测点 (x_i, y_i) 的值 z_i 可以表示为 $z_i = f(x_i, y_i)$，克里金法利用 n 个观测值的加权平均来估计待分析区域任意网格点 (x, y) 的值，即

$$z = \varphi(x, y) = \sum_{i=1}^{n} \lambda_i(x, y) z_i = \sum_{i=1}^{n} \lambda_i(x, y) f(x_i, y_i) \tag{8.45}$$

且满足如下条件：

$$\begin{cases} E\{z - z^{t}\} = E\{\varphi(x, y) - f(x, y)\} = 0 & \text{无偏估计} \\ \min\limits_{\substack{\lambda_i(x, y) \\ (i=1, 2, \cdots, n)}} E\{(z - z^{t})^2\} = \min\limits_{\substack{\lambda_i(x, y) \\ (i=1, 2, \cdots, n)}} E\{[\varphi(x, y) - f(x, y)]^2\} & \text{方差最小} \end{cases} \tag{8.46}$$

其中，$E\{\cdot\}$ 表示求期望；$\lambda_i(x, y)$ 是对网格点 (x, y) 进行估计时第 i 个观测点的权重，对于每一个网格点 (x, y)，都有一组权重值 $\lambda_i(x, y)$ $(i = 1, 2, \cdots, n)$ 与之对应，因此权重值是随空间点 (x, y) 变化的，需要逐点求取。假设对于空间任意点 (x, y)，都有不随空间位置变化的相同的期望 c 和方差 σ^2，即

$$\begin{cases} E\{z^{t}\} = E\{f(x, y)\} = c \\ E\{(z^{t} - c)^2\} = E\{[f(x, y) - c]^2\} = \sigma^2 \end{cases} \tag{8.47}$$

换句话说，任意点 (x, y) 的值 $z^{t} = f(x, y)$，都可以表示为区域平均值 c 与随机误差

$R(x, y)$ 相加的形式，即

$$z^{t} = f(x, y) = c + R(x, y) \tag{8.48}$$

于是有

$$E\{R(x, y)\} = 0, E\{R^2(x, y)\} = \sigma^2 \tag{8.49}$$

那么，无偏估计要求

$$\begin{aligned}
0 &= E\{z - z^{t}\} = E\{\varphi(x, y) - f(x, y)\} = E\{\varphi(x, y)\} - E\{f(x, y)\} \\
&= E\left\{\sum_{i=1}^{n} \lambda_i(x, y) z_i\right\} - E\{f(x, y)\} = \sum_{i=1}^{n} \lambda_i(x, y) E\{f(x_i, y_i)\} - E\{f(x, y)\} \\
&= \sum_{i=1}^{n} \lambda_i(x, y) c - c
\end{aligned} \tag{8.50}$$

于是要求

$$\sum_{i=1}^{n} \lambda_i(x, y) = 1 \tag{8.51}$$

定义第 i 个观测点 (x_i, y_i) 与第 j 个观测点 (x_j, y_j) 之间的半方差为

$$\begin{aligned}
r_{ij} &\equiv \frac{1}{2} E\{(z_i - z_j)^2\} = \frac{1}{2} E\{[c + R(x_i, y_i) - c - R(x_j, y_j)]^2\} \\
&= \frac{1}{2} E\{[R(x_i, y_i) - R(x_j, y_j)]^2\} \\
&= \frac{1}{2} E\{R^2(x_i, y_i)\} + \frac{1}{2} E\{R^2(x_j, y_j)\} - E\{R(x_i, y_i) R(x_j, y_j)\} \\
&= \frac{1}{2}\sigma^2 + \frac{1}{2}\sigma^2 - C_{ij} = \sigma^2 - C_{ij}
\end{aligned} \tag{8.52}$$

式中，C_{ij} 为第 i 个观测点 (x_i, y_i) 与第 j 个观测点 (x_j, y_j) 之间的协方差，即

$$C_{ij} \equiv E\{R(x_i, y_i) R(x_j, y_j)\} \tag{8.53}$$

我们可以基于这 n 个观测点构成的观测数据集，计算任意两个观测点（如第 i 个观测点与第 j 个观测点）的距离

$$d_{ij} \equiv \sqrt{(x_i - x_j)^2 + (y_i - y_j)^2} \tag{8.54}$$

以及它们的半方差

$$r_{ij} \equiv \frac{1}{2} E\{(z_i - z_j)^2\} \approx \frac{1}{2}(z_i - z_j)^2 \tag{8.55}$$

如此可以形成 $n(n-1)/2$ 个 (d_{ij}, r_{ij}) 数据对，以 d 为横坐标，以 r 为纵坐标，可以将这些数据对绘制成散点图，并可以寻找最优的拟合曲线拟合 d 和 r 之间的关系为

$$r = r(d) \tag{8.56}$$

构造目标函数

$$\begin{aligned}
J[\lambda_1(x, y), \cdots, \lambda_n(x, y)] &= E\{(z - z^{t})^2\} \\
&= E\{[\varphi(x, y) - f(x, y)]^2\} \\
&= E\left\{\left[\sum_{i=1}^{n} \lambda_i(x, y) f(x_i, y_i) - f(x, y)\right]^2\right\}
\end{aligned}$$

$$= E\left\{\left[\sum_{i=1}^{n}\lambda_i(x, y)z_i - f(x, y)\right]^2\right\} \tag{8.57}$$

通过极小化这个目标函数，即可得到最优的权重 $\lambda_i(x, y)$ $(i = 1, 2, \cdots, n)$，即

$$\min_{\substack{\lambda_i(x, y)\\(i=1, 2, \cdots, n)}} E\left\{\left[\sum_{i=1}^{n}\lambda_i(x, y)z_i - f(x, y)\right]^2\right\} \tag{8.58}$$

为此，我们将目标函数展开为

$$J[\lambda_1(x, y), \cdots, \lambda_n(x, y)] = E\{(z - z^t)^2\} = E\left\{\left[\sum_{i=1}^{n}\lambda_i(x, y)f(x_i, y_i) - f(x, y)\right]^2\right\}$$

$$\begin{aligned}
&= \sum_{i=1}^{n}\sum_{j=1}^{n}\lambda_i(x, y)\lambda_j(x, y)E\{f(x_i, y_i)f(x_j, y_j)\} \\
&\quad - 2\sum_{i=1}^{n}\lambda_i(x, y)E\{f(x_i, y_i)f(x, y)\} + E\{f(x, y)f(x, y)\} \\
&= \sum_{i=1}^{n}\sum_{j=1}^{n}\lambda_i(x, y)\lambda_j(x, y)E\{[c + R(x_i, y_i)][c + R(x_j, y_j)]\} \\
&\quad - 2\sum_{i=1}^{n}\lambda_i(x, y)E\{[c + R(x_i, y_i)][c + R(x, y)]\} + E\{[c + R(x, y)][c + R(x, y)]\} \\
&= \sum_{i=1}^{n}\sum_{j=1}^{n}\lambda_i(x, y)\lambda_j(x, y)E\{R(x_i, y_i)R(x_j, y_j)\} \\
&\quad - 2\sum_{i=1}^{n}\lambda_i(x, y)E\{R(x_i, y_i)R(x, y)\} + E\{R^2(x, y)\} \\
&= \sum_{i=1}^{n}\sum_{j=1}^{n}\lambda_i(x, y)\lambda_j(x, y)C_{ij} - 2\sum_{i=1}^{n}\lambda_i(x, y)C_i(x, y) + \sigma^2 \\
&= \sum_{i=1}^{n}\sum_{j=1}^{n}\lambda_i(x, y)\lambda_j(x, y)(\sigma^2 - r_{ij}) - 2\sum_{i=1}^{n}\lambda_i(x, y)[\sigma^2 - r_i(x, y)] + \sigma^2 \\
&= -\sum_{i=1}^{n}\sum_{j=1}^{n}\lambda_i(x, y)\lambda_j(x, y)r_{ij} + 2\sum_{i=1}^{n}\lambda_i(x, y)r_i(x, y)
\end{aligned} \tag{8.59}$$

其中，仿照前面协方差和半方差的定义，我们也会发现，$C_i(x, y)$ 和 $r_i(x, y)$ 分别为第 i 个观测点 (x_i, y_i) 与网格点 (x, y) 的协方差和半方差。权重 $\lambda_i(x, y)$ 并不是相互独立的，还要满足和为 1 的条件，其实，这个条件我们在前面的推导中已经反复使用到了。因此，需要在权重和为 1 的强约束条件下使得上述目标函数取极小值，这就需要采用拉格朗日乘子法，

$$\begin{aligned}
&J[\lambda_1(x, y), \cdots, \lambda_n(x, y), \kappa(x, y)] \\
&= -\sum_{i=1}^{n}\sum_{j=1}^{n}\lambda_i(x, y)\lambda_j(x, y)r_{ij} + 2\sum_{i=1}^{n}\lambda_i(x, y)r_i(x, y) \\
&\quad + 2\kappa(x, y)\left[\sum_{i=1}^{n}\lambda_i(x, y) - 1\right]
\end{aligned} \tag{8.60}$$

极小化目标函数

$$\begin{cases} \dfrac{\partial J[\lambda_1(x, y), \cdots, \lambda_n(x, y), \kappa(x, y)]}{\partial \lambda_k(x, y)} = 0 \quad (k = 1, 2, \cdots, n) \\ \dfrac{\partial J[\lambda_1(x, y), \cdots, \lambda_n(x, y), \kappa(x, y)]}{\partial \kappa(x, y)} = 0 \end{cases} \tag{8.61}$$

对应的线性方程组为

$$\begin{cases} \sum_{j=1}^{n} r_{kj}\lambda_j(x, y) - \kappa(x, y) = r_k(x, y) \quad (k = 1, 2, \cdots, n) \\ \sum_{i=1}^{n} \lambda_i(x, y) = 1 \end{cases} \tag{8.62}$$

矩阵形式为

$$\begin{bmatrix} r_{11} & \cdots & r_{1n} & -1 \\ \vdots & \vdots & \vdots & \vdots \\ r_{n1} & \cdots & r_{nn} & -1 \\ 1 & \cdots & 1 & 0 \end{bmatrix} \begin{bmatrix} \lambda_1(x, y) \\ \vdots \\ \lambda_n(x, y) \\ \kappa(x, y) \end{bmatrix} = \begin{bmatrix} r_1(x, y) \\ \vdots \\ r_n(x, y) \\ 1 \end{bmatrix} \tag{8.63}$$

总结起来，克里金插值法步骤为：首先，根据站位观测，两两计算距离和半方差，寻找一个拟合曲线拟合距离和半方差的关系；其次，根据半方差的拟合公式，计算 r_{ij} 和 $r_i(x, y)$；再次，求解 $\lambda_i(x, y)$ 的线性方程组，得到最优系数 $\lambda_i(x, y)$；最后，得到 $z = \varphi(x, y)$。

第三节 常用的客观分析方法

1. 克雷斯曼（Cressman）

除了观测点的观测值外，如果我们还要分析海区的背景场 $\varphi_b(x, y)$，那么待插值点 (x, y) 的估计值 z 可以表示为背景值与各点观测增量（观测值减去对应点背景值得到的差）加权平均的和，即

$$z = \varphi(x, y) = \varphi_b(x, y) + \frac{\sum_{i=1}^{n} w_i(x, y)[z_i - \varphi_b(x_i, y_i)]}{\sum_{i=1}^{n} w_i(x, y)} \tag{8.64}$$

其中，

$$w_i(x, y) = \max\left[0, \frac{R^2 - d_i^2(x, y)}{R^2 + d_i^2(x, y)}\right] \tag{8.65}$$

$$d_i(x, y) = \sqrt{(x - x_i)^2 + (y - y_i)^2} \tag{8.66}$$

$w_i(x, y)$ 为第 i 个观测点向待插值点 (x, y) 投影时的权重函数，R 为影响半径，它的估算方法是计算所有观测点的平均距离，即假定待分析海区面积为 A，其中随机分布 n 个点，则 $A = nR^2$，此时有 $R = \sqrt{A/n}$ 。由此看来，该方法插值时，既使用了观测信息，又使用了背景信息。

2. 巴恩斯（Barnes）法

对于背景信息和观测信息都有的情况，我们还可以使用巴恩斯法进行插值，其公式基本上与克雷斯曼法的公式相似

$$z = \varphi(x, y) = \varphi_b(x, y) + \frac{\sum_{i=1}^{n} w_i(x, y)[z_i - \varphi_b(x_i, y_i)]}{\sum_{i=1}^{n} w_i(x, y)} \tag{8.67}$$

不同的是权重函数 $w_i(x, y)$ 的取法

$$w_i(x, y) = \exp\left[-\frac{d_i^2(x, y)}{2R^2}\right] \tag{8.68}$$

其中，

$$d_i(x, y) = \sqrt{(x - x_i)^2 + (y - y_i)^2} \tag{8.69}$$

R 为影响半径，它的估算方法类似于克雷斯曼法。目前巴恩斯方法通常使用 4 个由大到小变化的影响半径 $R_1 > R_2 > R_3 > R_4$（通常 $R_i = 2R_{i+1}$），依次做分析，利用前一次的 $\varphi(x, y)$ 作为下一次的 $\varphi_b(x, y)$，从大尺度到小尺度依次提取观测中的多尺度信息。

由上述讨论可见，反距离加权法和克里金法仅依赖于观测信息；而克雷斯曼法和巴恩斯法既依赖于观测信息又依赖于背景信息。实际上，反距离加权法和克里金法也可以使用背景信息 $\varphi_b(x, y)$，具体做法是，如果有背景信息 $\varphi_b(x, y)$ ，那么先用观测值减去对应点背景值得到观测增量，再对观测增量采用反距离加权法和克里金法插值到网格点，最后叠加背景信息 $\varphi_b(x, y)$，就得到最终的分析场 $\varphi(x, y)$ 。当然，克雷斯曼法和巴恩斯法也可以不使用背景信息［即认为 $\varphi_b(x, y) = 0$ ］，而是直接利用观测值进行插值。在实际的业务工作中，如果不使用背景信息，那么上述的插值就属于客观分析的范畴，如果使用了背景信息，则属于数据同化的范畴。

第四节　数据同化方法

本节将采用矩阵的形式来介绍数据同化方法。我们采用列向量 $\boldsymbol{X}^b$ 来表示背景场 $\varphi_b(x, y)$，即将海洋网格化的背景场的每个有效网格点的值作为列向量的元素，填充到列向量中；采用列向量 $\boldsymbol{Y}^{obs}$ 来表示观测场，即将各个观测点的值 z_i 作为列向量的元素，填充到列向量中；采用列向量 $\boldsymbol{X}^a$ 来表示分析场 $\varphi(x, y)$，即将待分析得到的海洋网格化

的分析场的每个有效网格点的值作为列向量的元素，填充到列向量中。

海洋的网格化状态场 $\boldsymbol{X}$ 和海洋的观测场均可以被看作随机变量。利用贝叶斯公式，两者的联合概率密度函数具有如下的形式：

$$\rho(\boldsymbol{X},\ \boldsymbol{Y}^{\mathrm{obs}}) = \rho(\boldsymbol{X} \mid \boldsymbol{Y}^{\mathrm{obs}})\rho(\boldsymbol{Y}^{\mathrm{obs}}) = \rho(\boldsymbol{Y}^{\mathrm{obs}} \mid \boldsymbol{X})\rho(\boldsymbol{X}) \tag{8.70}$$

于是在给定观测的情况下，状态场 $\boldsymbol{X}$ 的后验概率密度函数 $\rho_{\mathrm{a}}(\boldsymbol{X})$ 为

$$\rho_{\mathrm{a}}(\boldsymbol{X}) = \rho(\boldsymbol{X} \mid \boldsymbol{Y}^{\mathrm{obs}}) = \frac{\rho(\boldsymbol{X})\rho(\boldsymbol{Y}^{\mathrm{obs}} \mid \boldsymbol{X})}{\rho(\boldsymbol{Y}^{\mathrm{obs}})} \tag{8.71}$$

其中，$\rho(\boldsymbol{X})$ 为海洋状态场的先验概率密度函数，假设其满足高斯分布

$$\rho(\boldsymbol{X}) = \rho_{\mathrm{b}}(\boldsymbol{X}) \sim \exp\left[-\frac{1}{2}(\boldsymbol{X}^{\mathrm{b}} - \boldsymbol{X})^{\mathrm{T}}\boldsymbol{B}^{-1}(\boldsymbol{X}^{\mathrm{b}} - \boldsymbol{X})\right] \tag{8.72}$$

其中，$\boldsymbol{X}^{\mathrm{b}}$ 为海洋网格化状态背景场，$\boldsymbol{B}$ 为海洋网格化背景场误差协方差矩阵。$\rho(\boldsymbol{Y}^{\mathrm{obs}} \mid \boldsymbol{X})$ 为海洋观测场的概率密度函数，假设其也满足高斯分布

$$\rho(\boldsymbol{Y}^{\mathrm{obs}} \mid \boldsymbol{X}) = \rho_{\mathrm{o}}(\boldsymbol{X}) \sim \exp\left\{-\frac{1}{2}[\boldsymbol{Y}^{\mathrm{obs}} - \boldsymbol{H}(\boldsymbol{X})]^{\mathrm{T}}\boldsymbol{O}^{-1}[\boldsymbol{Y}^{\mathrm{obs}} - \boldsymbol{H}(\boldsymbol{X})]\right\} \tag{8.73}$$

其中，$\boldsymbol{O}$ 为观测场误差协方差矩阵，$\boldsymbol{H}(\ )$ 为观测投影算符。使后验概率函数 $\rho_{\mathrm{a}}(\boldsymbol{X})$ 最大化的状态场 $\boldsymbol{X}^{\mathrm{a}}$ 是这个问题的最大似然解，即 $\rho_{\mathrm{a}}(\boldsymbol{X}^{\mathrm{a}}) = \max[\rho_{\mathrm{a}}(\boldsymbol{X})]$。后验概率密度函数的计算公式中分母只是一个比例因子，在确定后验概率密度函数的最大值时可以忽略。于是

$$\rho_{\mathrm{a}}(\boldsymbol{X}) = \rho(\boldsymbol{X} \mid \boldsymbol{Y}^{\mathrm{obs}}) = \frac{\rho(\boldsymbol{X})\rho(\boldsymbol{Y}^{\mathrm{obs}} \mid \boldsymbol{X})}{\rho(\boldsymbol{Y}^{\mathrm{obs}})} = \frac{\rho_{\mathrm{b}}(\boldsymbol{X})\rho_{\mathrm{o}}(\boldsymbol{X})}{\rho(\boldsymbol{Y}^{\mathrm{obs}})}$$

$$\sim \exp\left\{-\frac{1}{2}(\boldsymbol{X}^{\mathrm{b}} - \boldsymbol{X})^{\mathrm{T}}\boldsymbol{B}^{-1}(\boldsymbol{X}^{\mathrm{b}} - \boldsymbol{X}) - \frac{1}{2}[\boldsymbol{Y}^{\mathrm{obs}} - \boldsymbol{H}(\boldsymbol{X})]^{\mathrm{T}}\boldsymbol{O}^{-1}[\boldsymbol{Y}^{\mathrm{obs}} - \boldsymbol{H}(\boldsymbol{X})]\right\} \tag{8.74}$$

上式取最大似然估计对应于如下的目标函数取极小值

$$J(\boldsymbol{X}) = \frac{1}{2}(\boldsymbol{X}^{\mathrm{b}} - \boldsymbol{X})^{\mathrm{T}}\boldsymbol{B}^{-1}(\boldsymbol{X}^{\mathrm{b}} - \boldsymbol{X}) + \frac{1}{2}[\boldsymbol{Y}^{\mathrm{obs}} - \boldsymbol{H}(\boldsymbol{X})]^{\mathrm{T}}\boldsymbol{O}^{-1}[\boldsymbol{Y}^{\mathrm{obs}} - \boldsymbol{H}(\boldsymbol{X})] \tag{8.75}$$

上述目标函数 $J(\boldsymbol{X})$ 对控制变量 $\boldsymbol{X}$ 求梯度，得

$$\nabla_{\boldsymbol{X}}J(\boldsymbol{X}) = \boldsymbol{B}^{-1}(\boldsymbol{X} - \boldsymbol{X}^{\mathrm{b}}) + \overline{\boldsymbol{H}}^{\mathrm{T}}\boldsymbol{O}^{-1}[\boldsymbol{H}(\boldsymbol{X}) - \boldsymbol{Y}^{\mathrm{obs}}] \tag{8.76}$$

式中，$\overline{\boldsymbol{H}}$ 为观测投影算符 $\boldsymbol{H}(\ )$ 的切线性矩阵［即观测投影算符 $\boldsymbol{H}(\ )$ 在猜测值 $\boldsymbol{X}$ 附近对控制变量 $\boldsymbol{X}$ 求导后得到的雅可比矩阵］，将 $\boldsymbol{H}(\boldsymbol{X}^{\mathrm{b}})$ 在 $\boldsymbol{H}(\boldsymbol{X})$ 附近进行泰勒展开到一阶项，即展开为 $\boldsymbol{H}(\boldsymbol{X}^{\mathrm{b}}) \approx \boldsymbol{H}(\boldsymbol{X}) + \overline{\boldsymbol{H}}(\boldsymbol{X}^{\mathrm{b}} - \boldsymbol{X})$，或者 $\boldsymbol{H}(\boldsymbol{X}) \approx \boldsymbol{H}(\boldsymbol{X}^{\mathrm{b}}) + \overline{\boldsymbol{H}}(\boldsymbol{X} - \boldsymbol{X}^{\mathrm{b}})$，代入式（8.76），并令上述梯度为0

$$0 = \boldsymbol{B}^{-1}(\boldsymbol{X}^{\mathrm{a}} - \boldsymbol{X}^{\mathrm{b}}) + \overline{\boldsymbol{H}}^{\mathrm{T}}\boldsymbol{O}^{-1}[\overline{\boldsymbol{H}}\boldsymbol{X}^{\mathrm{a}} - \overline{\boldsymbol{H}}\boldsymbol{X}^{\mathrm{b}} + \boldsymbol{H}(\boldsymbol{X}^{\mathrm{b}}) - \boldsymbol{Y}^{\mathrm{obs}}] \tag{8.77}$$

于是可以解得

$$\boldsymbol{X}^{\mathrm{a}} = \boldsymbol{X}^{\mathrm{b}} + (\boldsymbol{B}^{-1} + \overline{\boldsymbol{H}}^{\mathrm{T}}\boldsymbol{O}^{-1}\overline{\boldsymbol{H}})^{-1}\overline{\boldsymbol{H}}^{\mathrm{T}}\boldsymbol{O}^{-1}[\boldsymbol{Y}^{\mathrm{obs}} - \boldsymbol{H}(\boldsymbol{X}^{\mathrm{b}})] \tag{8.78}$$

读者不难验证如下的等式成立：

$$(\boldsymbol{B}^{-1} + \overline{\boldsymbol{H}}^{\mathrm{T}}\boldsymbol{O}^{-1}\overline{\boldsymbol{H}})^{-1}\overline{\boldsymbol{H}}^{\mathrm{T}}\boldsymbol{O}^{-1} = \boldsymbol{B}\overline{\boldsymbol{H}}^{\mathrm{T}}(\overline{\boldsymbol{H}}\boldsymbol{B}\overline{\boldsymbol{H}}^{\mathrm{T}} + \boldsymbol{O})^{-1} \tag{8.79}$$

所以得到海洋网格化分析场为

$$X^{a} = X^{b} + B\overline{H}^{T}(\overline{H}B\overline{H}^{T} + O)^{-1}[Y^{obs} - H(X^{b})] \tag{8.80}$$

上述海洋网格化状态分析场还可以采用如下方式推导出来。使用上述的符号定义，并定义 X^{t} 为海洋网格化状态真值场，于是海洋网格化背景场误差协方差矩阵可以表示为

$$B \equiv E\{(X^{b} - X^{t})(X^{b} - X^{t})^{T}\} \tag{8.81}$$

海洋观测场的误差协方差矩阵可以表示为

$$O \equiv E\{[Y^{obs} - H(X^{t})][Y^{obs} - H(X^{t})]^{T}\} \tag{8.82}$$

其中，背景场 X^{b} 和观测场 Y^{obs} 都满足无偏假设

$$E\{X^{b} - X^{t}\} = 0, E\{Y^{obs} - H(X^{t})\} = 0 \tag{8.83}$$

且它们互不相关，则

$$E\{(X^{b} - X^{t})[Y^{obs} - H(X^{t})]^{T}\} = 0 \tag{8.84}$$

假设我们要寻找的海洋网格化状态分析场 X^{a} 可以表示成背景场 X^{b} 和观测场 Y^{obs} 线性叠加的形式，即

$$X^{a} = X^{b} + K[Y^{obs} - H(X^{b})] \tag{8.85}$$

式中，K 为待求的线性叠加系数矩阵，被称为增益矩阵。根据定义，分析场的误差协方差矩阵为

$$A = E\{(X^{a} - X^{t})(X^{a} - X^{t})^{T}\} \tag{8.86}$$

背景场 X^{b} 和观测场 Y^{obs} 均有各自的误差，上面我们将海洋网格化状态分析场 X^{a} 表示成背景场 X^{b} 和观测场 Y^{obs} 的线性叠加形式，我们希望如此得到的海洋网格化状态分析场 X^{a} 具有最小的误差。将 X^{a} 的具体形式代入上述分析场误差协方差矩阵的公式中，得

$$\begin{aligned}
A &= E\{[X^{b} + KY^{obs} - KH(X^{b}) - X^{t}][X^{b} + KY^{obs} - KH(X^{b}) - X^{t}]^{T}\} \\
&= E\{[X^{b} - X^{t} + KY^{obs} - KH(X^{t}) - KH(X^{b}) + KH(X^{t})] \\
&\quad \cdot [X^{b} - X^{t} + KY^{obs} - KH(X^{t}) - KH(X^{b}) + KH(X^{t})]^{T}\} \\
&= E\{(X^{b} - X^{t})(X^{b} - X^{t})^{T}\} + KE\{[Y^{obs} - H(X^{t})][Y^{obs} - H(X^{t})]^{T}\}K^{T} \\
&\quad + KE\{[H(X^{b}) - H(X^{t})][H(X^{b}) - H(X^{t})]^{T}\}K^{T} \\
&\quad - E\{(X^{b} - X^{t})[H(X^{b}) - H(X^{t})]^{T}\}K^{T} \\
&\quad - KE\{[H(X^{b}) - H(X^{t})](X^{b} - X^{t})^{T}\}
\end{aligned} \tag{8.87}$$

将 $H(X^{b})$ 在 $H(X^{t})$ 附近进行泰勒展开到一阶项，即展开为 $H(X^{b}) \approx H(X^{t}) + \overline{H}(X^{b} - X^{t})$，其中，$\overline{H}$ 为观测投影算符 $H()$ 在 X^{t} 附近对控制变量 X 求导后得到的雅可比矩阵。于是

$$\begin{aligned}
A &= E\{(X^{b} - X^{t})(X^{b} - X^{t})^{T}\} + KE\{[Y^{obs} - H(X^{t})][Y^{obs} - H(X^{t})]^{T}\}K^{T} \\
&\quad + K\overline{H}E\{(X^{b} - X^{t})(X^{b} - X^{t})^{T}\}\overline{H}^{T}K^{T} - E\{(X^{b} - X^{t})(X^{b} - X^{t})^{T}\} \\
&\quad \cdot \overline{H}^{T}K^{T} - K\overline{H}E\{(X^{b} - X^{t})(X^{b} - X^{t})^{T}\} \\
&= B + KOK^{T} + K\overline{H}B\overline{H}^{T}K^{T} - B\overline{H}^{T}K^{T} - K\overline{H}B \\
&= (I - K\overline{H})B(I - K\overline{H})^{T} + KOK^{T}
\end{aligned} \tag{8.88}$$

分析场 X^{a} 具有最小的误差意味着上述分析场误差协方差矩阵的迹取最小值，由此可以确定待定的增益矩阵 K，为此，我们可以将分析场误差协方差矩阵的迹看成增益矩阵

的泛函，将此泛函对增益矩阵求梯度，并令梯度为 0，即可计算得出增益矩阵 $\boldsymbol{K}$。于是，我们可以在 $\boldsymbol{K}$ 上加上一个任意小的矩阵 $\boldsymbol{L}$，代入式（8.88）求迹，并与原来的迹相减，得

$$
\begin{aligned}
& Tr\{\boldsymbol{A}\}(\boldsymbol{K}+\boldsymbol{L}) - Tr\{\boldsymbol{A}\}(\boldsymbol{K}) \\
&= Tr\{[\boldsymbol{I}-(\boldsymbol{K}+\boldsymbol{L})\overline{\boldsymbol{H}}]\boldsymbol{B}[\boldsymbol{I}-(\boldsymbol{K}+\boldsymbol{L})\overline{\boldsymbol{H}}]^{\mathrm{T}}+(\boldsymbol{K}+\boldsymbol{L})\boldsymbol{O}(\boldsymbol{K}+\boldsymbol{L})^{\mathrm{T}}\} \\
&\quad - Tr\{(\boldsymbol{I}-\boldsymbol{K}\overline{\boldsymbol{H}})\boldsymbol{B}(\boldsymbol{I}-\boldsymbol{K}\overline{\boldsymbol{H}})^{\mathrm{T}}+\boldsymbol{K}\boldsymbol{O}\boldsymbol{K}^{\mathrm{T}}\} \\
&= Tr\{[\boldsymbol{I}-(\boldsymbol{K}+\boldsymbol{L})\overline{\boldsymbol{H}}]\boldsymbol{B}[\boldsymbol{I}-(\boldsymbol{K}+\boldsymbol{L})\overline{\boldsymbol{H}}]^{\mathrm{T}}+(\boldsymbol{K}+\boldsymbol{L})\boldsymbol{O}(\boldsymbol{K}+\boldsymbol{L})^{\mathrm{T}} \\
&\quad -(\boldsymbol{I}-\boldsymbol{K}\overline{\boldsymbol{H}})\boldsymbol{B}(\boldsymbol{I}-\boldsymbol{K}\overline{\boldsymbol{H}})^{\mathrm{T}}-\boldsymbol{K}\boldsymbol{O}\boldsymbol{K}^{\mathrm{T}}\} \\
&= Tr\{-\boldsymbol{L}\overline{\boldsymbol{H}}\boldsymbol{B}(\boldsymbol{I}-\boldsymbol{K}\overline{\boldsymbol{H}})^{\mathrm{T}}-(\boldsymbol{I}-\boldsymbol{K}\overline{\boldsymbol{H}})\boldsymbol{B}\overline{\boldsymbol{H}}^{\mathrm{T}}\boldsymbol{L}^{\mathrm{T}}+\boldsymbol{L}\boldsymbol{O}\boldsymbol{K}^{\mathrm{T}}+\boldsymbol{K}\boldsymbol{O}\boldsymbol{L}^{\mathrm{T}}\} \\
&= Tr\{-2(\boldsymbol{I}-\boldsymbol{K}\overline{\boldsymbol{H}})\boldsymbol{B}\overline{\boldsymbol{H}}^{\mathrm{T}}\boldsymbol{L}^{\mathrm{T}}+2\boldsymbol{K}\boldsymbol{O}\boldsymbol{L}^{\mathrm{T}}\} \\
&= 2Tr\{[\boldsymbol{K}(\overline{\boldsymbol{H}}\boldsymbol{B}\overline{\boldsymbol{H}}^{\mathrm{T}}+\boldsymbol{O})-\boldsymbol{B}\overline{\boldsymbol{H}}^{\mathrm{T}}]\boldsymbol{L}^{\mathrm{T}}\}
\end{aligned}
\tag{8.89}
$$

上式中 $\boldsymbol{L}$ 是任意的，因此要满足迹取最小值，只能要求

$$\boldsymbol{K}=\boldsymbol{B}\overline{\boldsymbol{H}}^{\mathrm{T}}(\overline{\boldsymbol{H}}\boldsymbol{B}\overline{\boldsymbol{H}}^{\mathrm{T}}+\boldsymbol{O})^{-1} \tag{8.90}$$

于是海洋网格化的分析场为

$$\boldsymbol{X}^{\mathrm{a}}=\boldsymbol{X}^{\mathrm{b}}+\boldsymbol{B}\overline{\boldsymbol{H}}^{\mathrm{T}}(\overline{\boldsymbol{H}}\boldsymbol{B}\overline{\boldsymbol{H}}^{\mathrm{T}}+\boldsymbol{O})^{-1}[\boldsymbol{Y}^{\mathrm{obs}}-\boldsymbol{H}(\boldsymbol{X}^{\mathrm{b}})] \tag{8.91}$$

相应的分析场误差协方差矩阵为

$$\boldsymbol{A}=\boldsymbol{B}-\boldsymbol{B}\overline{\boldsymbol{H}}^{\mathrm{T}}(\overline{\boldsymbol{H}}\boldsymbol{B}\overline{\boldsymbol{H}}^{\mathrm{T}}+\boldsymbol{O})^{-1}\overline{\boldsymbol{H}}\boldsymbol{B}=(\boldsymbol{I}-\boldsymbol{K}\overline{\boldsymbol{H}})\boldsymbol{B} \tag{8.92}$$

上述推导得到的将分析场 $\boldsymbol{X}^{\mathrm{a}}$ 表述为背景场 $\boldsymbol{X}^{\mathrm{b}}$ 和观测场 $\boldsymbol{Y}^{\mathrm{obs}}$ 的线性叠加形式的式（8.91）就是卡尔曼滤波的公式。我们需要注意其中的基本假设条件，其一是无偏假设，即要求背景场和观测场的数学期望都是真值 $\boldsymbol{X}^{\mathrm{t}}$；其二是分析场可以表述为背景场与观测场的线性叠加形式。因此，这个公式的使用是有条件的。此外，要使用上述公式，我们除了要知道背景场 $\boldsymbol{X}^{\mathrm{b}}$ 和观测场 $\boldsymbol{Y}^{\mathrm{obs}}$ 之外，还要知道背景场误差协方差矩阵 $\boldsymbol{B}$、观测场误差协方差矩阵 $\boldsymbol{O}$ 以及观测投影算符 $\boldsymbol{H}(\ )$ 和它的切线性算符 $\overline{\boldsymbol{H}}$。

对于观测误差协方差矩阵 $\boldsymbol{O}$，我们通常将它取成对角阵，即认为不同时空点的观测之间是互补相关的，对角线元素为观测的方差（包括仪器误差和表征误差等）；但是对于像卫星遥感这样的观测场，其不同时空点的观测是由同一个传感器观测到的，应该考虑其相关性，在这种情况下，不应被取成对角阵。

对于背景场误差协方差矩阵 $\boldsymbol{B}$，其对角元素代表网格点上背景场的方差，而其非对角元素则代表不同网格点上背景场的协方差。由于背景场要满足动力演化方程，因此 $\boldsymbol{B}$ 矩阵也是逐时变化的。卡尔曼滤波的做法就是使用随时间变化的 $\boldsymbol{B}$ 矩阵，具体如何实现，就产生了不同的方法。例如，扩展卡尔曼滤波（Extended Kalman Filter，EKF）根据原动力演化方程的切线性模式和伴随模式直接演化 $\boldsymbol{B}$ 矩阵，集合卡尔曼滤波（Ensemble Kalman Filter，EnKF）则使用大量的样本构成集合，每个样本都按照原动力演化方程进行演化，从而可以在每时每刻直接由集合来估计 $\boldsymbol{B}$ 矩阵。还有一些算法则使用从历史资料中统计出来的 $\boldsymbol{B}$ 矩阵，这种 $\boldsymbol{B}$ 矩阵是静态的，是不随时间变化的，最优插值（Optimal Interpolation，OI）就是使用不随时间变化的 $\boldsymbol{B}$ 矩阵，最近十几年，这项技术也在不断发展，人们也尝试构造了气候态 $\boldsymbol{B}$ 矩阵，即每个月一个 $\boldsymbol{B}$ 矩阵，形成了具有一定时间演

化特征的 $\boldsymbol{B}$ 矩阵，从而构建了集合最优插值（Ensemble Optimal Interpolation，EnOI）技术。

对于观测投影算符 $\boldsymbol{H}(\ )$，如果它是线性的算符，那么上述的推导中 $\boldsymbol{H}(\ )$ 与 $\overline{\boldsymbol{H}}$ 是完全相等的。如果我们只是在背景场所属的时刻，将该时刻的观测场与该背景场进行最优结合，那么它就是最优插值。如前所述，上述分析场 $\boldsymbol{X}^{\mathrm{a}}$ 也对应于前述的目标函数 $J(\boldsymbol{X}) = \frac{1}{2}(\boldsymbol{X}^{\mathrm{b}}-\boldsymbol{X})^{\mathrm{T}}\boldsymbol{B}^{-1}(\boldsymbol{X}^{\mathrm{b}}-\boldsymbol{X})+\frac{1}{2}[\boldsymbol{Y}^{\mathrm{obs}}-\boldsymbol{H}(\boldsymbol{X})]^{\mathrm{T}}\boldsymbol{O}^{-1}[\boldsymbol{Y}^{\mathrm{obs}}-\boldsymbol{H}(\boldsymbol{X})]$ 的最优解，因此，我们也可以将求解分析场的过程转化为求解目标函数最优解的问题，而这就是变分方法，上述目标函数的含义就是，寻找一个网格化分析场 $\boldsymbol{X}^{\mathrm{a}}$，使其既在观测时空点上尽量逼近观测值 $\boldsymbol{Y}^{\mathrm{obs}}$，又不至于偏离背景场 $\boldsymbol{X}^{\mathrm{b}}$ 太远。数学家们已经为我们提供了众多的目标函数最优解的求解算法，简称最优化算法。其中一类基于梯度的最优化算法，其大致思想是，给定控制变量 $\boldsymbol{X}$ 为某一猜测值的目标函数 $J(\boldsymbol{X})$，以及目标函数在该猜测值附近对控制变量的梯度 $\nabla_{\boldsymbol{X}}J(\boldsymbol{X})$，输入对应的最优化算法当中，算法就会依据负的梯度方向搜寻使目标函数更小的控制变量的猜测值，如此循环往复，直到无法找到使目标函数更小的控制变量的值，即停止搜索，得到的控制变量的值 $\boldsymbol{X}^{\mathrm{a}}$ 就是最优解。因此，对于变分方法，我们只需要构建目标函数以及目标函数相对于控制变量的梯度，剩下的事情交给最优化算法去做即可。如果不考虑时间维度，而只在背景场所属时刻，并采用静态的 $\boldsymbol{B}$ 矩阵，$\boldsymbol{H}(\ )$ 则对应于该时刻网格化状态场向观测站点的投影算符，那么将该时刻的观测场与背景场最优结合的上述目标函数最优解问题对应于三维变分（Three-dimensional Variational，3DVar）。如果进一步考虑时间维度，以初始场或者模式参数作为控制变量 $\boldsymbol{X}$，$\boldsymbol{X}^{\mathrm{b}}$ 作为初始场或者模式参数的背景值，$\boldsymbol{Y}^{\mathrm{obs}}$ 为一个时间窗口内各个时刻的观测，我们可以将原动力演化方程作为约束条件，那么 $\boldsymbol{H}(\ )$ 则对应于满足原动力演化方程情况下初始场或者模式参数 $\boldsymbol{X}$ 向各时刻观测站点的投影算符，这时的最优解问题则对应于四维变分（Four-dimensional Variational，4DVar），其中 $\overline{\boldsymbol{H}}$ 为切线性算子，而 $\overline{\boldsymbol{H}}^{\mathrm{T}}$ 则为伴随算子。

细心的读者可能会发现，我们在前后两种推导卡尔曼滤波公式的过程中，$\overline{\boldsymbol{H}}$ 的定义并不相同。在前者中，$\overline{\boldsymbol{H}}$ 被定义为观测投影算符 $\boldsymbol{H}(\ )$ 在猜测值 $\boldsymbol{X}$ 附近对控制变量 $\boldsymbol{X}$ 求导后得到的雅可比矩阵；在后者中，$\overline{\boldsymbol{H}}$ 被定义为观测投影算符 $\boldsymbol{H}(\ )$ 在真实场 $\boldsymbol{X}^{\mathrm{t}}$ 附近对控制变量 $\boldsymbol{X}$ 求导后得到的雅可比矩阵。在后者推导中我们忽略了泰勒展开的高阶项，而这个条件只有在背景场 $\boldsymbol{X}^{\mathrm{b}}$ 非常接近真实场 $\boldsymbol{X}^{\mathrm{t}}$ 的情况下或者 $\boldsymbol{H}(\ )$ 本身就是线性算符的情况下才能够满足。然而，在实际工作中，我们是无法获得真实场 $\boldsymbol{X}^{\mathrm{t}}$ 的，因此我们通常会采用某些近似的定义，如使用前者的定义等。变分方法中，尤其是考虑了动力演化方程约束的四维变分方法中，$\boldsymbol{H}(\ )$ 的复杂形式通常会使得目标函数不是简单的二次型，我们很难直接求解出最优解，而只能是设定一个初始猜测值代入目标函数，在猜测值附近计算 $\overline{\boldsymbol{H}}$ 和 $\overline{\boldsymbol{H}}^{\mathrm{T}}$，通过逐步迭代，让猜测值逐步靠拢真实值，在此过程中 $\overline{\boldsymbol{H}}$ 和 $\overline{\boldsymbol{H}}^{\mathrm{T}}$ 也会逐步靠拢真实值附近 $\boldsymbol{H}(\ )$ 的雅可比矩阵和对应的伴随矩阵。

第五节 多尺度数据同化方法

如前所述，背景场误差协方差矩阵对数据同化结果起着至关重要的作用，因为它决定了被同化观测资料信息的空间延展性。作为数据同化方法的一种，传统三维变分数据同化方法通常采用相关尺度法（Derber et al.，1989）来构造背景场误差协方差矩阵。然而，不同地点的分析场可能有不同的相关尺度，而这种相关尺度是很难被很好地估计出来的。此外，除非相关尺度足够小，否则背景场误差协方差矩阵的正定性也很难得到保证。另一种构造背景场误差协方差矩阵的方法是采用递归滤波法（Hayden et al.，1988），这种方法可以很好地保证背景场误差协方差矩阵的正定性。但是无论是相关尺度法还是递归滤波法的三维变分数据同化方法都是静态的，即只能提取某种特定波长的信息，而如果长波信息提取得不好，短波信息也不可能得到很好的提取（Xie et al.，2005）。

实质上，传统数据同化方法的上述弊端均来源于其基本假设，它们在理论上均基于概率论中条件概率的贝叶斯公式，即将大气和海洋的物理状态场看成随机变量来处理。例如，将观测场和背景场相对于真实场的差别均认为是随机的，据此估计最大似然的分析场。如果准确知道背景场误差协方差矩阵和观测场误差协方差矩阵，那么采用共轭梯度法经过控制变量的个数步的迭代就可找到最优解。但在实际应用中存在两个主要困难：其一，背景场误差协方差矩阵的具体形式不能准确知道；其二，寻找最优解的迭代次数巨大。

但是，现有的观测手段的确可以给出大气和海洋实际状况的某些确定的信息，因此不能将这些信息都看成随机变量。鉴于此，理想的数据同化应该分两步走：第一步是尽可能地由长波到短波依次提取观测场中的确定信息，这一步类似于传统的客观分析；第二步是把剩下的信息当成随机变量来处理，通过统计手段计算出背景场误差协方差矩阵，之后采用传统三维变分数据同化方法提取小尺度信息。正是基于上述思想，为了依次快速地提取长波和短波信息，可以用多重网格三维变分数据同化方法来完成上述的理想数据同化的第一步，但从众多的数值试验可以看到，尽管只完成了第一步，但所得到的分析结果已经有了显著的改进。而且由于其使用了变分方法，因此可以轻松处理分析要素为非直接观测量的问题。所以，该方法集传统的客观分析和三维变分的优点于一体，可以提供更合理的分析场。

多重网格技术（Briggs et al.，2000）过去被用于微分方程的数值求解，目的是让解的长波比短波收敛得快。在变分数据同化中，使用多重网格法的目的也是让分析场的长波得到快速的修正，因此，它可以避免将长波分析错误地转化为短波分析。例如，在一组观测站点中，观测信息包含 1 000 km 波长的信息和 100 km 波长的信息，如果背景场误差协方差矩阵的相关尺度被错误地确定为 100 km，那么在没有去除 1 000 km 波长信息的情况下，传统的三维变分数据同化方法会把 1 000 km 波长的信息当成 100 km 波长的信息进行提取。而多重网格三维变分数据同化方法则会先提取 1 000 km 波长的信息，再提取 100 km 波长的信息，因此能够实现时空多尺度分析。

对于三维变分问题，将前述的目标泛函改换为如下的增量形式：

$$J(\widetilde{\boldsymbol{X}}) = \frac{1}{2}\widetilde{\boldsymbol{X}}^{\mathrm{T}}\boldsymbol{B}^{-1}\widetilde{\boldsymbol{X}} + \frac{1}{2}[\boldsymbol{H}(\boldsymbol{X}^{\mathrm{b}} + \widetilde{\boldsymbol{X}}) - \boldsymbol{Y}^{\mathrm{obs}}]^{\mathrm{T}}\boldsymbol{O}^{-1}[\boldsymbol{H}(\boldsymbol{X}^{\mathrm{b}} + \widetilde{\boldsymbol{X}}) - \boldsymbol{Y}^{\mathrm{obs}}] \tag{8.93}$$

式中，$\widetilde{\boldsymbol{X}} = \boldsymbol{X} - \boldsymbol{X}^{\mathrm{b}}$ 代表相对模式背景场矢量的修正矢量，是分析增量，它由变分数据同化中计算出来。传统三维变分数据同化方法中的 $\boldsymbol{B}$ 矩阵中元素通常采用如下形式：

$$\boldsymbol{B}_{i,j} = a_{\mathrm{b}}\exp\left(-\frac{\Delta x_{ij}^2}{L_x^2} - \frac{\Delta y_{ij}^2}{L_y^2} - \frac{\Delta z_{ij}^2}{L_z^2}\right) \tag{8.94}$$

式中，L_x、L_y 和 L_z 分别为纬向、经向和垂向的相关尺度；x、y 和 z 为坐标；a_{b} 为背景场误差的方差。

正如上面讨论，海洋中观测数据是非常不均匀的，不准确的相关尺度会在观测点稀疏的区域产生较大的分析误差。对于某个给定的观测系统，数据稀疏的地区只能提供长波信息，而数据密集的地区既能提供长波信息又能提供短波信息。一个理想的数据同化系统应该能够提取整个地区的长波信息，并能提取数据密集区域的短波信息。一种具体实现方法是获得随空间和时间变化的精确的背景场误差协方差矩阵，但实际上是不可能的。另一种方法是使用一系列的三维变分依次提取长波和短波信息，然后将每一次的分析结果叠加起来。分析的顺序必须是从长波到短波，若先提取短波，会破坏对长波的提取。例如，考虑一个温度背景场，根据傅里叶理论，它可以分为长波和短波，即

$$\boldsymbol{X}^{\mathrm{b}} = \boldsymbol{X}_{\mathrm{L}}^{\mathrm{b}} + \boldsymbol{X}_{\mathrm{S}}^{\mathrm{b}} \tag{8.95}$$

式中，下角标“L”代表长波，而下角标“S”代表短波。则对模式背景场的长波修正为

$$\widetilde{\boldsymbol{X}}_{\mathrm{L}} = \boldsymbol{X}_{\mathrm{L}}^{\mathrm{a}} - \boldsymbol{X}_{\mathrm{L}}^{\mathrm{b}} \tag{8.96}$$

如前所述，可以构造如下长波信息的目标泛函：

$$J(\widetilde{\boldsymbol{X}}_{\mathrm{L}}) = \frac{1}{2}\widetilde{\boldsymbol{X}}_{\mathrm{L}}^{\mathrm{T}}\boldsymbol{B}_{\mathrm{L}}^{-1}\widetilde{\boldsymbol{X}}_{\mathrm{L}} + \frac{1}{2}[\boldsymbol{H}(\boldsymbol{X}^{\mathrm{b}} + \widetilde{\boldsymbol{X}}_{\mathrm{L}}) - \boldsymbol{Y}^{\mathrm{obs}}]^{\mathrm{T}}\boldsymbol{O}^{-1}[\boldsymbol{H}(\boldsymbol{X}^{\mathrm{b}} + \widetilde{\boldsymbol{X}}_{\mathrm{L}}) - \boldsymbol{Y}^{\mathrm{obs}}] \tag{8.97}$$

于是分析场就变成

$$\boldsymbol{X}^{\mathrm{a}} = \boldsymbol{X}^{\mathrm{b}} + \widetilde{\boldsymbol{X}}_{\mathrm{L}} = \boldsymbol{X}_{\mathrm{L}}^{\mathrm{b}} + \boldsymbol{X}_{\mathrm{S}}^{\mathrm{b}} + \boldsymbol{X}_{\mathrm{L}}^{\mathrm{a}} - \boldsymbol{X}_{\mathrm{L}}^{\mathrm{b}} = \boldsymbol{X}_{\mathrm{L}}^{\mathrm{a}} + \boldsymbol{X}_{\mathrm{S}}^{\mathrm{b}} \tag{8.98}$$

由式（8.98）可见，分析场包含分析得到的长波和背景场的短波。接下来就可以保持长波 $\widetilde{\boldsymbol{X}}_{\mathrm{L}}$ 不变，依次构造相对较短波的目标泛函，将长波和短波的目标泛函依次进行最小化，从而达到对长波和短波信息依次进行提取的目的。本节使用多重网格三维变分数据同化方法来实现这一过程。

多重网格三维变分数据同化方法中目标泛函应采用如下的形式：

$$\begin{cases} J^{(1)}(\widetilde{\boldsymbol{X}}^{(1)}) = \dfrac{1}{2}\widetilde{\boldsymbol{X}}^{(1)\mathrm{T}}\boldsymbol{S}^{(1)}\widetilde{\boldsymbol{X}}^{(1)} + \dfrac{1}{2}[\boldsymbol{H}(\boldsymbol{X}^{\mathrm{b}} + \boldsymbol{P}^{(1)}\widetilde{\boldsymbol{X}}^{(1)}) - \boldsymbol{Y}^{\mathrm{obs}}]^{\mathrm{T}}\boldsymbol{O}^{-1} \\ \qquad\qquad \cdot [\boldsymbol{H}(\boldsymbol{X}^{\mathrm{b}} + \boldsymbol{P}^{(1)}\widetilde{\boldsymbol{X}}^{(1)}) - \boldsymbol{Y}^{\mathrm{obs}}] \\ J^{(n)}(\widetilde{\boldsymbol{X}}^{(n)}) = \dfrac{1}{2}\widetilde{\boldsymbol{X}}^{(n)\mathrm{T}}\boldsymbol{S}^{(n)}\widetilde{\boldsymbol{X}}^{(n)} + \dfrac{1}{2}\left[\boldsymbol{H}\left(\boldsymbol{X}^{\mathrm{b}} + \sum_{m=1}^{n-1}\boldsymbol{P}^{(m)}\widetilde{\boldsymbol{X}}^{(m)} + \boldsymbol{P}^{(n)}\widetilde{\boldsymbol{X}}^{(n)}\right) - \boldsymbol{Y}^{\mathrm{obs}}\right]^{\mathrm{T}}\boldsymbol{O}^{-1} \\ \qquad\qquad \cdot \left[\boldsymbol{H}\left(\boldsymbol{X}^{\mathrm{b}} + \sum_{m=1}^{n-1}\boldsymbol{P}^{(m)}\widetilde{\boldsymbol{X}}^{(m)} + \boldsymbol{P}^{(n)}\widetilde{\boldsymbol{X}}^{(n)}\right) - \boldsymbol{Y}^{\mathrm{obs}}\right] \quad (n = 2, 3, \cdots, N) \end{cases} \tag{8.99}$$

式中，上角标“(n)”表示第 n 重网格，$\boldsymbol{P}^{(n)}$ 为由第 n 重网格向原始网格插值的投影矩阵。粗网格对应长波模态，细网格对应短波模态。由于波长或相关尺度由网格的粗细来表达，因此背景场项就退化为控制变量本身的拉普拉斯算符的平方在全空间的积分，而背景场误差协方差矩阵则退化为对应的平滑矩阵。最终分析结果就可以表示为

$$\boldsymbol{X}^{\mathrm{a}} = \boldsymbol{X}^{\mathrm{b}} + \sum_{n=1}^{N} \boldsymbol{P}^{(n)} \widetilde{\boldsymbol{X}}^{(n)} \tag{8.100}$$

即以网格的粗细来描述背景场误差协方差矩阵中的相关尺度，在一组由粗到细的网格上依次对观测场相对于背景场的增量进行三维变分分析，在每次分析的过程中，将上次较粗网格上分析得到的分析场作为新的背景场代入下次较细网格的分析中，而每次分析的增量也是指相对于上次较粗网格分析得到的新背景场而言的增量，最后将各重网格的分析结果相叠加得到最终的分析结果。

第九章　经验正交函数分析方法

经验正交函数（Empirical Orthogonal Function，EOF）分析方法，也称特征向量分析（Eigenvector Analysis），或者主成分分析（Principal Component Analysis，PCA），是一种分析矩阵数据中的结构特征，提取主要数据特征量的方法。Lorenz 在 20 世纪 50 年代首次将其引入气象和气候研究，该方法已在海洋学和其他学科中得到了广泛的应用。

EOF 分析方法能够把随时间变化的变量场分解为不随时间变化的空间函数部分以及只依赖时间变化的时间函数部分。空间函数部分概括场的地域分布特点，而时间函数部分则是由场的空间点的变量线性组合所构成，称为主分量。

这些分量的前几个占有原场内空间点所有变量的总方差的很大部分，这就相当于把原来场的主要信息浓缩在几个主要分量上，因而研究主要分量随时间变化的规律就可以代替场的时间变化研究，且可以通过这一分析结果来解释场的物理变化特征。

EOF 分析有如下优点：①没有固定的基函数；②能在有限区域内对不规则站点进行分解；③展开收敛速度快，能够把变量场的信息集中在几个主要模态上；④分离出的空间模态具有一定的物理意义。

第一节　主成分分析的基本原理

1. 两个变量的主成分

假设所需分析的要素场仅有两个空间点 x_1 和 x_2，它们有各自的取值，假设有 n 个取值，即 (x_{1i}, x_{2i}) $(i = 1, 2, \cdots, n)$，那么现在的问题是，能否通过一种线性变换，使得新变量 $y = v_1x_1 + v_2x_2$ 的变化代替原场两个变量的主要变化情况？其中，v_1 和 v_2 为待定的权重系数。如果能够找到，那么这个新变量就能解释原场两个变量的主要变化，因此新变量就被称为主成分。

“新变量 $y = v_1x_1 + v_2x_2$ 的变化代替原场两个变量的主要变化情况”的含义翻译成数学语言就是，适当地选取权重系数 v_1 和 v_2，使得新变量 y 的方差 $s^y = \dfrac{1}{n}\sum_{i=1}^{n}(y_i - \bar{y})^2$ 取极大值。由于这个方差可以通过权重系数 v_1 和 v_2 乘以任意一个大数而使得方差任意增大，从而造成解不唯一，因此我们需要引入一个归一化约束条件，让权重系数的平方和等于 1，即 $v_1^2 + v_2^2 = 1$ 。于是，我们可以采用拉格朗日乘子法来求解这个带约束的极值问题，令 λ 为拉格朗日乘子，则可以构造如下目标函数：

$$J(v_1, v_2) = \frac{1}{n}\sum_{i=1}^{n}(y_i - \bar{y})^2 - \lambda(v_1^2 + v_2^2 - 1) \tag{9.1}$$

将 $y = v_1x_1 + v_2x_2$ 代入上述目标函数，得

$$\begin{aligned} J(v_1, v_2) &= \frac{1}{n}\sum_{i=1}^{n}(y_i - \bar{y})^2 - \lambda(v_1^2 + v_2^2 - 1) \\ &= \frac{1}{n}\sum_{i=1}^{n}(v_1x_{1i} + v_2x_{2i} - v_1\bar{x}_1 - v_2\bar{x}_2)^2 - \lambda(v_1^2 + v_2^2 - 1) \\ &= \frac{1}{n}\sum_{i=1}^{n}[v_1(x_{1i} - \bar{x}_1) + v_2(x_{2i} - \bar{x}_2)]^2 - \lambda(v_1^2 + v_2^2 - 1) \\ &= v_1^2\frac{1}{n}\sum_{i=1}^{n}(x_{1i} - \bar{x}_1)^2 + 2v_1v_2\frac{1}{n}\sum_{i=1}^{n}(x_{1i} - \bar{x}_1)(x_{2i} - \bar{x}_2) \\ &\quad + v_2^2\frac{1}{n}\sum_{i=1}^{n}(x_{2i} - \bar{x}_2)^2 - \lambda(v_1^2 + v_2^2 - 1) \\ &= s_{11}^x v_1^2 + 2s_{12}^x v_1v_2 + s_{22}^x v_2^2 - \lambda(v_1^2 + v_2^2 - 1) \end{aligned} \tag{9.2}$$

其中，$\bar{x}_1$ 和 $\bar{x}_2$ 分别为原变量的 x_1 和 x_2 的均值；由新变量 y 与原变量 x_1 和 x_2 的关系 $y = v_1x_1 + v_2x_2$ 可知，新变量 y 的均值 $\bar{y}$ 应该为 $\bar{y} = v_1\bar{x}_1 + v_2\bar{x}_2$；$s_{11}^x \equiv \frac{1}{n}\sum_{i=1}^{n}(x_{1i} - \bar{x}_1)^2$ 和 $s_{22}^x \equiv \frac{1}{n}\sum_{i=1}^{n}(x_{2i} - \bar{x}_2)^2$ 分别为原变量 x_1 和 x_2 的方差，而 $s_{12}^x \equiv \frac{1}{n}\sum_{i=1}^{n}(x_{1i} - \bar{x}_1)(x_{2i} - \bar{x}_2)$ 则为原变量 x_1 和 x_2 的协方差。为了让上述目标函数取极大值，需要计算上述目标函数的梯度，并令其为0，有

$$\begin{cases} \dfrac{\partial J(v_1, v_2)}{\partial v_1} = 2(s_{11}^x - \lambda)v_1 + 2s_{12}^x v_2 = 0 \\ \dfrac{\partial J(v_1, v_2)}{\partial v_2} = 2s_{12}^x v_1 + 2(s_{22}^x - \lambda)v_2 = 0 \end{cases} \tag{9.3}$$

即

$$\begin{pmatrix} s_{11}^x - \lambda & s_{12}^x \\ s_{12}^x & s_{22}^x - \lambda \end{pmatrix}\begin{pmatrix} v_1 \\ v_2 \end{pmatrix} = 0 \tag{9.4}$$

定义

$$\boldsymbol{S} = \begin{pmatrix} s_{11}^x & s_{12}^x \\ s_{12}^x & s_{22}^x \end{pmatrix} \text{和} \ \boldsymbol{v} = \begin{pmatrix} v_1 \\ v_2 \end{pmatrix} \tag{9.5}$$

式中，矩阵 $\boldsymbol{S}$ 为原变量 x_1 和 x_2 的协方差矩阵。上述方程实际上对应于如下的矩阵特征值和特征向量问题：

$$\boldsymbol{S}\boldsymbol{v} = \lambda\boldsymbol{v} \tag{9.6}$$

式中，$\boldsymbol{\lambda}$ 为协方差矩阵 $\boldsymbol{S}$ 的特征值，而 $\boldsymbol{v}$ 为协方差矩阵 $\boldsymbol{S}$ 的特征向量。

接下来讨论主成分的有关性质。假设已经求得了协方差矩阵 $\boldsymbol{S}$ 的一个特征值 $\boldsymbol{\lambda}_1$ 和对应的特征向量 $\boldsymbol{v}_1 = (v_{11} \quad v_{21})^{\mathrm{T}}$，代入原方程有

$$\begin{cases}(s_{11}^x - \boldsymbol{\lambda}_1)v_{11} + s_{12}^x v_{21} = 0 \\ s_{12}^x v_{11} + (s_{22}^x - \boldsymbol{\lambda}_1)v_{21} = 0\end{cases} \tag{9.7}$$

式（9.7）中第一式乘以 v_{11} 加上第二式乘以 v_{21}，可得

$$s_{11}^x v_{11}^2 + 2s_{12}^x v_{11}v_{21} + s_{22}^x v_{21}^2 = \boldsymbol{\lambda}_1(v_{11}^2 + v_{21}^2) = \boldsymbol{\lambda}_1 \tag{9.8}$$

令新变量 $y_1 = v_{11}x_1 + v_{21}x_2$，则新变量的方差为

$$s_{11}^y = \frac{1}{n}\sum_{i=1}^{n}(y_{1i} - \bar{y}_1)^2 = s_{11}^x v_{11}^2 + 2s_{12}^x v_{11}v_{21} + s_{22}^x v_{21}^2 \tag{9.9}$$

因此，

$$s_{11}^y = \boldsymbol{\lambda}_1 \tag{9.10}$$

所以特征值 $\boldsymbol{\lambda}_1$ 恰恰代表了新变量（主成分）的方差 s_{11}^y 。由线性代数知识可知，实对称的协方差矩阵 $\boldsymbol{S}$ 的特征值不止一个，对应的特征向量也不止一个，如上述的两个变量的问题，特征值和特征向量都有两个。假设另一组特征值和特征向量分别为 $\boldsymbol{\lambda}_2$ 和 $\boldsymbol{v}_2 = (v_{12} \quad v_{22})^{\mathrm{T}}$，两组特征向量显然有正交关系，即

$$\boldsymbol{v}_1^{\mathrm{T}}\boldsymbol{v}_2 = \boldsymbol{v}_2^{\mathrm{T}}\boldsymbol{v}_1 = v_{11}v_{12} + v_{21}v_{22} = 0 \tag{9.11}$$

同时，也会构成另一个新变量（或者另一个主成分）$y_2 = v_{12}x_1 + v_{22}x_2$，下面我们来看一看这两个主成分 y_1 和 y_2 的协方差，

$$\begin{aligned}
s_{12}^y &\equiv \frac{1}{n}\sum_{i=1}^{n}(y_{1i} - \bar{y}_1)(y_{2i} - \bar{y}_2) \\
&= \frac{1}{n}\sum_{i=1}^{n}[(v_{11}x_{1i} + v_{21}x_{2i}) - (v_{11}\bar{x}_1 + v_{21}\bar{x}_2)][(v_{12}x_{1i} + v_{22}x_{2i}) - (v_{12}\bar{x}_1 + v_{22}\bar{x}_2)] \\
&= \frac{1}{n}\sum_{i=1}^{n}[v_{11}(x_{1i} - \bar{x}_1) + v_{21}(x_{2i} - \bar{x}_2)][v_{12}(x_{1i} - \bar{x}_1) + v_{22}(x_{2i} - \bar{x}_2)] \\
&= v_{11}v_{12}s_{11}^x + v_{11}v_{22}s_{12}^x + v_{21}v_{12}s_{12}^x + v_{21}v_{22}s_{22}^x \\
&= v_{12}(s_{11}^x v_{11} + s_{12}^x v_{21}) + v_{22}(s_{12}^x v_{11} + s_{22}^x v_{21})
\end{aligned} \tag{9.12}$$

利用特征值和特征向量满足的方程，有

$$\begin{cases}s_{11}^x v_{11} + s_{12}^x v_{21} = \boldsymbol{\lambda}_1 v_{11} \\ s_{12}^x v_{11} + s_{22}^x v_{21} = \boldsymbol{\lambda}_1 v_{21}\end{cases} \tag{9.13}$$

于是，有

$$s_{12}^y = v_{12}\boldsymbol{\lambda}_1 v_{11} + v_{22}\boldsymbol{\lambda}_1 v_{21} = \boldsymbol{\lambda}_1(v_{11}v_{12} + v_{21}v_{22}) = 0 \tag{9.14}$$

这说明不同主分量之间是无关的、相互独立的。

下面我们再来看一看主成分的集合意义。由上述可知主成分可以表示为

$$\begin{cases} y_1 = v_{11}x_1 + v_{21}x_2 \\ y_2 = v_{12}x_1 + v_{22}x_2 \end{cases} \tag{9.15}$$

定义

$$\boldsymbol{y} \equiv \begin{pmatrix} y_1 \\ y_2 \end{pmatrix}, \boldsymbol{V} \equiv (\boldsymbol{v}_1 \quad \boldsymbol{v}_2) = \begin{pmatrix} v_{11} & v_{12} \\ v_{21} & v_{22} \end{pmatrix}, \boldsymbol{x} \equiv \begin{pmatrix} x_1 \\ x_2 \end{pmatrix} \tag{9.16}$$

则有

$$\boldsymbol{y} = \boldsymbol{V}^{\mathrm{T}}\boldsymbol{x} \tag{9.17}$$

因此，主分量可以看作对因子空间做线性变换的结果。此外，如果认为

$$\begin{cases} \boldsymbol{v}_1 = (v_{11} \quad v_{21})^{\mathrm{T}} = [\cos\theta \quad \sin\theta]^{\mathrm{T}} \\ \boldsymbol{v}_2 = (v_{12} \quad v_{22})^{\mathrm{T}} = [-\sin\theta \quad \cos\theta]^{\mathrm{T}} \end{cases} \tag{9.18}$$

则不难看出这种特征向量满足上述所有的正交归一的性质，那么

$$\begin{cases} y_1 = \cos\theta x_1 + \sin\theta x_2 \\ y_2 = -\sin\theta x_1 + \cos\theta x_2 \end{cases} \tag{9.19}$$

因此，主分量也可以看作对原变量组成的坐标系做旋转变换。寻找主分量可以看成寻找这样的坐标旋转角，使得新变量在新坐标系中某一坐标轴上具有极大方差。

如果原场的两个变量 x_1 和 x_2 的均值 $\bar{x}_1$ 和 $\bar{x}_2$ 不同，且变化幅度不同，即具有不同的方差 s_{11}^x 和 s_{22}^x，则可以定义其各自的标准化变量分别为

$$\begin{cases} x_{z1} = \dfrac{x_1 - \bar{x}_1}{s_{11}^x} \\ x_{z2} = \dfrac{x_2 - \bar{x}_2}{s_{22}^x} \end{cases} \tag{9.20}$$

由于采用了标准化的形式，于是 x_{z1} 和 x_{z2} 的方差 s_{z11}^x 和 s_{z22}^x 均为1，而 x_{z1} 和 x_{z2} 的协方差则是原变量 x_1 和 x_2 的皮尔逊相关系数 r。仿照前述的推导过程，采用拉格朗日乘子法，在权重系数归一化的约束条件下，让目标函数取极大值，为此，需要计算上述目标函数的梯度，并令其为0，有

$$\begin{pmatrix} 1-\lambda & r \\ r & 1-\lambda \end{pmatrix}\begin{pmatrix} v_1 \\ v_2 \end{pmatrix} = 0 \tag{9.21}$$

上述方程组有非零解的条件是系数行列式为0，即

$$\begin{vmatrix} 1-\lambda & r \\ r & 1-\lambda \end{vmatrix} = 0 \tag{9.22}$$

即

$$(1-\lambda)^2-r^2=0 \tag{9.23}$$

于是解得本征值为

$$\lambda_1=1+r \text{ 和 } \lambda_2=1-r \tag{9.24}$$

由此可见，r 越大，第一主分量的解释方差越大，第二主分量的解释方差越小。这两个标准化的原场变量 x_{z1} 和 x_{z2} 的标准化主成分则为

$$\begin{cases} y_{z1}=v_{z11}x_{z1}+v_{z21}x_{z2} \\ y_{z2}=v_{z12}x_{z1}+v_{z22}x_{z2} \end{cases} \tag{9.25}$$

标准化主成分的方差则为

$$\begin{cases} s_{z11}^y=v_{z11}^2+2rv_{z11}v_{z21}+v_{z21}^2 \\ s_{z22}^y=v_{z12}^2+2rv_{z12}v_{z22}+v_{z22}^2 \end{cases} \tag{9.26}$$

依据前文类似方法可得

$$\begin{cases} (1-\lambda_1)v_{z11}+rv_{z21}=0 \\ rv_{z11}+(1-\lambda_1)v_{z21}=0 \end{cases} \tag{9.27}$$

2. 多个变量的主分量

某一要素场有 m 个空间点，每个空间点有 n 个样本。记 m 个空间点上要素为 $x_k(k=1, 2, \cdots, m)$，其观测值为 $x_{ki}(k=1, 2, \cdots, m; i=1, 2, \cdots, n)$。由这 m 个变量组合成一个新变量：

$$y=v_1x_1+v_2x_2+\cdots+v_mx_m=\sum_{k=1}^{m}v_kx_k \tag{9.28}$$

如果 y 满足方差极大的要求，则称 y 为原 m 个变量的主分量。现在要求 y 满足方差极大的要求

$$\begin{aligned} s^y &= \frac{1}{n}\sum_{i=1}^{n}(y_i-\bar{y})^2 \\ &= \frac{1}{n}\sum_{i=1}^{n}\left(\sum_{k=1}^{m}v_kx_{ki}-\sum_{k=1}^{m}v_k\bar{x}_k\right)\left(\sum_{l=1}^{m}v_lx_{li}-\sum_{l=1}^{m}v_l\bar{x}_l\right) \\ &= \frac{1}{n}\sum_{i=1}^{n}\left[\sum_{k=1}^{m}v_k(x_{ki}-\bar{x}_k)\sum_{l=1}^{m}v_l(x_{li}-\bar{x}_l)\right] \\ &= \sum_{k=1}^{m}\sum_{l=1}^{m}v_k\left[\frac{1}{n}\sum_{i=1}^{n}(x_{ki}-\bar{x}_k)(x_{li}-\bar{x}_l)\right]v_l \\ &= \boldsymbol{v}^{\mathrm{T}}\boldsymbol{S}\boldsymbol{v} \end{aligned} \tag{9.29}$$

其中，

$$\boldsymbol{v} = (v_1 \quad \cdots \quad v_m)^{\mathrm{T}} \text{和} \boldsymbol{S} = \begin{pmatrix} s_{11}^x & \cdots & s_{1m}^x \\ \vdots & & \vdots \\ s_{m1}^x & \cdots & s_{mm}^x \end{pmatrix} \tag{9.30}$$

$$s_{kl}^x = \frac{1}{n}\sum_{i=1}^{n}(x_{ki} - \bar{x}_k)(x_{li} - \bar{x}_l) \quad (k,\ l = 1,\ 2,\ \cdots,\ m) \tag{9.31}$$

同样地，设置约束条件为

$$\boldsymbol{v}^{\mathrm{T}}\boldsymbol{v} = 1 \tag{9.32}$$

采用拉格朗日乘子法求解这个带约束的极值问题，令 λ 为拉格朗日乘子，则可以构造如下目标函数：

$$J(v_1,\ v_2,\ \cdots,\ v_m) = \boldsymbol{v}^{\mathrm{T}}\boldsymbol{S}\boldsymbol{v} - \lambda(\boldsymbol{v}^{\mathrm{T}}\boldsymbol{v} - 1) \tag{9.33}$$

求目标函数的梯度，并令其为0，得

$$\nabla_{\boldsymbol{v}}J(v_1,\ v_2,\ \cdots,\ v_m) = 2\boldsymbol{S}\boldsymbol{v} - 2\lambda\boldsymbol{v} = 0 \tag{9.34}$$

若要求得非零解，则要求

$$|\boldsymbol{S} - \lambda\boldsymbol{I}| = 0 \tag{9.35}$$

由于 $\boldsymbol{S}$ 为 $(m \times m)$ 的协方差矩阵，其秩为 m，则存在 m 个特征值 $(\lambda_1 > \lambda_2 \cdots > \lambda_m)$，对应的 m 个特征向量为 $(\boldsymbol{v}_1,\ \boldsymbol{v}_2,\ \cdots,\ \boldsymbol{v}_m)$。各主分量的方差分别为原 m 个变量的协方差矩阵的特征值，不同的主分量彼此是无关的；各主分量的方差贡献大小按矩阵 $\boldsymbol{S}$ 特征值大小顺序排列；m 个主分量的总方差与原 m 个变量的总方差相等。第 k 个主分量解释方差为

$$R_k \equiv \lambda_k \Big/ \sum_{i=1}^{m}\lambda_i \tag{9.36}$$

前 p 个主分量累积解释方差为

$$G(p) \equiv \sum_{i=1}^{p}\lambda_i \Big/ \sum_{i=1}^{m}\lambda_i \tag{9.37}$$

第二节　经验正交函数

设某气候要素在 m 个站点（格点）上有 n 次观测资料，为消除各站气候态不同的影响，习惯上要素场采用距平值，距平值可以用矩阵形式 $\boldsymbol{X}$ 给出：

$$\boldsymbol{X} = \begin{pmatrix} x_{11} & x_{12} & \cdots & x_{1j} & \cdots & x_{1n} \\ x_{21} & x_{22} & \cdots & x_{2j} & \cdots & x_{2n} \\ \vdots & \vdots & \vdots & \vdots & \vdots & \vdots \\ x_{i1} & x_{i2} & \cdots & x_{ij} & \cdots & x_{in} \\ \vdots & \vdots & \vdots & \vdots & \vdots & \vdots \\ x_{m1} & x_{m2} & \cdots & x_{mj} & \cdots & x_{mn} \end{pmatrix} \tag{9.38}$$

利用经验正交函数展开，就是把 $\boldsymbol{X}$ 分解成正交的空间函数 $\boldsymbol{V}$ 与正交的时间函数 $\boldsymbol{Z}$ 的乘积，即

$$x_{ij} = v_{i1}z_{1j} + v_{i2}z_{2j} + \cdots + v_{im}z_{mj} = \sum_{k=1}^{m} v_{ik}z_{kj} \tag{9.39}$$

写成矩阵形式为

$$\boldsymbol{X} = \boldsymbol{VZ} \tag{9.40}$$

其中，

$$\boldsymbol{V} = \begin{pmatrix} v_{11} & \cdots & v_{1m} \\ \vdots & & \vdots \\ v_{m1} & \cdots & v_{mm} \end{pmatrix}, \boldsymbol{Z} = \begin{pmatrix} z_{11} & \cdots & z_{1n} \\ \vdots & & \vdots \\ z_{m1} & \cdots & z_{mn} \end{pmatrix} \tag{9.41}$$

第 j 个实际空间场可表示为

$$\begin{pmatrix} x_{1j} \\ \vdots \\ x_{mj} \end{pmatrix} = \begin{pmatrix} v_{1j} \\ \vdots \\ v_{mj} \end{pmatrix} z_{1j} + \cdots + \begin{pmatrix} v_{1m} \\ \vdots \\ v_{mm} \end{pmatrix} z_{mj} \tag{9.42}$$

它的含义是第 j 个实际空间场 x_j 可表示为 m 个空间典型场按不同的权重线性的叠加。空间函数矩阵 $\boldsymbol{V}$ 是标准正交阵，即

$$\boldsymbol{V}^{\mathrm{T}}\boldsymbol{V} = \boldsymbol{V}\boldsymbol{V}^{\mathrm{T}} = \boldsymbol{I} \tag{9.43}$$

或者

$$\sum_{k=1}^{m} v_{ki}^2 = \sum_{k=1}^{m} v_{ik}^2 = 1, \sum_{k=1}^{m} v_{ik}v_{jk} = \sum_{k=1}^{m} v_{ki}v_{kj} = 0 \quad (i \neq j) \tag{9.44}$$

时间函数矩阵 $\boldsymbol{Z}$ 中各不同行向量也是正交的，即要求 $\boldsymbol{ZZ}^{\mathrm{T}}$ 是个对角阵，即

$$\boldsymbol{ZZ}^{\mathrm{T}} = \boldsymbol{\Lambda} = \begin{pmatrix} \lambda_1 & 0 & 0 \\ 0 & \ddots & 0 \\ 0 & 0 & \lambda_m \end{pmatrix} \tag{9.45}$$

或者

$$\sum_{k=1}^{n} z_{ik}^2 = \lambda_i, \sum_{k=1}^{n} z_{ik}z_{jk} = 0 \quad (i \neq j) \tag{9.46}$$

观察 $\boldsymbol{X}$ 场的交叉积矩阵 $\boldsymbol{P}$，有

$$\boldsymbol{P} \equiv \boldsymbol{XX}^{\mathrm{T}} \tag{9.47}$$

所以

$$\boldsymbol{P} = \boldsymbol{XX}^{\mathrm{T}} = \boldsymbol{VZ}(\boldsymbol{VZ})^{\mathrm{T}} = \boldsymbol{VZZ}^{\mathrm{T}}\boldsymbol{V}^{\mathrm{T}} \tag{9.48}$$

由线性代数可知 $\boldsymbol{P}$ 是一个 m 阶实对称矩阵。根据实对称矩阵分解定理，一定有

$$\boldsymbol{V}^{\mathrm{T}}\boldsymbol{PV} = \boldsymbol{\Lambda}, \text{或者 } \boldsymbol{P} = \boldsymbol{V\Lambda V}^{\mathrm{T}}, \text{或者 } \boldsymbol{PV} = \boldsymbol{V\Lambda}$$

第 k 列向量对应的方程为

$$\begin{pmatrix} p_{11} & \cdots & p_{1m} \\ \vdots & & \vdots \\ p_{m1} & \cdots & p_{mm} \end{pmatrix}\begin{pmatrix} v_{1k} \\ \vdots \\ v_{mk} \end{pmatrix} = \lambda_k \begin{pmatrix} v_{1k} \\ \vdots \\ v_{mk} \end{pmatrix} \tag{9.49}$$

或者

$$\begin{cases} (p_{11}-\lambda_k)v_{1k}+p_{12}v_{2k}+\cdots+p_{1m}v_{mk}=0 \\ p_{21}v_{1k}+(p_{22}-\lambda_k)v_{2k}+\cdots+p_{2m}v_{mk}=0 \\ \quad\vdots \qquad\qquad \vdots \qquad\qquad \vdots \qquad\qquad \vdots \\ p_{m1}v_{1k}+p_{m2}v_{2k}+\cdots+(p_{mm}-\lambda_k)v_{mk}=0 \end{cases} \tag{9.50}$$

这是一个线性齐次方程组，根据线性代数的知识，它有非零解的充分必要条件是：系数行列式为0，即

$$\begin{vmatrix} p_{11}-\lambda_k & p_{12} & \cdots & p_{1m} \\ p_{21} & p_{22}-\lambda_k & \cdots & p_{2m} \\ \vdots & \vdots & \vdots & \vdots \\ p_{m1} & p_{m2} & \cdots & p_{mm}-\lambda_k \end{vmatrix} = 0 \tag{9.51}$$

这其实是矩阵 $\boldsymbol{P}$ 的特征方程，λ_k 是其特征值，而 $(v_{1k} \quad v_{2k} \quad \cdots \quad v_{mk})^{\mathrm{T}}$ 是对应的特征向量。由此可得到 m 个从大到小排列的特征值 $\lambda_1 > \lambda_2 > \cdots > \lambda_m$，及其对应的 m 个特征向量，每个特征向量就是我们所要求得的矩阵 $\boldsymbol{V}$ 的一列，所有特征向量放在一起就是所要求的空间函数矩阵 $\boldsymbol{V}$，它是 m 个互相独立、互不相关的空间模态。求出了矩阵 $\boldsymbol{V}$，对应的 $\boldsymbol{Z}$ 为

$$\boldsymbol{Z} = \boldsymbol{V}^{\mathrm{T}}\boldsymbol{X} \tag{9.52}$$

可见 $\boldsymbol{Z}$ 类似主分量表达式。经验正交函数具有收敛快的特点，一般特征值较大的前几个模态就能反映要素场 $\boldsymbol{X}$ 的主要特征。因此，我们只取 $p \ll m$ 个特征向量场（ $\boldsymbol{V}$ 的前 p 列）就能近似反映 $\boldsymbol{X}$ 场，即 $p \ll m$ 时，有

$$\boldsymbol{X} \approx \widehat{\boldsymbol{X}} = \boldsymbol{V}_{m\times p}\,\boldsymbol{Z}_{p\times n} \tag{9.53}$$

$\boldsymbol{X}$ 原始场与估计场的残差平方和 Q 为

$$Q = \sum_{i=1}^{m}\sum_{j=1}^{n}(x_{ij}-\hat{x}_{ij})^2 = \sum_{i=1}^{m}\lambda_i - \sum_{i=1}^{p}\lambda_i \tag{9.54}$$

$\boldsymbol{X}$ 原始场的总离差平方和 L_{yy} 为

$$L_{yy} = \sum_{i=1}^{m}\lambda_i \tag{9.55}$$

前 p 个主分量累积解释方差为

$$G(p) \equiv 1 - \frac{Q}{L_{yy}} = \frac{\sum_{i=1}^{p}\lambda_i}{\sum_{i=1}^{m}\lambda_i} \tag{9.56}$$

前 p 个主分量累积解释方差相当于多元线性回归中复相关系数的平方。

当 $m \gg n$ 且 m 很大时，我们很难直接求得 $\boldsymbol{XX}^{\mathrm{T}}$ 的特征值和特征向量。在这种情况下，我们可以采用一种叫作时空转换的方法来间接地计算 $\boldsymbol{XX}^{\mathrm{T}}$ 的特征值和特征向量。首先，求出 $\boldsymbol{X}^{\mathrm{T}}\boldsymbol{X}$ 的特征值 $\boldsymbol{\Lambda}$ 和特征向量 $\boldsymbol{U}$，则有

$$\boldsymbol{X}^{\mathrm{T}}\boldsymbol{XU} = \boldsymbol{U\Lambda}_{n\times n}, \boldsymbol{UU}^{\mathrm{T}} = \boldsymbol{U}^{\mathrm{T}}\boldsymbol{U} = \boldsymbol{I} \tag{9.57}$$

式（9.57）等号两边左乘 $\boldsymbol{X}$，得

$$\boldsymbol{XX}^{\mathrm{T}}\boldsymbol{XU} = \boldsymbol{XU\Lambda}_{n\times n} \tag{9.58}$$

由此可见，$\boldsymbol{\Lambda}_{n\times n}$ 也是 $\boldsymbol{XX}^{\mathrm{T}}$ 的特征值，而 $\boldsymbol{XX}^{\mathrm{T}}$ 的特征向量 $\boldsymbol{V}$ 正比于 $\boldsymbol{XU}$，进一步将 $\boldsymbol{V}$ 归一化，得

$$\boldsymbol{V} = \boldsymbol{XU\Lambda}_{n\times n}^{-\frac{1}{2}} \tag{9.59}$$

需要注意的是，

$$\boldsymbol{V}^{\mathrm{T}}\boldsymbol{V} = \boldsymbol{\Lambda}_{n\times n}^{-\frac{1}{2}}\boldsymbol{U}^{\mathrm{T}}\boldsymbol{X}^{\mathrm{T}}\boldsymbol{XU\Lambda}_{n\times n}^{-\frac{1}{2}} = \boldsymbol{\Lambda}_{n\times n}^{-\frac{1}{2}}\boldsymbol{U}^{\mathrm{T}}\boldsymbol{U\Lambda}_{n\times n}\boldsymbol{U}^{\mathrm{T}}\boldsymbol{U\Lambda}_{n\times n}^{-\frac{1}{2}} = \boldsymbol{\Lambda}_{n\times n}^{-\frac{1}{2}}\boldsymbol{\Lambda}_{n\times n}\boldsymbol{\Lambda}_{n\times n}^{-\frac{1}{2}} = \boldsymbol{I}_{n\times n} \tag{9.60}$$

但是，

$$\boldsymbol{VV}^{\mathrm{T}} = \boldsymbol{XU\Lambda}_{n\times n}^{-\frac{1}{2}}\boldsymbol{\Lambda}_{n\times n}^{-\frac{1}{2}}\boldsymbol{U}^{\mathrm{T}}\boldsymbol{X}^{\mathrm{T}} = \boldsymbol{XU\Lambda}_{n\times n}^{-1}\boldsymbol{U}^{\mathrm{T}}\boldsymbol{X}^{\mathrm{T}} \neq \boldsymbol{I}_{m\times m} \tag{9.61}$$

记 $\boldsymbol{P} \equiv \boldsymbol{XX}^{\mathrm{T}}$ 的特征值阵为 $\boldsymbol{\Lambda}_x$，$\boldsymbol{S}$ 阵的特征值阵为 $\boldsymbol{\Lambda}_S$，

$$\boldsymbol{P} = \boldsymbol{XX}^{\mathrm{T}} = \boldsymbol{V\Lambda}_x\boldsymbol{V}^{\mathrm{T}}, \boldsymbol{S} = \frac{1}{n}\boldsymbol{XX}^{\mathrm{T}} = \boldsymbol{V}\frac{1}{n}\boldsymbol{\Lambda}_x\boldsymbol{V}^{\mathrm{T}} = \boldsymbol{V\Lambda}_S\boldsymbol{V}^{\mathrm{T}} \tag{9.62}$$

交叉积阵 $\boldsymbol{P} \equiv \boldsymbol{XX}^{\mathrm{T}}$ 的特征值是协方差阵 $\boldsymbol{S}$ 特征值的 n 倍，二者的特征向量一致。由此可见主分量分析和 EOF 没有本质区别。

计算步骤：

① 对原始资料矩阵 $\boldsymbol{X}$ 做距平或标准化处理。然后计算其交叉积矩阵或相关矩阵 $\boldsymbol{P} \equiv \boldsymbol{XX}^{\mathrm{T}}$；

② 用求实对称矩阵的特征值和特征向量的方法（最常用的是雅克比方法）求出 $\boldsymbol{P}$ 阵由大到小排序的特征值 $\lambda_1 > \lambda_2 > \cdots > \lambda_m$ 和对应的特征向量 $\boldsymbol{V}$；

③ 利用 $\boldsymbol{Z} = \boldsymbol{V}^{\mathrm{T}}\boldsymbol{X}$ 的关系求出时间系数矩阵 $\boldsymbol{Z}$；

④ 计算每个特征向量所占的方差贡献，前 p 个特征向量所占的累积方差贡献；

⑤ 对前几项有意义的典型空间模态以及对应的时间系数做分析。

根据 North（1982）的研究，特征值的取样误差为

$$\Delta\lambda_k \approx \sqrt{\frac{2}{n}}\lambda_k \tag{9.63}$$

其中，n 为样本量。当 $\frac{|\lambda_k - \lambda_{k+1}|}{\Delta\lambda_k} \geqslant 1$ 时，认为所得到的第 k 个特征向量是显著的。EOF 分析的前几项特征向量最大限度地表征了该变量场的主要结构特征。每个特征向量所对应的时间系数反映了 $\boldsymbol{X}$ 的空间区域中由此特征向量所表示的空间型的时间变化特征。系数绝对值越大表明对应时刻的空间分布型（模态）越明显（典型）。从特征值的方差贡献和累积方差贡献中，可以了解所分析的特征向量的方差占总方差的比例，以及前几项特征向量共占总方差的比例，从而可以分析该气候场的收敛速度。

第三节 扩展经验正交函数

EOF 能够把变量场分解为不随时间变化的空间函数部分以及只依赖时间变化的时间函数部分。因此，传统的 EOF 分离出的仅是空间驻波振动分布结构，它不能得到随时间移动的空间分布结构。

扩展经验正交函数（EEOF）考虑了变量场在时间上存在显著的正相关及交叉相关，可以用于得到变量场的移动性分布结构。具体做法是，构造由多个时刻的空间场组成的资料矩阵，对其进行 EOF 分解，分解后再分别研究超前、当前和滞后时刻的空间分布，探讨空间分布的时间演变特征。

对于一个有 m 个空间点的变量场，可以利用相邻一段时间的 p 个变量场建立一个新资料矩阵 $\boldsymbol{X}$，总变量个数为 mp 个，假设这样的资料采样共有 n 个，则同样为了消除各站气候态不同的影响，习惯上要素场采用距平值，距平值可以采用矩阵 $\boldsymbol{X}$ 形式给出如下：

$$\boldsymbol{X} = \begin{bmatrix} x_{11}^{1} & \cdots & x_{1n}^{1} \\ \vdots & \vdots & \vdots \\ x_{m1}^{1} & \cdots & x_{mn}^{1} \\ \vdots & \vdots & \vdots \\ x_{11}^{t} & \cdots & x_{1n}^{t} \\ \vdots & \vdots & \vdots \\ x_{m1}^{t} & \cdots & x_{mn}^{t} \\ \vdots & \vdots & \vdots \\ x_{11}^{p} & \cdots & x_{1n}^{p} \\ x_{m1}^{p} & \cdots & x_{mn}^{p} \end{bmatrix} \tag{9.64}$$

矩阵要素的上角标“t”表示时刻，计算该资料阵的交叉积矩阵 $\boldsymbol{P} = \boldsymbol{X}\boldsymbol{X}^{\mathrm{T}}$，此时 $\boldsymbol{P}$ 是 $mp \times mp$ 阶的对称矩阵。求出 $\boldsymbol{P}$ 的特征值 $\boldsymbol{\Lambda} = \mathrm{diag}(\lambda_1 \quad \cdots \quad \lambda_{mp})$ 和特征向量 $\boldsymbol{V} = (\boldsymbol{v}_1 \quad \cdots \quad \boldsymbol{v}_{mp})$。此时有 mp 个特征值和 mp 个特征向量。每个特征向量包括 mp 个空间点，以第 k 个特征向量为例，

$$\boldsymbol{v}_k = (v_{1k}^{1} \quad \cdots \quad v_{mk}^{1} \quad \cdots \quad v_{1k}^{t} \quad \cdots \quad v_{mk}^{t} \quad \cdots \quad v_{1k}^{p} \quad \cdots \quad v_{mk}^{p})^{\mathrm{T}} \tag{9.65}$$

其中，$(v_{1k}^{1} \quad \cdots \quad v_{mk}^{1})$ 表示第 1 个时刻的空间模态；$(v_{1k}^{t} \quad \cdots \quad v_{mk}^{t})$ 表示第 t 时刻的空间模态，也就是相对于第 1 个时刻的空间模态滞后（$t-1$）时次的空间模态；$(v_{1k}^{p} \quad \cdots \quad v_{mk}^{p})$ 表示第 p 时刻的空间模态，也就是相对于第 1 个时刻的空间模态滞后（$p-1$）时次的空间模态。利用 $\boldsymbol{Z} = \boldsymbol{V}^{\mathrm{T}}\boldsymbol{X}$ 可以计算时间系数 $\boldsymbol{Z}$ 矩阵，为 mp 行 n 列的矩阵。如果计算的是滞后（$p-1$）个时次的 EEOF，那么一个特征向量就得到 p 张空间分布结构图。根据这些图

可以分析空间系统的移动方向、强度变化等。这些变化特征是一般 EOF 得不到的。但如果遇到本身时间的持续性较差的变量场时，得到的空间分布结构往往难以解释。根据特征向量对应的时间系数可以分析准周期运动的振幅变化和不同滞后长度振幅的相位差。

第四节　复经验正交函数

复经验正交函数（CEOF）也考虑了变量场在时间上存在显著的正相关及交叉相关，也可以用于得到变量场的移动性分布结构，但 EEOF 主要在实域中进行，而 CEOF 主要通过希尔伯特-黄变换在复域中进行。若矩阵 $\boldsymbol{U}$ 满足

$$(\boldsymbol{U}^*)^{\mathrm{T}} = \boldsymbol{U} \text{ 或者简写为 } \overline{\boldsymbol{U}} = \boldsymbol{U}$$

则称 $\boldsymbol{U}$ 为埃尔米特（Hermite）矩阵。其中 $\boldsymbol{U}$ 矩阵符号上方的“ - ”代表共轭转置。若矩阵 $\boldsymbol{B}$ 满足 $\boldsymbol{B}\overline{\boldsymbol{B}} = \overline{\boldsymbol{B}}\boldsymbol{B} = \boldsymbol{I}$，则称 $\boldsymbol{B}$ 为酉矩阵或正交矩阵。埃尔米特矩阵的特征值为实数，存在一酉矩阵 $\boldsymbol{B}$，使

$$\overline{\boldsymbol{B}}\boldsymbol{U}\boldsymbol{B} = \mathrm{diag}(\lambda_1, \lambda_2, \cdots, \lambda_m) \tag{9.66}$$

式中，$\overline{\boldsymbol{B}}$ 为埃尔米特矩阵的特征向量。

希尔伯特-黄变换用来构造正交序列，可通过以下两种方式实现。

① 滤波法：生成一个与实数序列 $u_j(t)$ 相正交的序列

$$\hat{u}_j(t) = \sum_{k=-L}^{L} u_j(t-k)h(k) \tag{9.67}$$

式中，L 为滤波器长度，一般 L 取 7 ~ 25。$h(k)$ 为权重系数，

$$h(k) = \begin{cases} \dfrac{2}{k\pi}\sin^2\left(\dfrac{k\pi}{2}\right) & (k \neq 0) \\ 0 & (k = 0) \end{cases} \tag{9.68}$$

可以证明，这一变换相当于 π/2 相位差的滤波过程。

② 傅里叶变换法：实数序列 $u_j(t)$ 的傅里叶展开为

$$u_j(k\Delta t) = \frac{1}{2}\sum_{n=0}^{N-1} \widetilde{U}\left(\frac{n}{N\Delta t}\right)\mathrm{e}^{\frac{\mathrm{i}2\pi nk}{N}} \tag{9.69}$$

而

$$\begin{aligned} \widetilde{U}\left(\frac{n}{N\Delta t}\right) &= \frac{2}{N}\sum_{k=0}^{N-1} u_j(k\Delta t)\mathrm{e}^{-\frac{\mathrm{i}2\pi nk}{N}} \\ &= \frac{2}{N}\sum_{k=0}^{N-1} u_j(k\Delta t)\left[\cos\left(\frac{2\pi nk}{N}\right) - \mathrm{i}\sin\left(\frac{2\pi nk}{N}\right)\right] \\ &= \frac{2}{N}\sum_{k=0}^{N-1} u_j(k\Delta t)\cos\left(\frac{2\pi nk}{N}\right) - \mathrm{i}\frac{2}{N}\sum_{k=0}^{N-1} u_j(k\Delta t)\sin\left(\frac{2\pi nk}{N}\right) \end{aligned}$$

其中，

$$\begin{cases} a_n \equiv \dfrac{2}{N}\sum_{k=0}^{N-1} u_j(k\Delta t)\cos\left(\dfrac{2\pi nk}{N}\right) \\ b_n \equiv \dfrac{2}{N}\sum_{k=0}^{N-1} u_j(k\Delta t)\sin\left(\dfrac{2\pi nk}{N}\right) \end{cases}$$

即

$$\widetilde{U}\left(\frac{n}{N\Delta t}\right) = a_n - \mathrm{i}b_n$$

于是

$$\begin{aligned} u_j(k\Delta t) &= \frac{1}{2}\sum_{n=0}^{N-1}\widetilde{U}\left(\frac{n}{N\Delta t}\right)\mathrm{e}^{\frac{\mathrm{i}2\pi nk}{N}} \\ &= \frac{1}{2}\sum_{n=0}^{N-1}(a_n - \mathrm{i}b_n)\left[\cos\left(\frac{2\pi nk}{N}\right) + \mathrm{i}\sin\left(\frac{2\pi nk}{N}\right)\right] \\ &= \frac{1}{2}\sum_{n=0}^{N-1}\left[a_n\cos\left(\frac{2\pi nk}{N}\right) + b_n\sin\left(\frac{2\pi nk}{N}\right)\right] \\ &= \frac{a_0}{2} + \frac{1}{2}\sum_{n=1}^{N/2}\left[a_n\cos\left(\frac{2\pi nk}{N}\right) + b_n\sin\left(\frac{2\pi nk}{N}\right)\right] \end{aligned} \tag{9.70}$$

$u_j(t)$ 的希尔伯特-黄变换为

$$\hat{u}_j(k\Delta t) = \frac{a_0}{2} + \frac{1}{2}\sum_{n=1}^{N/2}\left[a_n\sin\left(\frac{2\pi nk}{N}\right) - b_n\cos\left(\frac{2\pi nk}{N}\right)\right] \tag{9.71}$$

设有一实资料序列 $u_j(t)$，构造其复资料序列

$$V_j(t) = u_j(t) + \mathrm{i}\hat{u}_j(t) \tag{9.72}$$

对于 m 个空间点、n 个时间样本的变量场的复资料阵为

$$\boldsymbol{V}_{m\times n} = \begin{bmatrix} u_{11} + \mathrm{i}\hat{u}_{11} & u_{12} + \mathrm{i}\hat{u}_{12} & \cdots & u_{1n} + \mathrm{i}\hat{u}_{1n} \\ u_{21} + \mathrm{i}\hat{u}_{21} & u_{22} + \mathrm{i}\hat{u}_{22} & \cdots & u_{2n} + \mathrm{i}\hat{u}_{2n} \\ \vdots & \vdots & \vdots & \vdots \\ u_{m1} + \mathrm{i}\hat{u}_{m1} & u_{m2} + \mathrm{i}\hat{u}_{m2} & \cdots & u_{mn} + \mathrm{i}\hat{u}_{mn} \end{bmatrix} \tag{9.73}$$

分解复资料阵

$$\boldsymbol{V} = \boldsymbol{BP} \tag{9.74}$$

等价于

$\boldsymbol{U} \equiv \boldsymbol{V}\overline{\boldsymbol{V}} = \boldsymbol{B}(\boldsymbol{P}\overline{\boldsymbol{P}})\overline{\boldsymbol{B}}$，或者，$\overline{\boldsymbol{B}}\boldsymbol{U}\boldsymbol{B} = \overline{\boldsymbol{B}}(\boldsymbol{V}\overline{\boldsymbol{V}})\boldsymbol{B} = (\boldsymbol{P}\overline{\boldsymbol{P}}) = \mathrm{diag}(\lambda_1, \lambda_2, \cdots, \lambda_m)$

式中，$\boldsymbol{B}$ 为 $m\times m$ 阶复空间函数矩阵；$\boldsymbol{P}$ 为 $m\times n$ 阶复时间函数矩阵。根据埃尔米特矩阵特征值和特征向量的性质可知，复空间函数矩阵由复协方差矩阵 $\boldsymbol{V}\overline{\boldsymbol{V}}$ 不同特征值 λ_i 的特

征向量构成。复时间函数阵为

$$\boldsymbol{P} = \overline{\boldsymbol{B}}\boldsymbol{V} \tag{9.75}$$

下面介绍特征值和复特征向量的一种求解方法。原资料阵为

$$\boldsymbol{u}_{m\times n} = \begin{bmatrix} u_{11} & u_{12} & \cdots & u_{1n} \\ u_{21} & u_{22} & \cdots & u_{2n} \\ \vdots & \vdots & \vdots & \vdots \\ u_{m1} & u_{m2} & \cdots & u_{mn} \end{bmatrix} \tag{9.76}$$

希尔伯特-黄变换阵为

$$\hat{\boldsymbol{u}}_{m\times n} = \begin{bmatrix} \hat{u}_{11} & \hat{u}_{12} & \cdots & \hat{u}_{1n} \\ \hat{u}_{21} & \hat{u}_{22} & \cdots & \hat{u}_{2n} \\ \vdots & \vdots & \vdots & \vdots \\ \hat{u}_{m1} & \hat{u}_{m2} & \cdots & \hat{u}_{mn} \end{bmatrix} \tag{9.77}$$

据此可以构造复资料阵

$$\boldsymbol{V}_{m\times n} = \boldsymbol{u}_{m\times n} + \mathrm{i}\hat{\boldsymbol{u}}_{m\times n} \tag{9.78}$$

构造埃尔米特矩阵为

$$\boldsymbol{U} \equiv \boldsymbol{V}\overline{\boldsymbol{V}} = (\boldsymbol{u} + \mathrm{i}\hat{\boldsymbol{u}})(\boldsymbol{u}^{\mathrm{T}} - \mathrm{i}\hat{\boldsymbol{u}}^{\mathrm{T}}) = (\boldsymbol{u}\boldsymbol{u}^{\mathrm{T}} + \hat{\boldsymbol{u}}\hat{\boldsymbol{u}}^{\mathrm{T}}) + \mathrm{i}(\hat{\boldsymbol{u}}\boldsymbol{u}^{\mathrm{T}} - \boldsymbol{u}\hat{\boldsymbol{u}}^{\mathrm{T}}) \tag{9.79}$$

计算该埃尔米特矩阵的特征值和特征向量

$$\boldsymbol{U}\boldsymbol{B} = \boldsymbol{B}\boldsymbol{\Lambda} \tag{9.80}$$

其中,

$$\boldsymbol{B} \equiv \boldsymbol{B}_{\mathrm{R}} + \mathrm{i}\boldsymbol{B}_{I} \tag{9.81}$$

$$\boldsymbol{\Lambda} \equiv \mathrm{diag}(\lambda_1, \lambda_2, \cdots, \lambda_m) \tag{9.82}$$

由于 $\overline{\boldsymbol{B}}\boldsymbol{B} = \boldsymbol{B}\overline{\boldsymbol{B}} = \boldsymbol{I}$, 因此有

$$\begin{cases} \boldsymbol{B}_{\mathrm{R}}\boldsymbol{B}_{\mathrm{R}}^{\mathrm{T}} + \boldsymbol{B}_{I}\boldsymbol{B}_{I}^{\mathrm{T}} = \boldsymbol{I} \\ \boldsymbol{B}_{I}\boldsymbol{B}_{\mathrm{R}}^{\mathrm{T}} - \boldsymbol{B}_{\mathrm{R}}\boldsymbol{B}_{I}^{\mathrm{T}} = 0 \end{cases} \tag{9.83}$$

于是

$$[(\boldsymbol{u}\boldsymbol{u}^{\mathrm{T}} + \hat{\boldsymbol{u}}\hat{\boldsymbol{u}}^{\mathrm{T}}) + \mathrm{i}(\hat{\boldsymbol{u}}\boldsymbol{u}^{\mathrm{T}} - \boldsymbol{u}\hat{\boldsymbol{u}}^{\mathrm{T}})](\boldsymbol{B}_{\mathrm{R}} + \mathrm{i}\boldsymbol{B}_{I}) = (\boldsymbol{B}_{\mathrm{R}} + \mathrm{i}\boldsymbol{B}_{I})\boldsymbol{\Lambda} \tag{9.84}$$

等号两边实部与虚部分别相等，得

$$\begin{cases} (\boldsymbol{u}\boldsymbol{u}^{\mathrm{T}} + \hat{\boldsymbol{u}}\hat{\boldsymbol{u}}^{\mathrm{T}})\boldsymbol{B}_{\mathrm{R}} - (\hat{\boldsymbol{u}}\boldsymbol{u}^{\mathrm{T}} - \boldsymbol{u}\hat{\boldsymbol{u}}^{\mathrm{T}})\boldsymbol{B}_{I} = \boldsymbol{B}_{\mathrm{R}}\boldsymbol{\Lambda} \\ (\hat{\boldsymbol{u}}\boldsymbol{u}^{\mathrm{T}} - \boldsymbol{u}\hat{\boldsymbol{u}}^{\mathrm{T}})\boldsymbol{B}_{\mathrm{R}} + (\boldsymbol{u}\boldsymbol{u}^{\mathrm{T}} + \hat{\boldsymbol{u}}\hat{\boldsymbol{u}}^{\mathrm{T}})\boldsymbol{B}_{I} = \boldsymbol{B}_{I}\boldsymbol{\Lambda} \end{cases} \tag{9.85}$$

写成矩阵形式为

$$\begin{bmatrix} \boldsymbol{u}\boldsymbol{u}^{\mathrm{T}} + \hat{\boldsymbol{u}}\hat{\boldsymbol{u}}^{\mathrm{T}} & -\hat{\boldsymbol{u}}\boldsymbol{u}^{\mathrm{T}} + \boldsymbol{u}\hat{\boldsymbol{u}}^{\mathrm{T}} \\ \hat{\boldsymbol{u}}\boldsymbol{u}^{\mathrm{T}} - \boldsymbol{u}\hat{\boldsymbol{u}}^{\mathrm{T}} & \boldsymbol{u}\boldsymbol{u}^{\mathrm{T}} + \hat{\boldsymbol{u}}\hat{\boldsymbol{u}}^{\mathrm{T}} \end{bmatrix} \begin{bmatrix} \boldsymbol{B}_R \\ \boldsymbol{B}_I \end{bmatrix} = \begin{bmatrix} \boldsymbol{B}_R \\ \boldsymbol{B}_I \end{bmatrix} \boldsymbol{\Lambda} \tag{9.86}$$

可见上述求埃尔米特矩阵的特征值与特征向量的问题转化为求实对称矩阵的特征值与特征向量的问题，采用前一节提到的关于实对称矩阵特征值和特征向量求解的雅克比分解算法即可求得特征值和复特征向量。

在复空间函数和时间函数基础上求出表征振荡和移动特性的空间振幅函数 $S_k(x)$ 、空间相位函数 $Q_k(x)$ 、时间振幅函数 $S_k(t)$ 和时间相位函数 $Q_k(t)$ 。

$$S_k(x) = \sqrt{B_k(x)B_k^*(x)},\ Q_k(x) = \arctan\left\{\frac{\mathrm{Im}[B_k(x)]}{\mathrm{Re}[B_k(x)]}\right\} \tag{9.87}$$

$$S_k(t) = \sqrt{P_k(t)P_k^*(t)},\ Q_k(t) = \arctan\left\{\frac{\mathrm{Im}[P_k(t)]}{\mathrm{Re}[P_k(t)]}\right\} \tag{9.88}$$

CEOF 的计算步骤如下：

① 用滤波法或傅里叶变换法对实矩阵构造埃尔米特复矩阵；

② 计算埃尔米特复矩阵的协方差矩阵 $\boldsymbol{S}$；

③ 根据埃尔米特矩阵分解原理，分解复矩阵；

④ 计算复时间系数矩阵；

⑤ 计算时间振幅函数和时间位相函数；

⑥ 计算空间振幅函数和空间位相函数；

⑦ 计算特征向量的方差贡献和累积方差贡献。

对 CEOF 的结果进行分析，要具备相关的气候动力学知识，并根据所要解决的问题进行合理的分析。①通过空间振幅函数分析气候变量场的空间分布结构，根据空间相位函数分析波的传播方向；②时间振幅函数反映空间结构随时间变化，由时间相位函数分析波的传播速度。

第四部分

分析预测方法

第十章　信息流和因果关系

前面我们介绍了互相关函数和交叉谱的有关知识，利用这部分知识，我们可以计算两个时间序列的超前、滞后相关，以及在什么样的周期上具有显著的相关性。尽管如此，我们并不知道这两个时间序列究竟是谁影响了谁，无法判断其因果关系。本章介绍梁湘三教授等提出的梁-克利曼（Liang-Kleeman）信息流理论（Liang et al.，2005），应用该理论，我们可以清楚地判别因果关系。

第一节　刘维尔方程

在流体力学中，流体质点的运动方程为

$$\frac{\mathrm{d}\boldsymbol{r}(t)}{\mathrm{d}t} = \boldsymbol{v}(\boldsymbol{r}, t) \tag{10.1}$$

式中，$\boldsymbol{r}(t)$ 为流体质点的位移矢量，它是时间 t 的函数；$\boldsymbol{v}(\boldsymbol{r}, t)$ 为流体质点的速度矢量，在欧拉观点中，它是位置 $\boldsymbol{r}$ 和时间 t 的函数，具有“场”的概念。令 $\rho(\boldsymbol{r}, t)$ 为流体的密度场，于是，流体在物理空间中质量守恒可以用连续性方程来描述，即

$$\frac{\partial\rho(\boldsymbol{r}, t)}{\partial t} + \nabla\cdot[\rho(\boldsymbol{r}, t)\boldsymbol{v}(\boldsymbol{r}, t)] = 0 \tag{10.2}$$

假如某一动力系统满足如下的方程：

$$\frac{\mathrm{d}\boldsymbol{x}(t)}{\mathrm{d}t} = \boldsymbol{F}(\boldsymbol{x}, t) \tag{10.3}$$

式中，$\boldsymbol{x}(t)$ 为动力系统的状态变量。我们可以将 $\boldsymbol{x}$ 看作相空间中的位置或者位移矢量，动力系统在演化时，相当于相空间中的流体质点在移动，而 $\boldsymbol{F}(\boldsymbol{x}, t)$ 恰为该流体质点在相空间中的移动速度。类比于流体在物理空间中的连续性方程，我们可以直接写出相空间中连续性方程，即

$$\frac{\partial\rho(\boldsymbol{x}, t)}{\partial t} + \nabla_x\cdot[\rho(\boldsymbol{x}, t)\boldsymbol{F}(\boldsymbol{x}, t)] = 0 \tag{10.4}$$

式中，$\rho(\boldsymbol{x}, t)$ 描述的是相空间中流体质点的密度，$\nabla_x\cdot$ 表示对状态变量 $\boldsymbol{x}$ 求散度。上述方程就是刘维尔（Liouville）方程。在相空间中流体质点（系统的状态）从不同的位置（对应于不同的状态）开始经过动力方程的演化，会演化出不同的轨迹。每一种状态都有可能发生，我们将相空间中的不同位置（或者状态）称作微观状态，任何一个物理量在每一种微观状态中都有其对应的值，真实物理世界中，我们观测到的观测值实际上是各个微观状态物理量值的平均值，即数学期望。$\rho(\boldsymbol{x}, t)$ 描述了相空间中单位体积内的微

观状态数目，将它除以相空间中微观状态的总数（这是一个定值）就得到了我们熟知的概率密度函数。因此，在后面的论述中，我们将直接把 $\rho(\boldsymbol{x},t)$ 看作概率密度函数。

第二节　基于刘维尔方程的信息流理论

信息熵被定义为如下的形式：

$$H(t) \equiv -\int_{\Omega} \rho(\boldsymbol{x},t) \ln \rho(\boldsymbol{x},t) \mathrm{d}\boldsymbol{x} \tag{10.5}$$

式中，Ω 表示相空间，上述积分实际上描述了 $\ln[1/\rho(\boldsymbol{x},t)]$ 的数学期望，由此可见，系统表现得越无序，那么每一种微观状态出现的概率越均等，信息熵越大；假如系统以 1 的概率处于某一微观状态，即系统表现得越确定，则信息熵为 0。可以严格证明上述信息熵与热力学熵是等价的。刘维尔方程可以改写为

$$\frac{\partial \rho(\boldsymbol{x},t)}{\partial t} + \boldsymbol{F}(\boldsymbol{x},t) \cdot \nabla_x \rho(\boldsymbol{x},t) + \rho(\boldsymbol{x},t) \nabla_x \cdot \boldsymbol{F}(\boldsymbol{x},t) = 0 \tag{10.6}$$

刘维尔方程两边同乘以 $[1+\ln\rho(\boldsymbol{x},t)]$，得

$$\begin{aligned}&\frac{\partial[\rho(\boldsymbol{x},t)\ln\rho(\boldsymbol{x},t)]}{\partial t} + \boldsymbol{F}(\boldsymbol{x},t) \cdot \nabla_x[\rho(\boldsymbol{x},t)\ln\rho(\boldsymbol{x},t)] \\ &+ \rho(\boldsymbol{x},t)[1+\ln\rho(\boldsymbol{x},t)] \nabla_x \cdot \boldsymbol{F}(\boldsymbol{x},t) = 0\end{aligned} \tag{10.7}$$

即

$$\frac{\partial[\rho(\boldsymbol{x},t)\ln\rho(\boldsymbol{x},t)]}{\partial t} + \nabla_x \cdot [\boldsymbol{F}(\boldsymbol{x},t)\rho(\boldsymbol{x},t)\ln\rho(\boldsymbol{x},t)] + \rho(\boldsymbol{x},t) \nabla_x \cdot \boldsymbol{F}(\boldsymbol{x},t) = 0 \tag{10.8}$$

利用信息熵的定义，我们有

$$\frac{\mathrm{d}H(t)}{\mathrm{d}t} - \int_{\Omega} \nabla_x \cdot [\boldsymbol{F}(\boldsymbol{x},t)\rho(\boldsymbol{x},t)\ln\rho(\boldsymbol{x},t)]\mathrm{d}\boldsymbol{x} - \int_{\Omega} \rho(\boldsymbol{x},t) \nabla_x \cdot \boldsymbol{F}(\boldsymbol{x},t)\mathrm{d}\boldsymbol{x} = 0 \tag{10.9}$$

注意到，

$$\int_{\Omega} \nabla_x \cdot [\boldsymbol{F}(\boldsymbol{x},t)\rho(\boldsymbol{x},t)\ln\rho(\boldsymbol{x},t)]\mathrm{d}\boldsymbol{x} = 0 \tag{10.10}$$

于是有

$$\frac{\mathrm{d}H(t)}{\mathrm{d}t} - \int_{\Omega} \rho(\boldsymbol{x},t) \nabla_x \cdot \boldsymbol{F}(\boldsymbol{x},t)\mathrm{d}\boldsymbol{x} = 0 \tag{10.11}$$

由于式（10.11）左端第二项表示的恰好为 $\nabla_x \cdot \boldsymbol{F}(\boldsymbol{x},t)$ 的数学期望 $E\{\nabla_x \cdot \boldsymbol{F}(\boldsymbol{x},t)\}$，因此，

$$\frac{\mathrm{d}H(t)}{\mathrm{d}t} = E\{\nabla_x \cdot \boldsymbol{F}(\boldsymbol{x},t)\} \tag{10.12}$$

如果所研究的系统包含两个组分，于是

$$\boldsymbol{x}(t) = \begin{bmatrix} \boldsymbol{x}_1(t) \\ \boldsymbol{x}_2(t) \end{bmatrix} \text{和} \boldsymbol{F}(\boldsymbol{x}, t) = \begin{bmatrix} \boldsymbol{F}_1(\boldsymbol{x}_1, \boldsymbol{x}_2, t) \\ \boldsymbol{F}_2(\boldsymbol{x}_1, \boldsymbol{x}_2, t) \end{bmatrix} \tag{10.13}$$

方程变为

$$\begin{cases} \dfrac{\mathrm{d}\boldsymbol{x}_1(t)}{\mathrm{d}t} = \boldsymbol{F}_1(\boldsymbol{x}_1, \boldsymbol{x}_2, t) \\ \dfrac{\mathrm{d}\boldsymbol{x}_2(t)}{\mathrm{d}t} = \boldsymbol{F}_2(\boldsymbol{x}_1, \boldsymbol{x}_2, t) \end{cases} \tag{10.14}$$

对应的刘维尔方程则改写为

$$\begin{aligned} &\frac{\partial \rho(\boldsymbol{x}_1, \boldsymbol{x}_2, t)}{\partial t} + \nabla_{x_1} \cdot [\rho(\boldsymbol{x}_1, \boldsymbol{x}_2, t)\boldsymbol{F}_1(\boldsymbol{x}_1, \boldsymbol{x}_2, t)] \\ &+ \nabla_{x_2} \cdot [\rho(\boldsymbol{x}_1, \boldsymbol{x}_2, t)\boldsymbol{F}_2(\boldsymbol{x}_1, \boldsymbol{x}_2, t)] = 0 \end{aligned} \tag{10.15}$$

将 $\rho(\boldsymbol{x}_1, \boldsymbol{x}_2, t)$ 对 $\boldsymbol{x}_2$ 积分，正好得到 $\boldsymbol{x}_1$ 的概率密度函数

$$\rho_1(\boldsymbol{x}_1, t) = \int_{\boldsymbol{\Omega}_2} \rho(\boldsymbol{x}_1, \boldsymbol{x}_2, t)\mathrm{d}\boldsymbol{x}_2 \tag{10.16}$$

注意到 $\int_{\boldsymbol{\Omega}_2} \nabla_{x_2} \cdot [\rho(\boldsymbol{x}_1, \boldsymbol{x}_2, t)\boldsymbol{F}_2(\boldsymbol{x}_1, \boldsymbol{x}_2, t)]\mathrm{d}\boldsymbol{x}_2 = 0$，于是将上述刘维尔方程对 $\boldsymbol{x}_2$ 积分，则

$$\frac{\partial \rho_1(\boldsymbol{x}_1, t)}{\partial t} + \nabla_{x_1} \cdot \int_{\boldsymbol{\Omega}_2} \rho(\boldsymbol{x}_1, \boldsymbol{x}_2, t)\boldsymbol{F}_1(\boldsymbol{x}_1, \boldsymbol{x}_2, t)\mathrm{d}\boldsymbol{x}_2 = 0 \tag{10.17}$$

将上述方程两边同乘以 $[1 + \ln\rho_1(\boldsymbol{x}_1, t)]$，并对 $\boldsymbol{x}_1$ 积分，在此过程中，我们还可以定义 $\boldsymbol{x}_1$ 的信息熵 $H_1(t) \equiv -\int_{\boldsymbol{\Omega}_1} \rho_1(\boldsymbol{x}_1, t)\ln\rho_1(\boldsymbol{x}_1, t)\mathrm{d}\boldsymbol{x}_1$，于是有

$$\begin{aligned} \frac{\mathrm{d}H_1(t)}{\mathrm{d}t} &= \int_{\boldsymbol{\Omega}_1} [1 + \ln\rho_1(\boldsymbol{x}_1, t)] \nabla_{x_1} \cdot \int_{\boldsymbol{\Omega}_2} \rho(\boldsymbol{x}_1, \boldsymbol{x}_2, t)\boldsymbol{F}_1(\boldsymbol{x}_1, \boldsymbol{x}_2, t)\mathrm{d}\boldsymbol{x}_2\mathrm{d}\boldsymbol{x}_1 \\ &= \int_{\boldsymbol{\Omega}_1} [\ln\rho_1(\boldsymbol{x}_1, t)] \nabla_{x_1} \cdot \int_{\boldsymbol{\Omega}_2} \rho(\boldsymbol{x}_1, \boldsymbol{x}_2, t)\boldsymbol{F}_1(\boldsymbol{x}_1, \boldsymbol{x}_2, t)\mathrm{d}\boldsymbol{x}_2\mathrm{d}\boldsymbol{x}_1 \\ &= -\int_{\boldsymbol{\Omega}_1}\int_{\boldsymbol{\Omega}_2} \rho(\boldsymbol{x}_1, \boldsymbol{x}_2, t) \frac{\boldsymbol{F}_1(\boldsymbol{x}_1, \boldsymbol{x}_2, t)}{\rho_1(\boldsymbol{x}_1, t)} \nabla_{x_1}\rho_1(\boldsymbol{x}_1, t)\mathrm{d}\boldsymbol{x}_2\mathrm{d}\boldsymbol{x}_1 \\ &= -E\left\{\frac{\boldsymbol{F}_1(\boldsymbol{x}_1, \boldsymbol{x}_2, t)}{\rho_1(\boldsymbol{x}_1, t)} \nabla_{x_1}\rho_1(\boldsymbol{x}_1, t)\right\} \end{aligned} \tag{10.18}$$

上述信息熵的演化是在 $\boldsymbol{x}_1$ 和 $\boldsymbol{x}_2$ 均参与演化的情况下得到的 $\boldsymbol{x}_1$ 的信息熵的变化率，很容易想到，这一变化率一部分是由 $\boldsymbol{x}_1$ 自身的演化贡献的，而另一部分则是由 $\boldsymbol{x}_2$ 的演化贡献的，即第二组分向第一组分的信息熵贡献率（信息流），因此我们只要知道了由 $\boldsymbol{x}_1$ 自身的演化贡献的信息熵变化率 $\frac{\mathrm{d}H_1^*(t)}{\mathrm{d}t}$，即可通过计算 $T_{2\to1} = \frac{\mathrm{d}H_1(t)}{\mathrm{d}t} - \frac{\mathrm{d}H_1^*(t)}{\mathrm{d}t}$ 得到第二组分向第一组分的信息流。如果将 $\boldsymbol{x}_2$ 看成不变的，则可以认为 $\boldsymbol{x}_1$ 按照自身的演化规律进行演化，即

$$\frac{\mathrm{d}\boldsymbol{x}_1(t)}{\mathrm{d}t} = \boldsymbol{F}_1(\boldsymbol{x}_1, \boldsymbol{x}_2, t) \tag{10.19}$$

仿照上面的推导，我们可以得到

$$\frac{\mathrm{d}H_1^*(t)}{\mathrm{d}t}=E\{\nabla_{x_1}\cdot\boldsymbol{F}_1(\boldsymbol{x}_1,\boldsymbol{x}_2,t)\}=\int_{\Omega_1}\int_{\Omega_2}\rho(\boldsymbol{x}_1,\boldsymbol{x}_2,t)\nabla_{x_1}\cdot\boldsymbol{F}_1(\boldsymbol{x}_1,\boldsymbol{x}_2,t)\mathrm{d}\boldsymbol{x}_2\mathrm{d}\boldsymbol{x}_1 \tag{10.20}$$

于是，第二组分向第一组分的信息流为

$$\begin{aligned}
T_{2\to1}&=\frac{\mathrm{d}H_1(t)}{\mathrm{d}t}-\frac{\mathrm{d}H_1^*(t)}{\mathrm{d}t}\\
&=-\int_{\Omega_1}\int_{\Omega_2}\rho(\boldsymbol{x}_1,\boldsymbol{x}_2,t)\left[\frac{\boldsymbol{F}_1(\boldsymbol{x}_1,\boldsymbol{x}_2,t)}{\rho_1(\boldsymbol{x}_1,t)}\nabla_{x_1}\rho_1(\boldsymbol{x}_1,t)+\nabla_{x_1}\cdot\boldsymbol{F}_1(\boldsymbol{x}_1,\boldsymbol{x}_2,t)\right]\mathrm{d}\boldsymbol{x}_2\mathrm{d}\boldsymbol{x}_1\\
&=-\int_{\Omega_1}\int_{\Omega_2}\frac{\rho(\boldsymbol{x}_1,\boldsymbol{x}_2,t)}{\rho_1(\boldsymbol{x}_1,t)}[\boldsymbol{F}_1(\boldsymbol{x}_1,\boldsymbol{x}_2,t)\nabla_{x_1}\rho_1(\boldsymbol{x}_1,t)+\rho_1(\boldsymbol{x}_1,t)\nabla_{x_1}\cdot\boldsymbol{F}_1(\boldsymbol{x}_1,\boldsymbol{x}_2,t)]\mathrm{d}\boldsymbol{x}_2\mathrm{d}\boldsymbol{x}_1\\
&=-\int_{\Omega_1}\int_{\Omega_2}\frac{\rho(\boldsymbol{x}_1,\boldsymbol{x}_2,t)}{\rho_1(\boldsymbol{x}_1,t)}\nabla_{x_1}\cdot[\rho_1(\boldsymbol{x}_1,t)\boldsymbol{F}_1(\boldsymbol{x}_1,\boldsymbol{x}_2,t)]\mathrm{d}\boldsymbol{x}_2\mathrm{d}\boldsymbol{x}_1\\
&=-\int_{\Omega_1}\int_{\Omega_2}\rho_{2|1}(\boldsymbol{x}_2|\boldsymbol{x}_1,t)\nabla_{x_1}\cdot[\rho_1(\boldsymbol{x}_1,t)\boldsymbol{F}_1(\boldsymbol{x}_1,\boldsymbol{x}_2,t)]\mathrm{d}\boldsymbol{x}_2\mathrm{d}\boldsymbol{x}_1
\end{aligned} \tag{10.21}$$

第三节　福克尔-普朗克方程

前面介绍的刘维尔方程是在动力系统为确定性的系统的条件下成立的，所谓确定性，是指系统的演化是确定的。但实际的动力系统或多或少有某些因素是不确定的，我们可以将这些不确定的因素看作一种随机力，于是动力方程变为

$$\frac{\mathrm{d}\boldsymbol{x}(t)}{\mathrm{d}t}=\boldsymbol{F}(\boldsymbol{x},t)+\overleftrightarrow{\boldsymbol{B}(\boldsymbol{x},t)}\cdot\frac{\mathrm{d}\boldsymbol{w}(t)}{\mathrm{d}t}=\boldsymbol{F}(\boldsymbol{x},t)+\boldsymbol{f}(\boldsymbol{x},t) \tag{10.22}$$

式中，$\frac{\mathrm{d}\boldsymbol{w}(t)}{\mathrm{d}t}$描述的是维纳（Wiener）过程，且满足关系

$$E\left\{\frac{\mathrm{d}\boldsymbol{w}(t)}{\mathrm{d}t}\right\}=0\text{ 和 }E\left\{\overleftrightarrow{\frac{\mathrm{d}\boldsymbol{w}(t)}{\mathrm{d}t}\frac{\mathrm{d}\boldsymbol{w}(t')}{\mathrm{d}t}}\right\}=\overleftrightarrow{\boldsymbol{I}}\delta(t-t') \tag{10.23}$$

于是

$$\begin{aligned}
E\left\{\overleftrightarrow{\boldsymbol{f}(x,t)\boldsymbol{f}(\boldsymbol{x},t')}\right\}&=E\left\{\overleftrightarrow{\left[\overleftrightarrow{\boldsymbol{B}(\boldsymbol{x},t)}\cdot\frac{\mathrm{d}\boldsymbol{w}(t)}{\mathrm{d}t}\right]\left[\overleftrightarrow{\boldsymbol{B}(\boldsymbol{x},t')}\cdot\frac{\mathrm{d}\boldsymbol{w}(t')}{\mathrm{d}t}\right]}\right\}\\
&=\overleftrightarrow{\boldsymbol{B}(\boldsymbol{x},t)}\cdot E\left\{\overleftrightarrow{\frac{\mathrm{d}\boldsymbol{w}(t)}{\mathrm{d}t}\frac{\mathrm{d}\boldsymbol{w}(t')}{\mathrm{d}t}}\right\}\cdot\overleftrightarrow{\boldsymbol{B}^{\mathrm{T}}(\boldsymbol{x},t')}\\
&=\overleftrightarrow{\boldsymbol{B}(\boldsymbol{x},t)}\cdot\overleftrightarrow{\boldsymbol{I}}\cdot\overleftrightarrow{\boldsymbol{B}^{\mathrm{T}}(\boldsymbol{x},t')}\delta(t-t')\\
&=\overleftrightarrow{\boldsymbol{B}(\boldsymbol{x},t)}\cdot\overleftrightarrow{\boldsymbol{B}^{\mathrm{T}}(\boldsymbol{x},t')}\delta(t-t')
\end{aligned} \tag{10.24}$$

式（10.24）中两个矢量之间没有任何符号并排地放在一起，表示两个矢量之间的直积，它构成一种新的物理量，即并矢，用“$\longleftrightarrow$”表示，可以将矢量想象成列向量，那么并矢就是列向量乘以一个行向量构成的矩阵，矢量之间的点乘“·”可以想象成一般意义下的矩阵乘法。

在随机力的作用下，在相空间中，流体质点做类似于布朗（Brown）运动，我们更关心的是在有随机力作用的情况下概率密度函数的演化。自然界中事物的变化过程通常可以分为两类。一类变化过程具有确定的形式，能用一个（或几个）时间 t 的确定函数来描绘。另一类变化过程没有确定的变化形式，不能用一个（或几个）时间 t 的确定函数来描绘，这类过程叫作随机过程。随机过程可以采用概率密度函数来描绘，如 $\rho(\boldsymbol{x}^n, t^n, \cdots, \boldsymbol{x}^i, t^i, \cdots, \boldsymbol{x}^1, t^1)$ 描绘的是 t^1 时刻处在状态 $\boldsymbol{x}^1$，t^i 时刻处在状态 $\boldsymbol{x}^i$，t^n 时刻处在状态 $\boldsymbol{x}^n$ 的概率。让我们考虑一类特殊的随机过程。如果在已知它所处的状态条件下，未来的演化不依赖于其以往的演化，即未来只依赖于现在，而与过去无关，具有这种性质的随机过程被称为马尔可夫（Markov）过程。对于马尔可夫过程：

$$\rho(\boldsymbol{x}^n, t^n \mid \boldsymbol{x}^{n-1}, t^{n-1}) = \frac{\rho(\boldsymbol{x}^n, t^n, \boldsymbol{x}^{n-1}, t^{n-1}, \cdots, \boldsymbol{x}^1, t^1)}{\rho(\boldsymbol{x}^{n-1}, t^{n-1}, \cdots, \boldsymbol{x}^1, t^1)} \tag{10.25}$$

或者

$$\rho(\boldsymbol{x}^n, t^n, \boldsymbol{x}^{n-1}, t^{n-1}, \cdots, \boldsymbol{x}^1, t^1) = \rho(\boldsymbol{x}^n, t^n \mid \boldsymbol{x}^{n-1}, t^{n-1})\rho(\boldsymbol{x}^{n-1}, t^{n-1}, \cdots, \boldsymbol{x}^1, t^1) \tag{10.26}$$

式中，$\rho(\boldsymbol{x}^n, t^n \mid \boldsymbol{x}^{n-1}, t^{n-1})$ 描述了系统在时刻 t^{n-1} 处于 $\boldsymbol{x}^{n-1}$ 转变到时刻 t^n 处于 $\boldsymbol{x}^n$ 的概率，因此被称为转移概率。两次应用上述关系式，可以得到

$$\begin{aligned}&\rho(\boldsymbol{x}^n, t^n, \boldsymbol{x}^{n-1}, t^{n-1}, \boldsymbol{x}^{n-2}, t^{n-2}, \cdots, \boldsymbol{x}^1, t^1)\\&= \rho(\boldsymbol{x}^n, t^n \mid \boldsymbol{x}^{n-1}, t^{n-1})\rho(\boldsymbol{x}^{n-1}, t^{n-1}, \boldsymbol{x}^{n-2}, t^{n-2}, \cdots, \boldsymbol{x}^1, t^1)\\&= \rho(\boldsymbol{x}^n, t^n \mid \boldsymbol{x}^{n-1}, t^{n-1})\rho(\boldsymbol{x}^{n-1}, t^{n-1} \mid \boldsymbol{x}^{n-2}, t^{n-2})\rho(\boldsymbol{x}^{n-2}, t^{n-2}, \cdots, \boldsymbol{x}^1, t^1)\end{aligned} \tag{10.27}$$

将上式两边对 $\boldsymbol{x}^{n-1}$ 积分，

$$\begin{aligned}&\int_{\Omega^{n-1}}\rho(\boldsymbol{x}^n, t^n, \boldsymbol{x}^{n-1}, t^{n-1}, \boldsymbol{x}^{n-2}, t^{n-2}, \cdots, \boldsymbol{x}^1, t^1)\,\mathrm{d}\boldsymbol{x}^{n-1}\\&= \int_{\Omega^{n-1}}\rho(\boldsymbol{x}^n, t^n \mid \boldsymbol{x}^{n-1}, t^{n-1})\rho(\boldsymbol{x}^{n-1}, t^{n-1} \mid \boldsymbol{x}^{n-2}, t^{n-2})\rho(\boldsymbol{x}^{n-2}, t^{n-2}, \cdots, \boldsymbol{x}^1, t^1)\,\mathrm{d}\boldsymbol{x}^{n-1}\end{aligned} \tag{10.28}$$

左边为

$$\begin{aligned}&\int_{\Omega^{n-1}}\rho(\boldsymbol{x}^n, t^n, \boldsymbol{x}^{n-1}, t^{n-1}, \boldsymbol{x}^{n-2}, t^{n-2}, \cdots, \boldsymbol{x}^1, t^1)\,\mathrm{d}\boldsymbol{x}^{n-1}\\&= \rho(\boldsymbol{x}^n, t^n, \boldsymbol{x}^{n-2}, t^{n-2}, \cdots, \boldsymbol{x}^1, t^1)\\&= \rho(\boldsymbol{x}^n, t^n \mid \boldsymbol{x}^{n-2}, t^{n-2})\rho(\boldsymbol{x}^{n-2}, t^{n-2}, \cdots, \boldsymbol{x}^1, t^1)\end{aligned} \tag{10.29}$$

右边为

$$\begin{aligned}&\int_{\Omega^{n-1}}\rho(\boldsymbol{x}^n, t^n \mid \boldsymbol{x}^{n-1}, t^{n-1})\rho(\boldsymbol{x}^{n-1}, t^{n-1} \mid \boldsymbol{x}^{n-2}, t^{n-2})\rho(\boldsymbol{x}^{n-2}, t^{n-2}, \cdots, \boldsymbol{x}^1, t^1)\,\mathrm{d}\boldsymbol{x}^{n-1}\\&= \int_{\Omega^{n-1}}\rho(\boldsymbol{x}^n, t^n \mid \boldsymbol{x}^{n-1}, t^{n-1})\rho(\boldsymbol{x}^{n-1}, t^{n-1} \mid \boldsymbol{x}^{n-2}, t^{n-2})\,\mathrm{d}\boldsymbol{x}^{n-1}\rho(\boldsymbol{x}^{n-2}, t^{n-2}, \cdots, \boldsymbol{x}^1, t^1)\end{aligned} \tag{10.30}$$

于是有

$$\rho(\boldsymbol{x}^n, t^n \mid \boldsymbol{x}^{n-2}, t^{n-2}) = \int_{\Omega^{n-1}} \rho(\boldsymbol{x}^n, t^n \mid \boldsymbol{x}^{n-1}, t^{n-1}) \rho(\boldsymbol{x}^{n-1}, t^{n-1} \mid \boldsymbol{x}^{n-2}, t^{n-2}) \mathrm{d}\boldsymbol{x}^{n-1} \quad (10.31)$$

由于上述时刻是任意选取的，我们可以把符号做适当改变，以使公式更具一般性，做代换 $(\boldsymbol{x}^{n-2}, t^{n-2}) \to (\boldsymbol{x}^0, t^0)$ 、$(\boldsymbol{x}^{n-1}, t^{n-1}) \to (\boldsymbol{x}', t')$ 、$(\boldsymbol{x}^n, t^n) \to (\boldsymbol{x}, t)$，式（10.31）变为

$$\rho(\boldsymbol{x}, t \mid \boldsymbol{x}^0, t^0) = \int_{\Omega'} \rho(\boldsymbol{x}, t \mid \boldsymbol{x}', t') \rho(\boldsymbol{x}', t' \mid \boldsymbol{x}^0, t^0) \mathrm{d}\boldsymbol{x}' \quad (10.32)$$

这个方程叫作斯莫卢霍夫斯基方程（Smoluchowski Formula）。

设 $R(\boldsymbol{x})$ 为一个连续可微函数，且当 $\boldsymbol{x} \to \pm\infty$ 时，$R(\boldsymbol{x}) \to 0$ 和 $\nabla_x R(\boldsymbol{x}) \to 0$ 。我们考虑如下的积分：

$$\int_{\Omega} R(\boldsymbol{x}) \frac{\partial \rho(\boldsymbol{x}, t \mid \boldsymbol{x}^0, t^0)}{\partial t} \mathrm{d}\boldsymbol{x} = \lim_{\Delta t \to 0} \frac{1}{\Delta t} \int_{\Omega} [\rho(\boldsymbol{x}, t + \Delta t \mid \boldsymbol{x}^0, t^0) - \rho(\boldsymbol{x}, t \mid \boldsymbol{x}^0, t^0)] R(\boldsymbol{x}) \mathrm{d}\boldsymbol{x} \quad (10.33)$$

由斯莫卢霍夫斯基方程有

$$\rho(\boldsymbol{x}, t + \Delta t \mid \boldsymbol{x}^0, t^0) = \int_{\Omega'} \rho(\boldsymbol{x}, t + \Delta t \mid \boldsymbol{x}', t) \rho(\boldsymbol{x}', t \mid \boldsymbol{x}^0, t^0) \mathrm{d}\boldsymbol{x}' \quad (10.34)$$

代入上述积分，得

$$\begin{aligned}
&\int_{\Omega} R(\boldsymbol{x}) \frac{\partial \rho(\boldsymbol{x}, t \mid \boldsymbol{x}^0, t^0)}{\partial t} \mathrm{d}\boldsymbol{x} \\
&= \lim_{\Delta t \to 0} \frac{1}{\Delta t} \int_{\Omega} \left[\int_{\Omega'} \rho(\boldsymbol{x}, t + \Delta t \mid \boldsymbol{x}', t) \rho(\boldsymbol{x}', t \mid \boldsymbol{x}^0, t^0) \mathrm{d}\boldsymbol{x}' - \rho(\boldsymbol{x}, t \mid \boldsymbol{x}^0, t^0) \right] R(\boldsymbol{x}) \mathrm{d}\boldsymbol{x} \\
&= \lim_{\Delta t \to 0} \frac{1}{\Delta t} \int_{\Omega} \int_{\Omega'} \rho(\boldsymbol{x}, t + \Delta t \mid \boldsymbol{x}', t) \rho(\boldsymbol{x}', t \mid \boldsymbol{x}^0, t^0) R(\boldsymbol{x}) \mathrm{d}\boldsymbol{x}' \mathrm{d}\boldsymbol{x} \\
&\quad - \lim_{\Delta t \to 0} \frac{1}{\Delta t} \int_{\Omega} \rho(\boldsymbol{x}, t \mid \boldsymbol{x}^0, t^0) R(\boldsymbol{x}) \mathrm{d}\boldsymbol{x} \\
&= \lim_{\Delta t \to 0} \frac{1}{\Delta t} \int_{\Omega'} \int_{\Omega} \rho(\boldsymbol{x}', t + \Delta t \mid \boldsymbol{x}, t) \rho(\boldsymbol{x}, t \mid \boldsymbol{x}^0, t^0) R(\boldsymbol{x}') \mathrm{d}\boldsymbol{x} \mathrm{d}\boldsymbol{x}' \\
&\quad - \lim_{\Delta t \to 0} \frac{1}{\Delta t} \int_{\Omega} \rho(\boldsymbol{x}, t \mid \boldsymbol{x}^0, t^0) R(\boldsymbol{x}) \mathrm{d}\boldsymbol{x}
\end{aligned} \quad (10.35)$$

将 $R(\boldsymbol{x}')$ 在 $\boldsymbol{x}$ 处展开到二阶项，得

$$\begin{aligned}
R(\boldsymbol{x}') &= R(\boldsymbol{x}) + (\boldsymbol{x}' - \boldsymbol{x}) \cdot \nabla_x R(\boldsymbol{x}) + \frac{1}{2} (\boldsymbol{x}' - \boldsymbol{x}) \cdot \left[\overleftrightarrow{\nabla_x \nabla_x} R(\boldsymbol{x}) \right] \cdot (\boldsymbol{x}' - \boldsymbol{x}) \\
&= R(\boldsymbol{x}) + (\boldsymbol{x}' - \boldsymbol{x}) \cdot \nabla_x R(\boldsymbol{x}) + \frac{1}{2} \overleftrightarrow{(\boldsymbol{x}' - \boldsymbol{x})(\boldsymbol{x}' - \boldsymbol{x})} : \left[\overleftrightarrow{\nabla_x \nabla_x} R(\boldsymbol{x}) \right]
\end{aligned} \quad (10.36)$$

代入上述积分，得

$$\begin{aligned}
&\int_{\Omega} R(\boldsymbol{x}) \frac{\partial \rho(\boldsymbol{x}, t \mid \boldsymbol{x}^0, t^0)}{\partial t} \mathrm{d}\boldsymbol{x} \\
&= \lim_{\Delta t \to 0} \frac{1}{\Delta t} \int_{\Omega'} \int_{\Omega} \rho(\boldsymbol{x}', t + \Delta t \mid \boldsymbol{x}, t) \rho(\boldsymbol{x}, t \mid \boldsymbol{x}^0, t^0) R(\boldsymbol{x}) \mathrm{d}\boldsymbol{x} \mathrm{d}\boldsymbol{x}' \\
&\quad + \lim_{\Delta t \to 0} \frac{1}{\Delta t} \int_{\Omega'} \int_{\Omega} \rho(\boldsymbol{x}', t + \Delta t \mid \boldsymbol{x}, t) \rho(\boldsymbol{x}, t \mid \boldsymbol{x}^0, t^0) (\boldsymbol{x}' - \boldsymbol{x}) \cdot \nabla_x R(\boldsymbol{x}) \mathrm{d}\boldsymbol{x} \mathrm{d}\boldsymbol{x}'
\end{aligned}$$

$$+\lim_{\Delta t\to 0}\frac{1}{\Delta t}\int_{\Omega'}\int_{\Omega}\rho(\boldsymbol{x}',t+\Delta t\mid\boldsymbol{x},t)\rho(\boldsymbol{x},t\mid\boldsymbol{x}^0,t^0)$$

$$\cdot\frac{1}{2}\overleftrightarrow{(\boldsymbol{x}'-\boldsymbol{x})(\boldsymbol{x}'-\boldsymbol{x})}:\left[\overleftrightarrow{\nabla_x\nabla_x}R(\boldsymbol{x})\right]\mathrm{d}\boldsymbol{x}\mathrm{d}\boldsymbol{x}'$$

$$-\lim_{\Delta t\to 0}\frac{1}{\Delta t}\int_{\Omega}\rho(\boldsymbol{x},t\mid\boldsymbol{x}^0,t^0)R(\boldsymbol{x})\mathrm{d}\boldsymbol{x} \tag{10.37}$$

式（10.37）右端第一项为

$$\lim_{\Delta t\to 0}\frac{1}{\Delta t}\int_{\Omega'}\int_{\Omega}\rho(\boldsymbol{x}',t+\Delta t\mid\boldsymbol{x},t)\rho(\boldsymbol{x},t\mid\boldsymbol{x}^0,t^0)R(\boldsymbol{x})\mathrm{d}\boldsymbol{x}\mathrm{d}\boldsymbol{x}'$$

$$=\lim_{\Delta t\to 0}\frac{1}{\Delta t}\int_{\Omega}\rho(\boldsymbol{x},t\mid\boldsymbol{x}^0,t^0)R(\boldsymbol{x})\left[\int_{\Omega'}\rho(\boldsymbol{x}',t+\Delta t\mid\boldsymbol{x},t)\mathrm{d}\boldsymbol{x}'\right]\mathrm{d}\boldsymbol{x}$$

$$=\lim_{\Delta t\to 0}\frac{1}{\Delta t}\int_{\Omega}\rho(\boldsymbol{x},t\mid\boldsymbol{x}^0,t^0)R(\boldsymbol{x})\mathrm{d}\boldsymbol{x} \tag{10.38}$$

它正好与式（10.37）右端第四项相消。式（10.37）右端第二项为

$$\lim_{\Delta t\to 0}\frac{1}{\Delta t}\int_{\Omega'}\int_{\Omega}\rho(\boldsymbol{x}',t+\Delta t\mid\boldsymbol{x},t)\rho(\boldsymbol{x},t\mid\boldsymbol{x}^0,t^0)(\boldsymbol{x}'-\boldsymbol{x})\cdot\nabla_x R(\boldsymbol{x})\mathrm{d}\boldsymbol{x}\mathrm{d}\boldsymbol{x}'$$

$$=\int_{\Omega}\rho(\boldsymbol{x},t\mid\boldsymbol{x}^0,t^0)\left[\lim_{\Delta t\to 0}\frac{1}{\Delta t}\int_{\Omega'}\rho(\boldsymbol{x}',t+\Delta t\mid\boldsymbol{x},t)(\boldsymbol{x}'-\boldsymbol{x})\mathrm{d}\boldsymbol{x}'\right]\cdot\nabla_x R(\boldsymbol{x})\mathrm{d}\boldsymbol{x}$$

$$=\int_{\Omega}\rho(\boldsymbol{x},t\mid\boldsymbol{x}^0,t^0)\boldsymbol{a}(\boldsymbol{x},t)\cdot\nabla_x R(\boldsymbol{x})\mathrm{d}\boldsymbol{x}$$

$$=-\int_{\Omega}R(\boldsymbol{x})\nabla_x\cdot[\boldsymbol{a}(\boldsymbol{x},t)\rho(\boldsymbol{x},t\mid\boldsymbol{x}^0,t^0)]\mathrm{d}\boldsymbol{x} \tag{10.39}$$

其中定义

$$\boldsymbol{a}(\boldsymbol{x},t)\equiv\lim_{\Delta t\to 0}\frac{1}{\Delta t}\int_{\Omega'}\rho(\boldsymbol{x}',t+\Delta t\mid\boldsymbol{x},t)(\boldsymbol{x}'-\boldsymbol{x})\mathrm{d}\boldsymbol{x}' \tag{10.40}$$

等式右端第三项为

$$\lim_{\Delta t\to 0}\frac{1}{\Delta t}\int_{\Omega'}\int_{\Omega}\rho(\boldsymbol{x}',t+\Delta t\mid\boldsymbol{x},t)\rho(\boldsymbol{x},t\mid\boldsymbol{x}^0,t^0)\frac{1}{2}\overleftrightarrow{(\boldsymbol{x}'-\boldsymbol{x})(\boldsymbol{x}'-\boldsymbol{x})}:\left[\overleftrightarrow{\nabla_x\nabla_x}R(\boldsymbol{x})\right]\mathrm{d}\boldsymbol{x}\mathrm{d}\boldsymbol{x}'$$

$$=\int_{\Omega}\rho(\boldsymbol{x},t\mid\boldsymbol{x}^0,t^0)\frac{1}{2}\left[\lim_{\Delta t\to 0}\frac{1}{\Delta t}\int_{\Omega'}\rho(\boldsymbol{x}',t+\Delta t\mid\boldsymbol{x},t)\overleftrightarrow{(\boldsymbol{x}'-\boldsymbol{x})(\boldsymbol{x}'-\boldsymbol{x})}\mathrm{d}\boldsymbol{x}'\right]:\left[\overleftrightarrow{\nabla_x\nabla_x}R(\boldsymbol{x})\right]\mathrm{d}\boldsymbol{x}$$

$$=\int_{\Omega}\rho(\boldsymbol{x},t\mid\boldsymbol{x}^0,t^0)\frac{1}{2}\overleftrightarrow{b(\boldsymbol{x},t)}:\left[\overleftrightarrow{\nabla_x\nabla_x}R(\boldsymbol{x})\right]\mathrm{d}\boldsymbol{x}$$

$$=-\int_{\Omega}\frac{1}{2}\left\{\nabla_x\cdot\left[\rho(\boldsymbol{x},t\mid\boldsymbol{x}^0,t^0)\overleftrightarrow{b(\boldsymbol{x},t)}\right]\right\}\cdot\nabla_x R(\boldsymbol{x})\mathrm{d}\boldsymbol{x}$$

$$=\int_{\Omega}R(\boldsymbol{x})\frac{1}{2}\overleftrightarrow{\nabla_x\nabla_x}:\left[\rho(\boldsymbol{x},t\mid\boldsymbol{x}^0,t^0)\overleftrightarrow{b(\boldsymbol{x},t)}\right]\mathrm{d}\boldsymbol{x} \tag{10.41}$$

其中定义

$$\overleftrightarrow{\boldsymbol{b}(\boldsymbol{x},t)}\equiv\lim_{\Delta t\to 0}\frac{1}{\Delta t}\int_{\Omega'}\rho(\boldsymbol{x}',t+\Delta t\mid\boldsymbol{x},t)\overleftrightarrow{(\boldsymbol{x}'-\boldsymbol{x})(\boldsymbol{x}'-\boldsymbol{x})}\mathrm{d}\boldsymbol{x}' \tag{10.42}$$

于是原积分式变为

$$\int_{\Omega} R(\boldsymbol{x}) \frac{\partial \rho(\boldsymbol{x}, t \mid \boldsymbol{x}^0, t^0)}{\partial t} \mathrm{d}\boldsymbol{x}$$
$$= -\int_{\Omega} R(\boldsymbol{x}) \nabla_x \cdot [\boldsymbol{a}(\boldsymbol{x}, t) \rho(\boldsymbol{x}, t \mid \boldsymbol{x}^0, t^0)] \mathrm{d}\boldsymbol{x}$$
$$+ \int_{\Omega} R(\boldsymbol{x}) \frac{1}{2} \overleftrightarrow{\nabla_x \nabla_x} : \left[\rho(\boldsymbol{x}, t \mid \boldsymbol{x}^0, t^0) \overleftrightarrow{\boldsymbol{b}(\boldsymbol{x}, t)}\right] \mathrm{d}\boldsymbol{x} \tag{10.43}$$

由于 $R(\boldsymbol{x})$ 为任意函数，上式要成立，被积函数必须为0，因此有如下方程：

$$\frac{\partial \rho(\boldsymbol{x}, t \mid \boldsymbol{x}^0, t^0)}{\partial t} + \nabla_x \cdot [\boldsymbol{a}(\boldsymbol{x}, t) \rho(\boldsymbol{x}, t \mid \boldsymbol{x}^0, t^0)]$$
$$= \frac{1}{2} \overleftrightarrow{\nabla_x \nabla_x} : \left[\rho(\boldsymbol{x}, t \mid \boldsymbol{x}^0, t^0) \overleftrightarrow{\boldsymbol{b}(\boldsymbol{x}, t)}\right] \tag{10.44}$$

这一方程就是福克尔-普朗克（Fokker-Planck）方程。对于前述受随机力影响的动力方程，我们有

$$\boldsymbol{x}' - \boldsymbol{x} = \Delta \boldsymbol{x}(t) = \boldsymbol{F}(\boldsymbol{x}, t) \Delta t + \boldsymbol{B}(\boldsymbol{x}, t) \Delta \boldsymbol{w}(t) \tag{10.45}$$

于是我们可以计算出 $\boldsymbol{a}(\boldsymbol{x}, t)$ 和 $\overleftrightarrow{\boldsymbol{b}(\boldsymbol{x}, t)}$ 的具体形式。其中

$$\boldsymbol{a}(\boldsymbol{x}, t) \equiv \lim_{\Delta t \to 0} \frac{1}{\Delta t} \int_{\Omega'} \rho(\boldsymbol{x}', t + \Delta t \mid \boldsymbol{x}, t)(\boldsymbol{x}' - \boldsymbol{x}) \mathrm{d}\boldsymbol{x}'$$
$$= \lim_{\Delta t \to 0} \frac{1}{\Delta t} \int_{\Omega'} \rho(\boldsymbol{x}', t + \Delta t \mid \boldsymbol{x}, t) \Delta \boldsymbol{x} \mathrm{d}\boldsymbol{x}'$$
$$= \lim_{\Delta t \to 0} \frac{1}{\Delta t} \int_{\Omega'} \rho(\boldsymbol{x}', t + \Delta t \mid \boldsymbol{x}, t) \left[\boldsymbol{F}(\boldsymbol{x}, t) \Delta t + \overleftrightarrow{\boldsymbol{B}(\boldsymbol{x}, t)} \cdot \Delta \boldsymbol{w}(t)\right] \mathrm{d}\boldsymbol{x}'$$
$$= \lim_{\Delta t \to 0} \frac{1}{\Delta t} \int_{\Omega'} \rho(\boldsymbol{x}', t + \Delta t \mid \boldsymbol{x}, t) \boldsymbol{F}(\boldsymbol{x}, t) \Delta t \mathrm{d}\boldsymbol{x}'$$
$$+ \lim_{\Delta t \to 0} \frac{1}{\Delta t} \int_{\Omega'} \rho(\boldsymbol{x}', t + \Delta t \mid \boldsymbol{x}, t) \overleftrightarrow{\boldsymbol{B}(\boldsymbol{x}, t)} \cdot \Delta \boldsymbol{w}(t) \mathrm{d}\boldsymbol{x}'$$
$$= \int_{\Omega'} \rho(\boldsymbol{x}', t \mid \boldsymbol{x}, t) \boldsymbol{F}(\boldsymbol{x}, t) \mathrm{d}\boldsymbol{x}' + \int_{\Omega'} \rho(\boldsymbol{x}', t \mid \boldsymbol{x}, t) \overleftrightarrow{\boldsymbol{B}(\boldsymbol{x}, t)} \cdot \frac{\mathrm{d}\boldsymbol{w}(t)}{\mathrm{d}t} \mathrm{d}\boldsymbol{x}'$$
$$= \boldsymbol{F}(\boldsymbol{x}, t) + \overleftrightarrow{\boldsymbol{B}(\boldsymbol{x}, t)} \cdot E\left\{\frac{\mathrm{d}\boldsymbol{w}(t)}{\mathrm{d}t}\right\}$$
$$= \boldsymbol{F}(\boldsymbol{x}, t) \tag{10.46}$$

$$\overleftrightarrow{\boldsymbol{b}(\boldsymbol{x}, t)} \equiv \lim_{\Delta t \to 0} \frac{1}{\Delta t} \int_{\Omega'} \rho(\boldsymbol{x}', t + \Delta t \mid \boldsymbol{x}, t) \overleftrightarrow{(\boldsymbol{x}' - \boldsymbol{x})(\boldsymbol{x}' - \boldsymbol{x})} \mathrm{d}\boldsymbol{x}'$$
$$= \lim_{\Delta t \to 0} \frac{1}{\Delta t} \int_{\Omega'} \rho(\boldsymbol{x}', t + \Delta t \mid \boldsymbol{x}, t)$$
$$\cdot \overleftrightarrow{\left[\boldsymbol{F}(\boldsymbol{x}, t) \Delta t + \overleftrightarrow{\boldsymbol{B}(\boldsymbol{x}, t)} \cdot \Delta \boldsymbol{w}(t)\right] \left[\boldsymbol{F}(\boldsymbol{x}, t) \Delta t + \overleftrightarrow{B(\boldsymbol{x}, t)} \cdot \Delta \boldsymbol{w}(t)\right]} \mathrm{d}\boldsymbol{x}'$$
$$= \lim_{\Delta t \to 0} \frac{1}{\Delta t} \int_{\Omega'} \rho(\boldsymbol{x}', t + \Delta t \mid \boldsymbol{x}, t) \overleftrightarrow{\boldsymbol{F}(\boldsymbol{x}, t) \boldsymbol{F}(\boldsymbol{x}, t)} \Delta t^2 \mathrm{d}\boldsymbol{x}'$$
$$+ \lim_{\Delta t \to 0} \frac{1}{\Delta t} \int_{\Omega'} \rho(\boldsymbol{x}', t + \Delta t \mid \boldsymbol{x}, t) \overleftrightarrow{\boldsymbol{F}(\boldsymbol{x}, t) \left[\overleftrightarrow{\boldsymbol{B}(\boldsymbol{x}, t)} \cdot \Delta \boldsymbol{w}(t)\right]} \Delta t \mathrm{d}\boldsymbol{x}'$$

$$
+\lim_{\Delta t\to 0}\frac{1}{\Delta t}\int_{\boldsymbol{\Omega}'}\rho(\boldsymbol{x}',\ t+\Delta t\mid\boldsymbol{x},\ t)\ \overleftrightarrow{\left[\overleftrightarrow{\boldsymbol{B}(\boldsymbol{x},\ t)}\cdot\Delta\boldsymbol{w}(t)\right]\boldsymbol{F}(\boldsymbol{x},\ t)\Delta t\mathrm{d}\boldsymbol{x}'}
$$

$$
+\lim_{\Delta t\to 0}\frac{1}{\Delta t}\int_{\boldsymbol{\Omega}'}\rho(\boldsymbol{x}',\ t+\Delta t\mid\boldsymbol{x},\ t)\ \overleftrightarrow{\left[\overleftrightarrow{\boldsymbol{B}(\boldsymbol{x},\ t)}\cdot\Delta\boldsymbol{w}(t)\right]\left[\overleftrightarrow{\boldsymbol{B}(\boldsymbol{x},\ t)}\cdot\Delta\boldsymbol{w}(t)\right]}\mathrm{d}\boldsymbol{x}'
$$

$$
=\lim_{\Delta t\to 0}\overleftrightarrow{\boldsymbol{F}(\boldsymbol{x},\ t)\boldsymbol{F}(\boldsymbol{x},\ t)}\Delta t+\lim_{\Delta t\to 0}\overleftrightarrow{\boldsymbol{F}(\boldsymbol{x},\ t)\left[\overleftrightarrow{\boldsymbol{B}(\boldsymbol{x},\ t)}\cdot E\left\{\frac{\mathrm{d}\boldsymbol{w}(t)}{\mathrm{d}t}\right\}\right]}\Delta t
$$

$$
+\lim_{\Delta t\to 0}\overleftrightarrow{\left[\overleftrightarrow{\boldsymbol{B}(\boldsymbol{x},\ t)}\cdot E\left\{\frac{\mathrm{d}\boldsymbol{w}(t)}{\mathrm{d}t}\right\}\right]\boldsymbol{F}(\boldsymbol{x},\ t)}\Delta t
$$

$$
+\lim_{\Delta t\to 0}\overleftrightarrow{\boldsymbol{B}(\boldsymbol{x},\ t)}\cdot E\left\{\overleftrightarrow{\frac{\mathrm{d}\boldsymbol{w}(t)}{\mathrm{d}t}\frac{\mathrm{d}\boldsymbol{w}(t)}{\mathrm{d}t}}\right\}\cdot\overleftrightarrow{\boldsymbol{B}^{\mathrm{T}}(\boldsymbol{x},\ t)}\Delta t
$$

$$
=\overleftrightarrow{\boldsymbol{B}(\boldsymbol{x},\ t)}\cdot\overleftrightarrow{\boldsymbol{B}^{\mathrm{T}}(\boldsymbol{x},\ t)} \tag{10.47}
$$

于是福克尔–普朗克方程变为

$$
\frac{\partial\rho(\boldsymbol{x},\ t\mid\boldsymbol{x}^0,\ t^0)}{\partial t}+\nabla_{\boldsymbol{x}}\cdot\left[\boldsymbol{F}(\boldsymbol{x},\ t)\rho(\boldsymbol{x},\ t\mid\boldsymbol{x}^0,\ t^0)\right]
$$

$$
=\frac{1}{2}\overleftrightarrow{\nabla_{\boldsymbol{x}}\nabla_{\boldsymbol{x}}}:\left[\rho(\boldsymbol{x},\ t\mid\boldsymbol{x}^0,\ t^0)\overleftrightarrow{\boldsymbol{B}(\boldsymbol{x},\ t)}\cdot\overleftrightarrow{\boldsymbol{B}^{\mathrm{T}}(\boldsymbol{x},\ t)}\right] \tag{10.48}
$$

上述方程的形式并不依赖于 t^0 时刻系统所处状态 $\boldsymbol{x}^0$，因此可以将上述条件概率密度函数替换为概率密度函数，福克尔–普朗克方程变为

$$
\frac{\partial\rho(\boldsymbol{x},\ t)}{\partial t}+\nabla_{\boldsymbol{x}}\cdot\left[\boldsymbol{F}(\boldsymbol{x},\ t)\rho(\boldsymbol{x},\ t)\right]=\frac{1}{2}\overleftrightarrow{\nabla_{\boldsymbol{x}}\nabla_{\boldsymbol{x}}}:\left[\rho(\boldsymbol{x},\ t)\overleftrightarrow{\boldsymbol{B}(\boldsymbol{x},\ t)}\cdot\overleftrightarrow{\boldsymbol{B}^{\mathrm{T}}(\boldsymbol{x},\ t)}\right] \tag{10.49}
$$

第四节 基于福克尔–普朗克方程的信息流理论

刘维尔方程给出的是确定性的动力系统状态的概率密度函数所满足的演化关系，而福克尔–普朗克方程则进一步给出了有随机力扰动影响的情况下动力系统的概率密度函数所满足的演化关系。前面我们基于刘维尔方程给出了确定性动力系统不同组分之间的信息流，本节我们将基于福克尔–普朗克方程推导有随机力扰动影响下的动力系统不同组分之间的信息流。定义

$$
\overleftrightarrow{\boldsymbol{g}(\boldsymbol{x},\ t)}\equiv\overleftrightarrow{\boldsymbol{B}(\boldsymbol{x},\ t)}\cdot\overleftrightarrow{\boldsymbol{B}^{\mathrm{T}}(\boldsymbol{x},\ t)} \tag{10.50}
$$

于是福克尔–普朗克方程变为

$$
\frac{\partial\rho(\boldsymbol{x},\ t)}{\partial t}+\nabla_{\boldsymbol{x}}\cdot\left[\boldsymbol{F}(\boldsymbol{x},\ t)\rho(\boldsymbol{x},\ t)\right]=\frac{1}{2}\overleftrightarrow{\nabla_{\boldsymbol{x}}\nabla_{\boldsymbol{x}}}:\left[\rho(\boldsymbol{x},\ t)\overleftrightarrow{\boldsymbol{g}(\boldsymbol{x},\ t)}\right] \tag{10.51}
$$

如果所研究的系统包含两个部分，那么

$$\boldsymbol{x}(t)=\begin{bmatrix}\boldsymbol{x}_1(t)\\ \boldsymbol{x}_2(t)\end{bmatrix} \text{和} \boldsymbol{F}(\boldsymbol{x},t)=\begin{bmatrix}\boldsymbol{F}_1(\boldsymbol{x}_1,\boldsymbol{x}_2,t)\\ \boldsymbol{F}_2(\boldsymbol{x}_1,\boldsymbol{x}_2,t)\end{bmatrix} \text{和} \overleftrightarrow{\boldsymbol{B}(\boldsymbol{x},t)}=\begin{bmatrix}\overleftrightarrow{\boldsymbol{B}_1(\boldsymbol{x}_1,\boldsymbol{x}_2,t)}\\ \overleftrightarrow{\boldsymbol{B}_2(\boldsymbol{x}_1,\boldsymbol{x}_2,t)}\end{bmatrix}$$

动力方程变为

$$\begin{cases}\dfrac{\mathrm{d}\boldsymbol{x}_1(t)}{\mathrm{d}t}=F_1(\boldsymbol{x}_1,\boldsymbol{x}_2,t)+\overleftrightarrow{\boldsymbol{B}_1(\boldsymbol{x}_1,\boldsymbol{x}_2,t)}\cdot\dfrac{\mathrm{d}\boldsymbol{w}(t)}{\mathrm{d}t}\\ \dfrac{\mathrm{d}\boldsymbol{x}_2(t)}{\mathrm{d}t}=F_2(\boldsymbol{x}_1,\boldsymbol{x}_2,t)+\overleftrightarrow{\boldsymbol{B}_2(\boldsymbol{x}_1,\boldsymbol{x}_2,t)}\cdot\dfrac{\mathrm{d}\boldsymbol{w}(t)}{\mathrm{d}t}\end{cases} \tag{10.52}$$

并矢 $\overleftrightarrow{\boldsymbol{g}(\boldsymbol{x},t)}$ 可以进一步改写为

$$\begin{aligned}\overleftrightarrow{\boldsymbol{g}(\boldsymbol{x}_1,\boldsymbol{x}_2,t)}&=\begin{bmatrix}\overleftrightarrow{\boldsymbol{B}_1(\boldsymbol{x}_1,\boldsymbol{x}_2,t)}\\ \overleftrightarrow{\boldsymbol{B}_2(\boldsymbol{x}_1,\boldsymbol{x}_2,t)}\end{bmatrix}\cdot\begin{bmatrix}\overleftrightarrow{\boldsymbol{B}_1^{\mathrm{T}}(\boldsymbol{x}_1,\boldsymbol{x}_2,t)} & \overleftrightarrow{\boldsymbol{B}_2^{\mathrm{T}}(\boldsymbol{x}_1,\boldsymbol{x}_2,t)}\end{bmatrix}\\ &=\begin{bmatrix}\overleftrightarrow{\boldsymbol{B}_1(\boldsymbol{x}_1,\boldsymbol{x}_2,t)}\cdot\overleftrightarrow{\boldsymbol{B}_1^{\mathrm{T}}(\boldsymbol{x}_1,\boldsymbol{x}_2,t)} & \overleftrightarrow{\boldsymbol{B}_1(\boldsymbol{x}_1,\boldsymbol{x}_2,t)}\cdot\overleftrightarrow{\boldsymbol{B}_2^{\mathrm{T}}(\boldsymbol{x}_1,\boldsymbol{x}_2,t)}\\ \overleftrightarrow{\boldsymbol{B}_2(\boldsymbol{x}_1,\boldsymbol{x}_2,t)}\cdot\overleftrightarrow{\boldsymbol{B}_1^{\mathrm{T}}(\boldsymbol{x}_1,\boldsymbol{x}_2,t)} & \overleftrightarrow{\boldsymbol{B}_2(\boldsymbol{x}_1,\boldsymbol{x}_2,t)}\cdot\overleftrightarrow{\boldsymbol{B}_2^{\mathrm{T}}(\boldsymbol{x}_1,\boldsymbol{x}_2,t)}\end{bmatrix}\\ &=\begin{bmatrix}\overleftrightarrow{\boldsymbol{g}_{11}(\boldsymbol{x}_1,\boldsymbol{x}_2,t)} & \overleftrightarrow{\boldsymbol{g}_{12}(\boldsymbol{x}_1,\boldsymbol{x}_2,t)}\\ \overleftrightarrow{\boldsymbol{g}_{21}(\boldsymbol{x}_1,\boldsymbol{x}_2,t)} & \overleftrightarrow{\boldsymbol{g}_{22}(\boldsymbol{x}_1,\boldsymbol{x}_2,t)}\end{bmatrix}\end{aligned} \tag{10.53}$$

福克尔-普朗克方程变为

$$\begin{aligned}&\frac{\partial\rho(\boldsymbol{x}_1,\boldsymbol{x}_2,t)}{\partial t}+\nabla_{\boldsymbol{x}_1}\cdot[\rho(\boldsymbol{x}_1,\boldsymbol{x}_2,t)\boldsymbol{F}_1(\boldsymbol{x}_1,\boldsymbol{x}_2,t)]+\nabla_{\boldsymbol{x}_2}\cdot[\rho(\boldsymbol{x}_1,\boldsymbol{x}_2,t)\boldsymbol{F}_2(\boldsymbol{x}_1,\boldsymbol{x}_2,t)]\\ &=\frac{1}{2}\sum_{i,j=1}^{2}\overleftrightarrow{\nabla_{\boldsymbol{x}_i}\nabla_{\boldsymbol{x}_j}}:\left[\rho(\boldsymbol{x}_1,\boldsymbol{x}_2,t)\,\overleftrightarrow{g_{ij}(\boldsymbol{x}_1,\boldsymbol{x}_2,t)}\right]\end{aligned} \tag{10.54}$$

将 $\rho(\boldsymbol{x}_1,\boldsymbol{x}_2,t)$ 对 $\boldsymbol{x}_2$ 积分，正好得到 $\boldsymbol{x}_1$ 的概率密度函数，即

$$\rho_1(\boldsymbol{x}_1,t)=\int_{\boldsymbol{\Omega}_2}\rho(\boldsymbol{x}_1,\boldsymbol{x}_2,t)\mathrm{d}\boldsymbol{x}_2 \tag{10.55}$$

注意到 $\int_{\boldsymbol{\Omega}_2}\nabla_{\boldsymbol{x}_2}\cdot[\rho(\boldsymbol{x}_1,\boldsymbol{x}_2,t)\boldsymbol{F}_2(\boldsymbol{x}_1,\boldsymbol{x}_2,t)]\mathrm{d}\boldsymbol{x}_2=0$，于是

$$\begin{aligned}&\frac{\partial\rho_1(\boldsymbol{x}_1,t)}{\partial t}+\nabla_{\boldsymbol{x}_1}\cdot\int_{\boldsymbol{\Omega}_2}\rho(\boldsymbol{x}_1,\boldsymbol{x}_2,t)F_1(\boldsymbol{x}_1,\boldsymbol{x}_2,t)\mathrm{d}\boldsymbol{x}_2\\ &=\frac{1}{2}\int_{\boldsymbol{\Omega}_2}\overleftrightarrow{\nabla_{\boldsymbol{x}_1}\nabla_{\boldsymbol{x}_1}}:\left[\rho(\boldsymbol{x}_1,\boldsymbol{x}_2,t)\,\overleftrightarrow{g_{11}(\boldsymbol{x}_1,\boldsymbol{x}_2,t)}\right]\mathrm{d}\boldsymbol{x}_2\end{aligned} \tag{10.56}$$

定义 $\boldsymbol{x}_1$ 的信息熵，则

$$H_1(t)\equiv-\int_{\boldsymbol{\Omega}_1}\rho_1(\boldsymbol{x}_1,t)\ln\rho_1(\boldsymbol{x}_1,t)\mathrm{d}\boldsymbol{x}_1 \tag{10.57}$$

将福克尔-普朗克方程两边同乘以 $[1+\ln\rho_1(\boldsymbol{x}_1,t)]$，并对 $\boldsymbol{x}_1$ 积分得

$$
\begin{aligned}
\frac{\mathrm{d}H_1(t)}{\mathrm{d}t} &= \int_{\boldsymbol{\Omega}_1}[1+\ln\rho_1(\boldsymbol{x}_1,t)]\,\nabla_{x_1}\cdot\int_{\boldsymbol{\Omega}_2}\rho(\boldsymbol{x}_1,\boldsymbol{x}_2,t)F_1(\boldsymbol{x}_1,\boldsymbol{x}_2,t)\mathrm{d}\boldsymbol{x}_2\mathrm{d}\boldsymbol{x}_1\\
&\quad-\frac{1}{2}\int_{\boldsymbol{\Omega}_1}[1+\ln\rho_1(\boldsymbol{x}_1,t)]\int_{\boldsymbol{\Omega}_2}\overleftrightarrow{\nabla_{x_1}\nabla_{x_1}}:\left[\rho(\boldsymbol{x}_1,\boldsymbol{x}_2,t)\,\overleftrightarrow{\boldsymbol{g}_{11}(\boldsymbol{x}_1,\boldsymbol{x}_2,t)}\right]\mathrm{d}\boldsymbol{x}_2\mathrm{d}\boldsymbol{x}_1\\
&= \int_{\boldsymbol{\Omega}_1}[\ln\rho_1(\boldsymbol{x}_1,t)]\,\nabla_{x_1}\cdot\int_{\boldsymbol{\Omega}_2}\rho(\boldsymbol{x}_1,\boldsymbol{x}_2,t)F_1(\boldsymbol{x}_1,\boldsymbol{x}_2,t)\mathrm{d}\boldsymbol{x}_2\mathrm{d}\boldsymbol{x}_1\\
&\quad-\frac{1}{2}\int_{\boldsymbol{\Omega}_1}[\ln\rho_1(\boldsymbol{x}_1,t)]\int_{\boldsymbol{\Omega}_2}\overleftrightarrow{\nabla_{x_1}\nabla_{x_1}}:\left[\rho(\boldsymbol{x}_1,\boldsymbol{x}_2,t)\,g_{11}\overleftrightarrow{(\boldsymbol{x}_1,\boldsymbol{x}_2,}t)\right]\mathrm{d}\boldsymbol{x}_2\mathrm{d}\boldsymbol{x}_1\\
&= -\int_{\boldsymbol{\Omega}_1}\int_{\boldsymbol{\Omega}_2}\rho(\boldsymbol{x}_1,\boldsymbol{x}_2,t)\boldsymbol{F}_1(\boldsymbol{x}_1,\boldsymbol{x}_2,t)\,\nabla_{x_1}\ln\rho_1(\boldsymbol{x}_1,t)\mathrm{d}\boldsymbol{x}_2\mathrm{d}\boldsymbol{x}_1\\
&\quad-\frac{1}{2}\int_{\boldsymbol{\Omega}_1}\int_{\boldsymbol{\Omega}_2}\rho(\boldsymbol{x}_1,\boldsymbol{x}_2,t)\,\overleftrightarrow{\boldsymbol{g}_{11}(\boldsymbol{x}_1,\boldsymbol{x}_2,t)}:\overleftrightarrow{\nabla_{x_1}\nabla_{x_1}}\ln\rho_1(\boldsymbol{x}_1,t)\mathrm{d}\boldsymbol{x}_2\mathrm{d}\boldsymbol{x}_1\\
&= -E\{\boldsymbol{F}_1(\boldsymbol{x}_1,\boldsymbol{x}_2,t)\,\nabla_{x_1}\ln\rho_1(\boldsymbol{x}_1,t)\}\\
&\quad-\frac{1}{2}E\left\{\overleftrightarrow{\boldsymbol{g}_{11}(\boldsymbol{x}_1,\boldsymbol{x}_2,t)}:\overleftrightarrow{\nabla_{x_1}\nabla_{x_1}}\ln\rho_1(\boldsymbol{x}_1,t)\right\}
\end{aligned}
\tag{10.58}
$$

上述信息熵的演化是在 $\boldsymbol{x}_1$ 和 $\boldsymbol{x}_2$ 均参与演化的情况下得到的 $\boldsymbol{x}_1$ 的信息熵的变化率，这一变化率一部分是由 $\boldsymbol{x}_1$ 自身的演化贡献的，而另一部分则是由 $\boldsymbol{x}_2$ 的演化贡献的，即第二组分向第一组分的信息熵贡献率（信息流）。设 t 时刻的信息熵为 $H_1(t)$，如果系统在从 t 向 $t+\Delta t$ 演化的过程中，将 $\boldsymbol{x}_2$ 看成不变的，则 $t+\Delta t$ 时刻的信息熵可以记为 $H_{12}(t)$，在这种情况下可以认为 $\boldsymbol{x}_1$ 按照自身的演化规律进行演化，于是由 $\boldsymbol{x}_1$ 自身的演化贡献的信息熵变化率 $\frac{\mathrm{d}H_{12}(t)}{\mathrm{d}t}$ 可由式（10.59）计算：

$$
\frac{\mathrm{d}H_{12}(t)}{\mathrm{d}t} = \lim_{\Delta t\to 0}\frac{H_{12}(t+\Delta t)-H_1(t)}{\Delta t}
\tag{10.59}
$$

通过计算 $T_{2\to 1}=\frac{\mathrm{d}H_1(t)}{\mathrm{d}t}-\frac{\mathrm{d}H_{12}(t)}{\mathrm{d}t}$ 即可得到第二组分向第一组分的信息流。系统在从 t 向 $t+\Delta t$ 演化的过程中，如果将 $\boldsymbol{x}_2$ 看成不变的模式参数，可以将动力系统改写为

$$
\mathrm{d}\boldsymbol{x}_{12}(t) = \boldsymbol{F}_1(\boldsymbol{x}_{12},\boldsymbol{x}_2,t)\mathrm{d}t + \overleftrightarrow{\boldsymbol{B}_1(\boldsymbol{x}_{12},\boldsymbol{x}_2,t)}\cdot\mathrm{d}\boldsymbol{w}(t)
\tag{10.60}
$$

需要注意的是式（10.60）中，在 t 时刻，有 $\boldsymbol{x}_{12}(t)=\boldsymbol{x}_1(t)$，$\boldsymbol{F}_1(\boldsymbol{x}_{12},\boldsymbol{x}_2,t)=\boldsymbol{F}_1(\boldsymbol{x}_1,\boldsymbol{x}_2,t)$，$\overleftrightarrow{\boldsymbol{B}_1(\boldsymbol{x}_{12},\boldsymbol{x}_2,t)}=\overleftrightarrow{\boldsymbol{B}_1(\boldsymbol{x}_1,\boldsymbol{x}_2,t)}$。相应的第一组分的福克尔-普朗克方程为

$$
\begin{aligned}
&\frac{\partial\rho_{12}(\boldsymbol{x}_{12},\boldsymbol{x}_2,t)}{\partial t}+\nabla_{x_1}\cdot[\rho_{12}(\boldsymbol{x}_{12},\boldsymbol{x}_2,t)\boldsymbol{F}_1(\boldsymbol{x}_{12},\boldsymbol{x}_2,t)]\\
&=\frac{1}{2}\overleftrightarrow{\nabla_{x_1}\nabla_{x_1}}:\left[\rho_{12}(\boldsymbol{x}_{12},\boldsymbol{x}_2,t)\,\overleftrightarrow{\boldsymbol{g}_{11}(\boldsymbol{x}_{12},\boldsymbol{x}_2,t)}\right]
\end{aligned}
\tag{10.61}
$$

同样地，在式（10.61）中，在时刻 t，有 $\rho_{12}(\boldsymbol{x}_{12},\boldsymbol{x}_2,t)=\rho_1(\boldsymbol{x}_1,t)$（这是非常关键的一个关系式，请同学们认真思考）。上式两边同除以 $\rho_{12}(\boldsymbol{x}_{12},\boldsymbol{x}_2,t)$ 得

$$\frac{\partial \ln\rho_{12}(\boldsymbol{x}_{12},\boldsymbol{x}_2,t)}{\partial t}+\frac{1}{\rho_{12}(\boldsymbol{x}_{12},\boldsymbol{x}_2,t)}\nabla_{x_1}\cdot[\rho_{12}(\boldsymbol{x}_{12},\boldsymbol{x}_2,t)\boldsymbol{F}_1(\boldsymbol{x}_{12},\boldsymbol{x}_2,t)]$$
$$=\frac{1}{2}\frac{1}{\rho_{12}(\boldsymbol{x}_{12},\boldsymbol{x}_2,t)}\overleftrightarrow{\nabla_{x_1}\nabla_{x_1}}:\left[\rho_{12}(\boldsymbol{x}_{12},\boldsymbol{x}_2,t)\overleftrightarrow{\boldsymbol{g}_{11}(\boldsymbol{x}_{12},\boldsymbol{x}_2,t)}\right] \tag{10.62}$$

在离散的形式下，上述方程变为

$$\begin{aligned}&\ln\rho_{12}(\boldsymbol{x}_{12},\boldsymbol{x}_2,t+\Delta t)-\ln\rho_{12}(\boldsymbol{x}_{12},\boldsymbol{x}_2,t)\\&=-\frac{\Delta t\,\nabla_{x_1}\cdot[\rho_{12}(\boldsymbol{x}_{12},\boldsymbol{x}_2,t)\boldsymbol{F}_1(\boldsymbol{x}_{12},\boldsymbol{x}_2,t)]}{\rho_{12}(\boldsymbol{x}_{12},\boldsymbol{x}_2,t)}\\&\quad+\frac{1}{2}\frac{\Delta t\,\overleftrightarrow{\nabla_{x_1}\nabla_{x_1}}:\left[\rho_{12}(\boldsymbol{x}_{12},\boldsymbol{x}_2,t)\overleftrightarrow{\boldsymbol{g}_{11}(\boldsymbol{x}_{12},\boldsymbol{x}_2,t)}\right]}{\rho_{12}(\boldsymbol{x}_{12},\boldsymbol{x}_2,t)}+O(\Delta t^2)\\&=-\frac{\Delta t\,\nabla_{x_1}\cdot\left[\rho_1(\boldsymbol{x}_1,t)\boldsymbol{F}_1(\boldsymbol{x}_1,\boldsymbol{x}_2,t)\right]}{\rho_1(\boldsymbol{x}_1,t)}\\&\quad+\frac{1}{2}\frac{\Delta t\,\overleftrightarrow{\nabla_{x_1}\nabla_{x_1}}:\left[\rho_1(\boldsymbol{x}_1,t)\overleftrightarrow{\boldsymbol{g}_{11}(\boldsymbol{x}_1,\boldsymbol{x}_2,t)}\right]}{\rho_1(\boldsymbol{x}_1,t)}+O(\Delta t^2)\end{aligned} \tag{10.63}$$

于是

$$\begin{aligned}&\ln\rho_{12}[\boldsymbol{x}_{12}(t+\Delta t),\boldsymbol{x}_2,t+\Delta t]-\ln\rho_{12}[\boldsymbol{x}_{12}(t+\Delta t),\boldsymbol{x}_2,t]\\&=-\frac{\Delta t\,\nabla_{x_1}\cdot[\rho_1(\boldsymbol{x}_1,t)\boldsymbol{F}_1(\boldsymbol{x}_1,\boldsymbol{x}_2,t)]}{\rho_1(\boldsymbol{x}_1,t)}\\&\quad+\frac{1}{2}\frac{\Delta t\,\overleftrightarrow{\nabla_{x_1}\nabla_{x_1}}:\left[\rho_1(\boldsymbol{x}_1,t)\overleftrightarrow{\boldsymbol{g}_{11}(\boldsymbol{x}_1,\boldsymbol{x}_2,t)}\right]}{\rho_1(\boldsymbol{x}_1,t)}+O(\Delta t^2)\end{aligned} \tag{10.64}$$

离散形式下，动力系统为

$$\begin{aligned}\boldsymbol{x}_{12}(t+\Delta t)&=\boldsymbol{x}_{12}(t)+\boldsymbol{F}_1(\boldsymbol{x}_{12},\boldsymbol{x}_2,t)\Delta t+\overleftrightarrow{\boldsymbol{B}_1(\boldsymbol{x}_{12},\boldsymbol{x}_2,t)}\cdot\Delta\boldsymbol{w}(t)\\&=\boldsymbol{x}_1(t)+\boldsymbol{F}_1(\boldsymbol{x}_1,\boldsymbol{x}_2,t)\Delta t+\overleftrightarrow{\boldsymbol{B}_1(\boldsymbol{x}_1,\boldsymbol{x}_2,t)}\cdot\Delta\boldsymbol{w}(t)\end{aligned} \tag{10.65}$$

代入式（10.65）得

$$\begin{aligned}&\ln\rho_{12}[\boldsymbol{x}_{12}(t+\Delta t),\boldsymbol{x}_2,t+\Delta t]\\&=\ln\rho_{12}\left[\boldsymbol{x}_1(t)+\boldsymbol{F}_1(\boldsymbol{x}_1,\boldsymbol{x}_2,t)\Delta t+\overleftrightarrow{\boldsymbol{B}_1(\boldsymbol{x}_1,\boldsymbol{x}_2,t)}\cdot\Delta\boldsymbol{w}(t),\boldsymbol{x}_2,t\right]\\&\quad-\frac{\Delta t\,\nabla_{x_1}\cdot[\rho_1(\boldsymbol{x}_1,t)\boldsymbol{F}_1(\boldsymbol{x}_1,\boldsymbol{x}_2,t)]}{\rho_1(\boldsymbol{x}_1,t)}+\frac{1}{2}\frac{\Delta t\,\overleftrightarrow{\nabla_{x_1}\nabla_{x_1}}:\left[\rho_1(\boldsymbol{x}_1,t)\overleftrightarrow{\boldsymbol{g}_{11}(\boldsymbol{x}_1,\boldsymbol{x}_2,t)}\right]}{\rho_1(\boldsymbol{x}_1,t)}+O(\Delta t^2)\\&=\ln\rho_{12}[\boldsymbol{x}_1(t),\boldsymbol{x}_2,t]\\&\quad+\left[\boldsymbol{F}_1(\boldsymbol{x}_1,\boldsymbol{x}_2,t)\Delta t+\overleftrightarrow{\boldsymbol{B}_1(\boldsymbol{x}_1,\boldsymbol{x}_2,t)}\cdot\Delta\boldsymbol{w}(t)\right]\cdot\nabla_{x_1}\ln\rho_{12}[\boldsymbol{x}_1(t),\boldsymbol{x}_2,t]\\&\quad+\frac{1}{2}\overleftrightarrow{\left[\boldsymbol{F}_1(\boldsymbol{x}_1,\boldsymbol{x}_2,t)\Delta t+\overleftrightarrow{\boldsymbol{B}_1(\boldsymbol{x}_1,\boldsymbol{x}_2,t)}\cdot\Delta\boldsymbol{w}(t)\right]\left[\boldsymbol{F}_1(\boldsymbol{x}_1,\boldsymbol{x}_2,t)\Delta t+\overleftrightarrow{\boldsymbol{B}_1(\boldsymbol{x}_1,\boldsymbol{x}_2,t)}\cdot\Delta\boldsymbol{w}(t)\right]}:\end{aligned}$$

$$\overleftrightarrow{\nabla_{x_1}\nabla_{x_1}}\ln\rho_{12}[\boldsymbol{x}_1(t),\boldsymbol{x}_2,t] - \frac{\Delta t\,\nabla_{x_1}\cdot[\rho_1(\boldsymbol{x}_1,t)\boldsymbol{F}_1(\boldsymbol{x}_1,\boldsymbol{x}_2,t)]}{\rho_1(\boldsymbol{x}_1,t)}$$

$$+\frac{1}{2}\frac{\Delta t\,\overleftrightarrow{\nabla_{x_1}\nabla_{x_1}}:\left[\rho_1(\boldsymbol{x}_1,t)\,\overleftrightarrow{\boldsymbol{g}_{11}(\boldsymbol{x}_1,\boldsymbol{x}_2,t)}\right]}{\rho_1(\boldsymbol{x}_1,t)}+O(\Delta t^2)$$

$$=\ln\rho_1(\boldsymbol{x}_1,t)+\left[\boldsymbol{F}_1(\boldsymbol{x}_1,\boldsymbol{x}_2,t)\Delta t+\overleftrightarrow{\boldsymbol{B}_1(\boldsymbol{x}_1,\boldsymbol{x}_2,t)}\cdot\Delta\boldsymbol{w}(t)\right]\cdot\nabla_{x_1}\ln\rho_1(\boldsymbol{x}_1,t)$$

$$+\frac{1}{2}\overleftrightarrow{\left[\boldsymbol{F}_1(\boldsymbol{x}_1,\boldsymbol{x}_2,t)\Delta t+\overleftrightarrow{\boldsymbol{B}_1(\boldsymbol{x}_1,\boldsymbol{x}_2,t)}\cdot\Delta\boldsymbol{w}(t)\right]\left[\boldsymbol{F}_1(\boldsymbol{x}_1,\boldsymbol{x}_2,t)\Delta t+\overleftrightarrow{\boldsymbol{B}_1(\boldsymbol{x}_1,\boldsymbol{x}_2,t)}\cdot\Delta\boldsymbol{w}(t)\right]}:$$

$$\overleftrightarrow{\nabla_{x_1}\nabla_{x_1}}\ln\rho_1(\boldsymbol{x}_1,t) - \frac{\Delta t\,\nabla_{x_1}\cdot[\rho_1(\boldsymbol{x}_1,t)\boldsymbol{F}_1(\boldsymbol{x}_1,\boldsymbol{x}_2,t)]}{\rho_1(\boldsymbol{x}_1,t)}$$

$$+\frac{1}{2}\frac{\Delta t\,\overleftrightarrow{\nabla_{x_1}\nabla_{x_1}}:\left[\rho_1(\boldsymbol{x}_1,t)\,\overleftrightarrow{\boldsymbol{g}_{11}(\boldsymbol{x}_1,\boldsymbol{x}_2,t)}\right]}{\rho_1(\boldsymbol{x}_1,t)}+O(\Delta t^2) \tag{10.66}$$

两边取数学期望［即两边同乘以 $\rho(\boldsymbol{x}_1,\boldsymbol{x}_2,t)$，并对 $\boldsymbol{x}_1$ 和 $\boldsymbol{x}_2$ 求积分，由于系统在从 t 向 $t+\Delta t$ 演化的过程中，我们将 $\boldsymbol{x}_2$ 看成不变的，因此上述数学期望也等价于两边同乘以 $\rho_1(\boldsymbol{x}_1,t)$，并对 $\boldsymbol{x}_1$ 求积分］，同时，注意到

$$E\{\Delta\boldsymbol{w}(t)\}=0 \text{ 和 } E\left\{\overleftrightarrow{\Delta\boldsymbol{w}(t)\Delta\boldsymbol{w}(t)}\right\}=\Delta t\overleftrightarrow{\boldsymbol{I}} \tag{10.67}$$

并应用信息熵的定义，得

$$\begin{aligned}H_{12}(t+\Delta t)&=H_1(t)\\&-\Delta tE\{\boldsymbol{F}_1(\boldsymbol{x}_1,\boldsymbol{x}_2,t)\cdot\nabla_{x_1}\ln\rho_1(\boldsymbol{x}_1,t)\}\\&-\frac{\Delta t}{2}E\left\{\overleftrightarrow{\boldsymbol{g}_{11}(\boldsymbol{x}_1,\boldsymbol{x}_2,t)}:\overleftrightarrow{\nabla_{x_1}\nabla_{x_1}}\ln\rho_1(\boldsymbol{x}_1,t)\right\}\\&+\Delta tE\left\{\frac{\nabla_{x_1}\cdot[\rho_1(\boldsymbol{x}_1,t)\boldsymbol{F}_1(\boldsymbol{x}_1,\boldsymbol{x}_2,t)]}{\rho_1(\boldsymbol{x}_1,t)}\right\}\\&-\frac{\Delta t}{2}E\left\{\frac{\overleftrightarrow{\nabla_{x_1}\nabla_{x_1}}:\left[\rho_1(\boldsymbol{x}_1,t)\,\overleftrightarrow{\boldsymbol{g}_{11}(\boldsymbol{x}_1,\boldsymbol{x}_2,t)}\right]}{\rho_1(\boldsymbol{x}_1,t)}\right\}+O(\Delta t^2)\end{aligned} \tag{10.68}$$

于是

$$\begin{aligned}\frac{\mathrm{d}H_{12}(t)}{\mathrm{d}t}&=\lim_{\Delta t\to 0}\frac{H_{12}(t+\Delta t)-H_1(t)}{\Delta t}\\&=-E\{\boldsymbol{F}_1(\boldsymbol{x}_1,\boldsymbol{x}_2,t)\cdot\nabla_{x_1}\ln\rho_1(\boldsymbol{x}_1,t)\}\\&\quad-\frac{1}{2}E\left\{\overleftrightarrow{\boldsymbol{g}_{11}(\boldsymbol{x}_1,\boldsymbol{x}_2,t)}:\overleftrightarrow{\nabla_{x_1}\nabla_{x_1}}\ln\rho_1(\boldsymbol{x}_1,t)\right\}\\&\quad+E\left\{\frac{\nabla_{x_1}\cdot[\rho_1(\boldsymbol{x}_1,t)\boldsymbol{F}_1(\boldsymbol{x}_1,\boldsymbol{x}_2,t)]}{\rho_1(\boldsymbol{x}_1,t)}\right\}\end{aligned}$$

$$
-\frac{1}{2}E\left\{\frac{\overleftrightarrow{\nabla_{x_1}\nabla_{x_1}}:\left[\rho_1(\boldsymbol{x}_1,t)\overleftrightarrow{\boldsymbol{g}_{11}(\boldsymbol{x}_1,\boldsymbol{x}_2,t)}\right]}{\rho_1(\boldsymbol{x}_1,t)}\right\}
$$

$$
=E\{\nabla_{x_1}\cdot\boldsymbol{F}_1(\boldsymbol{x}_1,\boldsymbol{x}_2,t)\}-\frac{1}{2}E\left\{\overleftrightarrow{\boldsymbol{g}_{11}(\boldsymbol{x}_1,\boldsymbol{x}_2,t)}:\overleftrightarrow{\nabla_{x_1}\nabla_{x_1}}\ln\rho_1(\boldsymbol{x}_1,t)\right\}
$$

$$
-\frac{1}{2}E\left\{\frac{\overleftrightarrow{\nabla_{x_1}\nabla_{x_1}}:\left[\rho_1(\boldsymbol{x}_1,t)\overleftrightarrow{\boldsymbol{g}_{11}(\boldsymbol{x}_1,\boldsymbol{x}_2,t)}\right]}{\rho_1(\boldsymbol{x}_1,t)}\right\} \tag{10.69}
$$

因此，第二组分对第一组分的信息流为

$$
T_{2\to1}=\frac{\mathrm{d}H_1(t)}{\mathrm{d}t}-\frac{\mathrm{d}H_{12}(t)}{\mathrm{d}t}
$$

$$
=-E\{\boldsymbol{F}_1(\boldsymbol{x}_1,\boldsymbol{x}_2,t)\nabla_{x_1}\ln\rho_1(\boldsymbol{x}_1,t)\}-\frac{1}{2}E\left\{\overleftrightarrow{\boldsymbol{g}_{11}(\boldsymbol{x}_1,\boldsymbol{x}_2,t)}:\overleftrightarrow{\nabla_{x_1}\nabla_{x_1}}\ln\rho_1(\boldsymbol{x}_1,t)\right\}
$$

$$
-E\{\nabla_{x_1}\cdot F_1(\boldsymbol{x}_1,\boldsymbol{x}_2,t)\}+\frac{1}{2}E\left\{\overleftrightarrow{\boldsymbol{g}_{11}(\boldsymbol{x}_1,\boldsymbol{x}_2,t)}:\overleftrightarrow{\nabla_{x_1}\nabla_{x_1}}\ln\rho_1(\boldsymbol{x}_1,t)\right\}
$$

$$
+\frac{1}{2}E\left\{\frac{\overleftrightarrow{\nabla_{x_1}\nabla_{x_1}}:\left[\rho_1(\boldsymbol{x}_1,t)\overleftrightarrow{\boldsymbol{g}_{11}(\boldsymbol{x}_1,\boldsymbol{x}_2,t)}\right]}{\rho_1(\boldsymbol{x}_1,t)}\right\}
$$

$$
=-E\left\{\frac{\nabla_{x_1}\cdot[\rho_1(\boldsymbol{x}_1,t)\boldsymbol{F}_1(\boldsymbol{x}_1,\boldsymbol{x}_2,t)]}{\rho_1(\boldsymbol{x}_1,t)}\right\}
$$

$$
+\frac{1}{2}E\left\{\frac{\overleftrightarrow{\nabla_{x_1}\nabla_{x_1}}:\left[\rho_1(\boldsymbol{x}_1,t)\overleftrightarrow{\boldsymbol{g}_{11}(\boldsymbol{x}_1,\boldsymbol{x}_2,t)}\right]}{\rho_1(\boldsymbol{x}_1,t)}\right\} \tag{10.70}
$$

第五节　线性随机动力系统中的信息流

本节我们将具体给出在随机力影响下的二元线性动力系统中的信息流。为方便起见，我们采用矩阵形式推导。假设动力演化方程具有如下形式：

$$
\mathrm{d}\boldsymbol{x}=\boldsymbol{A}\boldsymbol{x}\mathrm{d}t+\boldsymbol{B}\mathrm{d}\boldsymbol{w} \tag{10.71}
$$

其中 $\boldsymbol{A}$ 和 $\boldsymbol{B}$ 都是常系数矩阵（或者并矢）；$\mathrm{d}\boldsymbol{w}$ 表示维纳过程；对于二元线性动力系统 $\boldsymbol{x}=(x_1,x_2)^{\mathrm{T}}$，其数学期望为 $\boldsymbol{\mu}\equiv E\{\boldsymbol{x}\}=(E\{x_1\},E\{x_2\})^{\mathrm{T}}=(\mu_1,\mu_2)^{\mathrm{T}}$，不难看出数学期望满足如下方程：

$$
\mathrm{d}\boldsymbol{\mu}=\boldsymbol{A}\boldsymbol{\mu}\mathrm{d}t \tag{10.72}
$$

式（10.71）与式（10.72）相减，得

$$
\mathrm{d}(\boldsymbol{x}-\boldsymbol{\mu})=\boldsymbol{A}(\boldsymbol{x}-\boldsymbol{\mu})\mathrm{d}t+\boldsymbol{B}\mathrm{d}\boldsymbol{w} \tag{10.73}
$$

其转置为

$$
\mathrm{d}(\boldsymbol{x}-\boldsymbol{\mu})^{\mathrm{T}}=(\boldsymbol{x}-\boldsymbol{\mu})^{\mathrm{T}}\boldsymbol{A}^{\mathrm{T}}\mathrm{d}t+\mathrm{d}\boldsymbol{w}^{\mathrm{T}}\boldsymbol{B}^{\mathrm{T}} \tag{10.74}
$$

于是有

$$\begin{aligned}&\mathrm{d}(\boldsymbol{x}-\boldsymbol{\mu})(\boldsymbol{x}-\boldsymbol{\mu})^{\mathrm{T}}+(\boldsymbol{x}-\boldsymbol{\mu})\mathrm{d}(\boldsymbol{x}-\boldsymbol{\mu})^{\mathrm{T}}\\&=\boldsymbol{A}(\boldsymbol{x}-\boldsymbol{\mu})(\boldsymbol{x}-\boldsymbol{\mu})^{\mathrm{T}}\mathrm{d}t+\boldsymbol{B}\mathrm{d}\boldsymbol{w}(\boldsymbol{x}-\boldsymbol{\mu})^{\mathrm{T}}\\&\quad+(\boldsymbol{x}-\boldsymbol{\mu})(\boldsymbol{x}-\boldsymbol{\mu})^{\mathrm{T}}\boldsymbol{A}^{\mathrm{T}}\mathrm{d}t+(\boldsymbol{x}-\boldsymbol{\mu})\mathrm{d}\boldsymbol{w}^{\mathrm{T}}\boldsymbol{B}^{\mathrm{T}}\end{aligned}\tag{10.75}$$

上述方程等式两端取数学期望，得

$$\begin{aligned}&\mathrm{d}(E\{(\boldsymbol{x}-\boldsymbol{\mu})(\boldsymbol{x}-\boldsymbol{\mu})^{\mathrm{T}}\})\\&=\boldsymbol{A}E\{(\boldsymbol{x}-\boldsymbol{\mu})(\boldsymbol{x}-\boldsymbol{\mu})^{\mathrm{T}}\}\mathrm{d}t+\boldsymbol{B}E\{\mathrm{d}\boldsymbol{w}(\boldsymbol{x}-\boldsymbol{\mu})^{\mathrm{T}}\}\\&\quad+E\{(\boldsymbol{x}-\boldsymbol{\mu})(\boldsymbol{x}-\boldsymbol{\mu})^{\mathrm{T}}\}\boldsymbol{A}^{\mathrm{T}}\mathrm{d}t+E\{(\boldsymbol{x}-\boldsymbol{\mu})\mathrm{d}\boldsymbol{w}^{\mathrm{T}}\}\boldsymbol{B}^{\mathrm{T}}\end{aligned}\tag{10.76}$$

注意到我们所熟知的背景误差协方差定义为

$$\boldsymbol{C}\equiv E\{(\boldsymbol{x}-\boldsymbol{\mu})(\boldsymbol{x}-\boldsymbol{\mu})^{\mathrm{T}}\}\tag{10.77}$$

因此，

$$\mathrm{d}\boldsymbol{C}=\boldsymbol{AC}\mathrm{d}t+\boldsymbol{CA}^{\mathrm{T}}\mathrm{d}t+\frac{1}{2}\boldsymbol{BB}^{\mathrm{T}}\mathrm{d}t+\frac{1}{2}\boldsymbol{BB}^{\mathrm{T}}\mathrm{d}t\tag{10.78}$$

式（10.78）用到了关系 $E\{(\boldsymbol{x}-\boldsymbol{\mu})\mathrm{d}\boldsymbol{w}^{\mathrm{T}}\}=\frac{1}{2}E\{\boldsymbol{B}\mathrm{d}\boldsymbol{w}\mathrm{d}\boldsymbol{w}^{\mathrm{T}}\}=\frac{1}{2}\boldsymbol{B}E\{\mathrm{d}\boldsymbol{w}\mathrm{d}\boldsymbol{w}^{\mathrm{T}}\}=\frac{1}{2}\boldsymbol{B}\mathrm{d}t$，于是背景场误差协方差矩阵 $\boldsymbol{C}$ 满足的方程为

$$\frac{\mathrm{d}\boldsymbol{C}}{\mathrm{d}t}=\boldsymbol{AC}+\boldsymbol{CA}^{\mathrm{T}}+\boldsymbol{BB}^{\mathrm{T}}\tag{10.79}$$

下面我们具体看一下这样的二元线性动力系统中的信息流。令

$$\boldsymbol{x}=\begin{bmatrix}x_1\\x_2\end{bmatrix},\ \boldsymbol{A}=\begin{bmatrix}A_{11}&A_{12}\\A_{21}&A_{22}\end{bmatrix},\ \boldsymbol{C}=\begin{bmatrix}C_{11}&C_{12}\\C_{21}&C_{22}\end{bmatrix},\ \boldsymbol{B}=\begin{bmatrix}\boldsymbol{B}_1\\\boldsymbol{B}_2\end{bmatrix}$$

动力方程写成分量形式为

$$\begin{cases}\mathrm{d}x_1=(A_{11}x_1+A_{12}x_2)\mathrm{d}t+\boldsymbol{B}_1\mathrm{d}\boldsymbol{w}\\\mathrm{d}x_2=(A_{21}x_1+A_{22}x_2)\mathrm{d}t+\boldsymbol{B}_2\mathrm{d}\boldsymbol{w}\end{cases}\tag{10.80}$$

按上述定义，g_{11} 为常数，且有

$$g_{11}=\boldsymbol{B}_1\boldsymbol{B}_1^{\mathrm{T}}\tag{10.81}$$

如果初始状态的概率密度函数为高斯型（正态分布）的，那么其后每个时间步上的概率密度函数将都是高斯型的，两变量的联合概率密度函数可以写为

$$\begin{aligned}\rho(x_1,x_2,t)&=\frac{1}{2\pi\sqrt{C_{11}C_{22}-C_{12}C_{21}}}\\&\quad\cdot\exp\left[\begin{aligned}&-\frac{1}{2}\frac{C_{22}(x_1-\mu_1)^2}{C_{11}C_{22}-C_{12}C_{21}}+\frac{1}{2}\frac{C_{12}(x_1-\mu_1)(x_2-\mu_2)}{C_{11}C_{22}-C_{12}C_{21}}\\&+\frac{1}{2}\frac{C_{21}(x_2-\mu_2)(x_1-\mu_1)}{C_{11}C_{22}-C_{12}C_{21}}-\frac{1}{2}\frac{C_{11}(x_2-\mu_2)^2}{C_{11}C_{22}-C_{12}C_{21}}\end{aligned}\right]\end{aligned}\tag{10.82}$$

对 x_2 积分，可以得到 x_1 的概率密度函数为

$$\begin{aligned}\rho_1(x_1,t) &= \int_{\Omega_2}\rho(x_1,x_2,t)\mathrm{d}x_2\\&= \int_{\Omega_2}\frac{1}{2\pi\sqrt{C_{11}C_{22}-C_{12}C_{21}}}\\&\quad\cdot\exp\left[\begin{aligned}&-\frac{1}{2}\frac{C_{22}(x_1-\mu_1)^2}{C_{11}C_{22}-C_{12}C_{21}}+\frac{1}{2}\frac{C_{12}(x_1-\mu_1)(x_2-\mu_2)}{C_{11}C_{22}-C_{12}C_{21}}\\&+\frac{1}{2}\frac{C_{21}(x_2-\mu_2)(x_1-\mu_1)}{C_{11}C_{22}-C_{12}C_{21}}-\frac{1}{2}\frac{C_{11}(x_2-\mu_2)^2}{C_{11}C_{22}-C_{12}C_{21}}\end{aligned}\right]\mathrm{d}x_2\\&= \frac{1}{2\pi\sqrt{C_{11}}}\exp\left[-\frac{1}{2}\frac{(x_1-\mu_1)^2}{C_{11}}\right]\end{aligned}\tag{10.83}$$

这里协方差和方差均是时间的函数。利用上节得到的第二组分（在这里是第二个变量）到第一组分（在这里是第一个变量）的信息流的计算公式，得

$$T_{2\to1} = -E\left\{\frac{\nabla_{\boldsymbol{x}_1}\cdot[\rho_1(\boldsymbol{x}_1,t)\boldsymbol{F}_1(\boldsymbol{x}_1,\boldsymbol{x}_2,t)]}{\rho_1(\boldsymbol{x}_1,t)}\right\}+\frac{1}{2}E\left\{\frac{\overleftrightarrow{\nabla_{\boldsymbol{x}_1}\nabla_{\boldsymbol{x}_1}}:[\rho_1(\boldsymbol{x}_1,t)\boldsymbol{g}_{11}(\overleftrightarrow{\boldsymbol{x}_1,\boldsymbol{x}_2},t)]}{\rho_1(\boldsymbol{x}_1,t)}\right\}$$

$$= -E\left\{\frac{1}{\rho_1(x_1,t)}\frac{\partial[\rho_1(x_1,t)(A_{11}x_1+A_{12}x_2)]}{\partial x_1}\right\}+\frac{1}{2}E\left\{\frac{1}{\rho_1(x_1,t)}\frac{\partial^2[\rho_1(x_1,t)g_{11}]}{\partial x_1^2}\right\}$$

$$\begin{aligned}&= -E\left\{2\pi\sqrt{C_{11}}\,\mathrm{e}^{\frac{1}{2}\frac{(x_1-\mu_1)^2}{C_{11}}}\frac{\partial}{\partial x_1}\left[\frac{1}{2\pi\sqrt{C_{11}}}\mathrm{e}^{-\frac{1}{2}\frac{(x_1-\mu_1)^2}{C_{11}}}(A_{11}x_1+A_{12}x_2)\right]\right\}\\&\quad+\frac{1}{2}E\left\{2\pi\sqrt{C_{11}}\,\mathrm{e}^{\frac{1}{2}\frac{(x_1-\mu_1)^2}{C_{11}}}g_{11}\frac{\partial^2}{\partial x_1^2}\left[\frac{1}{2\pi\sqrt{C_{11}}}\mathrm{e}^{-\frac{1}{2}\frac{(x_1-\mu_1)^2}{C_{11}}}\right]\right\}\end{aligned}$$

$$\begin{aligned}&= -E\left\{2\pi\sqrt{C_{11}}\,\mathrm{e}^{\frac{1}{2}\frac{(x_1-\mu_1)^2}{C_{11}}}\left[\frac{-1}{2\pi\sqrt{C_{11}}}\mathrm{e}^{-\frac{1}{2}\frac{(x_1-\mu_1)^2}{C_{11}}}(A_{11}x_1+A_{12}x_2)\frac{(x_1-\mu_1)}{C_{11}}\right.\right.\\&\quad\left.\left.+\frac{1}{2\pi\sqrt{C_{11}}}\mathrm{e}^{-\frac{1}{2}\frac{(x_1-\mu_1)^2}{C_{11}}}A_{11}\right]\right\}\\&\quad+\frac{1}{2}E\left\{2\pi\sqrt{C_{11}}\,\mathrm{e}^{\frac{1}{2}\frac{(x_1-\mu_1)^2}{C_{11}}}g_{11}\frac{\partial}{\partial x_1}\left[\frac{-1}{2\pi\sqrt{C_{11}}}\mathrm{e}^{-\frac{1}{2}\frac{(x_1-\mu_1)^2}{C_{11}}}\frac{(x_1-\mu_1)}{C_{11}}\right]\right\}\end{aligned}$$

$$\begin{aligned}&=E\left\{(A_{11}x_1+A_{12}x_2)\frac{(x_1-\mu_1)}{C_{11}}-A_{11}\right\}\\&\quad+\frac{1}{2}E\left\{2\pi\sqrt{C_{11}}\,\mathrm{e}^{\frac{1}{2}\frac{(x_1-\mu_1)^2}{C_{11}}}g_{11}\left[\frac{1}{2\pi\sqrt{C_{11}}}\mathrm{e}^{-\frac{1}{2}\frac{(x_1-\mu_1)^2}{C_{11}}}\frac{(x_1-\mu_1)^2}{C_{11}^2}-\frac{1}{2\pi\sqrt{C_{11}}}\mathrm{e}^{-\frac{1}{2}\frac{(x_1-\mu_1)^2}{C_{11}}}\frac{1}{C_{11}}\right]\right\}\end{aligned}$$

$$=E\left\{\frac{A_{11}}{C_{11}}x_1^2-\frac{A_{11}\mu_1}{C_{11}}x_1+\frac{A_{12}}{C_{11}}x_1x_2-\frac{A_{12}\mu_1}{C_{11}}x_2-A_{11}\right\}+\frac{1}{2}E\left\{g_{11}\left[\frac{(x_1-\mu_1)^2}{C_{11}^2}-\frac{1}{C_{11}}\right]\right\}$$

$$=\frac{A_{11}}{C_{11}}\mu_1^2+\frac{A_{11}}{C_{11}}C_{11}-\frac{A_{11}\mu_1^2}{C_{11}}+\frac{A_{12}}{C_{11}}\mu_1\mu_2+\frac{A_{12}}{C_{11}}C_{12}-\frac{A_{12}\mu_1\mu_2}{C_{11}}-A_{11}+\frac{g_{11}}{2}\frac{C_{11}}{C_{11}^2}-\frac{g_{11}}{2}\frac{1}{C_{11}}$$

$$=A_{12}\frac{C_{12}}{C_{11}} \tag{10.84}$$

需要指出的是，虽然实际的动力系统大多是非线性的，但是我们仍然有办法将这样的动力系统进行线性化处理。例如，我们可以找到一个满足原动力方程的基态，将其他状态写成基态与扰动态叠加的形式，将这些其他状态满足的原动力方程在基态附近进行泰勒展开，即可得到扰动态所满足的近似的切线性动力方程，即可对扰动态采用上述公式计算不同组分之间的信息流。按照上述的讨论，假设 $\boldsymbol{B}_1$ 和 $\boldsymbol{B}_2$ 是常系数的矩阵，对于如下的非线性动力系统：

$$\begin{cases}\mathrm{d}x_1 = F_1(x_1, x_2, t)\mathrm{d}t+\boldsymbol{B}_1\mathrm{d}\boldsymbol{w}\\ \mathrm{d}x_2 = F_2(x_1, x_2, t)\mathrm{d}t+\boldsymbol{B}_2\mathrm{d}\boldsymbol{w}\end{cases} \tag{10.85}$$

如果找到了一个基态 $\bar{\boldsymbol{x}}=(\bar{x}_1,\bar{x}_2)^{\mathrm{T}}$ 满足原非线性动力方程

$$\begin{cases}\mathrm{d}\bar{x}_1 = F_1(\bar{x}_1, \bar{x}_2, t)\mathrm{d}t+\boldsymbol{B}_1\mathrm{d}\boldsymbol{w}\\ \mathrm{d}\bar{x}_2 = F_2(\bar{x}_1, \bar{x}_2, t)\mathrm{d}t+\boldsymbol{B}_2\mathrm{d}\boldsymbol{w}\end{cases} \tag{10.86}$$

于是其他状态可以写为

$$(x_1, x_2)^{\mathrm{T}}=\boldsymbol{x}=\bar{\boldsymbol{x}}+\tilde{\boldsymbol{x}}=(\bar{x}_1, \bar{x}_2)^{\mathrm{T}}+(\tilde{x}_1, \tilde{x}_2)^{\mathrm{T}}=(\bar{x}_1+\tilde{x}_1, \bar{x}_2+\tilde{x}_2)^{\mathrm{T}} \tag{10.87}$$

代入原非线性动力方程式（10.85），得

$$\begin{cases}\mathrm{d}\bar{x}_1+\mathrm{d}\tilde{x}_1 = F_1(\bar{x}_1+\tilde{x}_1, \bar{x}_2+\tilde{x}_2, t)\mathrm{d}t+\boldsymbol{B}_1\mathrm{d}\boldsymbol{w}\\ \mathrm{d}\bar{x}_2+\mathrm{d}\tilde{x}_2 = F_2(\bar{x}_1+\tilde{x}_1, \bar{x}_2+\tilde{x}_2, t)\mathrm{d}t+\boldsymbol{B}_2\mathrm{d}\boldsymbol{w}\end{cases} \tag{10.88}$$

上述方程与基态满足的原非线性动力方程相减，并应用泰勒展开公式，得扰动态 $\tilde{\boldsymbol{x}}=(\tilde{x}_1, \tilde{x}_2)^{\mathrm{T}}$ 所满足的线性动力方程为

$$\begin{cases}\mathrm{d}\tilde{x}_1=[A_{11}(t)\tilde{x}_1+A_{12}(t)\tilde{x}_2]\mathrm{d}t\\ \mathrm{d}\tilde{x}_2=[A_{21}(t)\tilde{x}_1+A_{22}(t)\tilde{x}_2]\mathrm{d}t\end{cases} \tag{10.89}$$

式中，定义 $\boldsymbol{A}$ 为原演化算符 F_1 和 F_2 的雅可比矩阵，即

$$\boldsymbol{A}(t)\equiv\begin{bmatrix}A_{11}(t) & A_{12}(t)\\ A_{21}(t) & A_{22}(t)\end{bmatrix}=\begin{bmatrix}\left.\frac{\partial F_1}{\partial x_1}\right|_{\bar{x}_1(t),\,\bar{x}_2(t)} & \left.\frac{\partial F_1}{\partial x_2}\right|_{\bar{x}_1(t),\,\bar{x}_2(t)}\\ \left.\frac{\partial F_2}{\partial x_1}\right|_{\bar{x}_1(t),\,\bar{x}_2(t)} & \left.\frac{\partial F_2}{\partial x_2}\right|_{\bar{x}_1(t),\,\bar{x}_2(t)}\end{bmatrix} \tag{10.90}$$

容易看出，扰动态 $\tilde{\boldsymbol{x}} = (\tilde{x}_1, \tilde{x}_2)^{\mathrm{T}}$ 的数学期望 $\tilde{\boldsymbol{\mu}} \equiv E\{\tilde{\boldsymbol{x}}\} = (E\{\tilde{x}_1\}, E\{\tilde{x}_2\})^{\mathrm{T}} = (\tilde{\mu}_1, \tilde{\mu}_2)^{\mathrm{T}}$ 也满足上述方程，即

$$\begin{cases} \mathrm{d}\tilde{\mu}_1 = [A_{11}(t)\tilde{\mu}_1 + A_{12}(t)\tilde{\mu}_2]\mathrm{d}t \\ \mathrm{d}\tilde{\mu}_2 = [A_{21}(t)\tilde{\mu}_1 + A_{22}(t)\tilde{\mu}_2]\mathrm{d}t \end{cases} \tag{10.91}$$

于是

$$\begin{cases} \dfrac{\mathrm{d}(\tilde{x}_1 - \tilde{\mu}_1)}{\mathrm{d}t} = A_{11}(t)(\tilde{x}_1 - \tilde{\mu}_1) + A_{12}(t)(\tilde{x}_2 - \tilde{\mu}_2) \\ \dfrac{\mathrm{d}(\tilde{x}_2 - \tilde{\mu}_2)}{\mathrm{d}t} = A_{21}(t)(\tilde{x}_1 - \tilde{\mu}_1) + A_{22}(t)(\tilde{x}_2 - \tilde{\mu}_2) \end{cases}$$

或者

$$\begin{bmatrix} \dfrac{\mathrm{d}(\tilde{x}_1 - \tilde{\mu}_1)}{\mathrm{d}t} \\ \dfrac{\mathrm{d}(\tilde{x}_2 - \tilde{\mu}_2)}{\mathrm{d}t} \end{bmatrix} = \begin{bmatrix} A_{11}(t) & A_{12}(t) \\ A_{21}(t) & A_{22}(t) \end{bmatrix} \begin{bmatrix} \tilde{x}_1 - \tilde{\mu}_1 \\ \tilde{x}_2 - \tilde{\mu}_2 \end{bmatrix} \tag{10.92}$$

由前面的推导我们知道，从变量 x_2 到变量 x_1 的信息流为

$$T_{2\to1} = A_{12}\frac{C_{12}}{C_{11}} \tag{10.93}$$

细心的读者会发现，这实际上是一个时间 t 的函数，即

$$T_{2\to1}(t) = A_{12}(t)\frac{C_{12}(t)}{C_{11}(t)} \tag{10.94}$$

如果我们并不知道方程的具体形式，但是我们有一些样本构成集合（系综或者 Ensemble），那么我们可以使用这个集合来计算随时间变化的演化系数 $A_{12}(t)$ 、协方差 $C_{12}(t)$ 和方差 $C_{11}(t)$ 以及信息流 $T_{2\to1}(t)$ 。

$$\begin{bmatrix} A_{11}(t) & A_{12}(t) \\ A_{21}(t) & A_{22}(t) \end{bmatrix}$$

$$= \begin{bmatrix} E\left\{\dfrac{\mathrm{d}[\tilde{x}_1(t) - \tilde{\mu}_1(t)]}{\mathrm{d}t}[\tilde{x}_1(t) - \tilde{\mu}_1(t)]\right\} & E\left\{\dfrac{\mathrm{d}[\tilde{x}_1(t) - \tilde{\mu}_1(t)]}{\mathrm{d}t}[\tilde{x}_2(t) - \tilde{\mu}_2(t)]\right\} \\ E\left\{\dfrac{\mathrm{d}[\tilde{x}_2(t) - \tilde{\mu}_2(t)]}{\mathrm{d}t}[\tilde{x}_1(t) - \tilde{\mu}_1(t)]\right\} & E\left\{\dfrac{\mathrm{d}[\tilde{x}_2(t) - \tilde{\mu}_2(t)]}{\mathrm{d}t}[\tilde{x}_2(t) - \tilde{\mu}_2(t)]\right\} \end{bmatrix}$$

$$\begin{bmatrix} E\{[\tilde{x}_1(t) - \tilde{\mu}_1(t)][\tilde{x}_1(t) - \tilde{\mu}_1(t)]\} & E\{[\tilde{x}_1(t) - \tilde{\mu}_1(t)][\tilde{x}_2(t) - \tilde{\mu}_2(t)]\} \\ E\{[\tilde{x}_2(t) - \tilde{\mu}_2(t)][\tilde{x}_1(t) - \tilde{\mu}_1(t)]\} & E\{[\tilde{x}_2(t) - \tilde{\mu}_2(t)][\tilde{x}_2(t) - \tilde{\mu}_2(t)]\} \end{bmatrix}^{-1}$$

$$= \begin{bmatrix} C_{d1,1} & C_{d1,2} \\ C_{d2,1} & C_{d2,2} \end{bmatrix} \begin{bmatrix} C_{11} & C_{12} \\ C_{21} & C_{22} \end{bmatrix}^{-1} = \frac{1}{C_{11}C_{22} - C_{12}C_{21}} \begin{bmatrix} C_{d1,1} & C_{d1,2} \\ C_{d2,1} & C_{d2,2} \end{bmatrix} \begin{bmatrix} C_{22} & -C_{12} \\ -C_{21} & C_{11} \end{bmatrix}$$

$$= \frac{1}{C_{11}C_{22} - C_{12}C_{21}} \begin{bmatrix} C_{d1,1}C_{22} - C_{d1,2}C_{21} & C_{d1,2}C_{11} - C_{d1,1}C_{12} \\ C_{d2,1}C_{22} - C_{d2,2}C_{21} & C_{d2,2}C_{11} - C_{d2,1}C_{12} \end{bmatrix} \tag{10.95}$$

所以 $A_{12}(t)$ 为

$$A_{12}(t) = \frac{C_{d1,2}(t)C_{11}(t) - C_{d1,1}(t)C_{12}(t)}{C_{11}(t)C_{22}(t) - C_{12}(t)C_{21}(t)} \tag{10.96}$$

注意到对称性 $C_{12}(t) = C_{21}(t)$，信息流 $T_{2\to1}(t)$ 为

$$\begin{aligned} T_{2\to1}(t) &= \frac{C_{d1,2}(t)C_{11}(t) - C_{d1,1}(t)C_{12}(t)}{C_{11}(t)C_{22}(t) - C_{12}(t)C_{21}(t)} \frac{C_{12}(t)}{C_{11}(t)} \\ &= \frac{C_{11}(t)C_{12}(t)C_{d1,2}(t) - C_{12}^2(t)C_{d1,1}(t)}{C_{11}^2(t)C_{22}(t) - C_{11}(t)C_{12}^2(t)} \end{aligned} \tag{10.97}$$

假如我们只有两个时间序列，并认为这两个时间序列是平稳的随机过程，那么我们可以使用时间平均来代替集合（系综）平均，即认为集合均值、方差、协方差等均不随时间变化（这实际上要求演化系数也是不随时间变化的），于是

$$T_{2\to1} = \frac{C_{11}C_{12}C_{d1,2} - C_{12}^2C_{d1,1}}{C_{11}^2C_{22} - C_{11}C_{12}^2} \tag{10.98}$$

第十一章 线性回归分析

当我们观察自然现象时，会遇到一些相互制约的量，它们之间存在一定的联系。这些联系一般可分为两大类：一类是确定性的，另一类是非确定性的。但在大量的试验或观察中，这种不确定的联系却具有某些规律性，这种联系称为统计相关。本章将要介绍的回归分析就是用来寻找若干变量之间统计关系的一种方法。通过大量的数据，我们可以采用回归分析法，建立某一个因变量与若干自变量之间的统计关系，据此可以利用所找到的统计关系，由自变量的观测结果对因变量进行计算。例如，如果自变量是过去一段时间某些海洋状态变量的值，因变量是未来某时刻某一个海洋状态变量的值，那么采用历史上的大量的海洋观测数据，通过回归分析建立统计关系模型，就可以据此构建海洋统计预报模型，即由观测获得的已知的当前一段时间作为自变量的海洋状态变量的值，去预测未来某一时刻作为因变量的海洋状态变量的值。

回归分析是一种统计模型，它包括线性回归和非线性回归。由于线性回归模型比较简单，理论上比较严谨，而且海洋中不少变量之间近似地存在一定的回归关系，因此比较常用。这里需要强调一点，不存在线性相关并不意味着不相关，存在相关关系并不一定存在因果关系。

第一节 正态回归

本章所讲的内容统称为正态回归问题。设有一个变量 y，其真实值 y^t 与自变量 x_1，x_2，…，x_m 之间存在某种未知的函数关系 $y^t = \mu(x_1, x_2, \cdots, x_m)$（注意此处并未规定具体的函数形式）。但是，由于测量中总会存在满足均值为 0、方差为 σ^2 的正态分布的随机误差 e，因此我们可以认为变量 y 是正态随机变量，可以表达为

$$y = \mu(x_1, x_2, \cdots, x_m) + e \tag{11.1}$$

其中，

$$e \sim N[0, \sigma^2]$$

而 y 的期望就是 $E\{y\} = y^t = \mu(x_1, x_2, \cdots, x_m)$，于是

$$y \sim N[\mu(x_1, x_2, \cdots, x_m), \sigma^2] \tag{11.2}$$

即 y 满足正态分布

$$f(y; \mu, \sigma, x_1, x_2, \cdots, x_m) = \frac{1}{\sqrt{2\pi}\sigma} e^{-\frac{[y-\mu(x_1, x_2, \cdots, x_m)]^2}{2\sigma^2}} \tag{11.3}$$

需要注意的是，上述随机误差的标准差 σ（或者方差 σ^2）和具体的函数形式 $\mu(x_1, \cdots, x_m)$ 都是未知的，需要通过观测反推出来。如果有 n 组观测，即

$$(y_i,\ x_{i1},\ \cdots,\ x_{im}) \quad (i = 1,\ 2,\ \cdots,\ n) \tag{11.4}$$

并假设每组观测的误差都是随机的，且满足均值为0、方差为σ^2的正态分布，即

$$e_i \sim N[0,\ \sigma^2] \quad (i = 1,\ 2,\ \cdots,\ n) \tag{11.5}$$

定义误差向量为

$$\boldsymbol{e} \equiv (e_1 \quad \cdots \quad e_i \quad \cdots \quad e_n)^{\mathrm{T}} \tag{11.6}$$

假设随机误差是相互独立的，则有

$$E\{\boldsymbol{e}\} = 0,\ E\{\boldsymbol{e}\boldsymbol{e}^{\mathrm{T}}\} = \sigma^2 \boldsymbol{I} \tag{11.7}$$

n组观测得到$(y_1,\ y_2,\ \cdots,\ y_n)$的概率为

$$\begin{aligned} f(y_1,\ y_2,\ \cdots,\ y_n) &= \left(\frac{1}{\sqrt{2\pi}\sigma}\right)^n \prod_{i=1}^{n} \mathrm{e}^{-\frac{[y_i-\mu(x_{i1},\ x_{i2},\ \cdots,\ x_{im})]^2}{2\sigma^2}} \\ &= \left(\frac{1}{\sqrt{2\pi}\sigma}\right)^n \mathrm{e}^{-\frac{1}{2\sigma^2}\sum\limits_{i=1}^{n}[y_i-\mu(x_{i1},\ x_{i2},\ \cdots,\ x_{im})]^2} \end{aligned} \tag{11.8}$$

由于$(y_1,\ \cdots,\ y_n)$是我们真实得到的结果，那么，这组观测出现的概率就是最大的，于是，最大似然估计要求

$$\min\left\{\frac{n}{2}\ln(2\pi\sigma^2) + \frac{1}{2\sigma^2}\sum_{i=1}^{n}[y_i - \mu(x_{i1},\ x_{i2},\ \cdots,\ x_{im})]^2\right\} \tag{11.9}$$

上述最大似然估计等价于求如下目标函数的极小值：

$$J(\hat{\sigma}^2,\ \hat{\mu}) = \frac{n}{2}\ln(2\pi\hat{\sigma}^2) + \frac{1}{2\hat{\sigma}^2}\sum_{i=1}^{n}[y_i - \hat{\mu}(x_{i1},\ x_{i2},\ \cdots,\ x_{im})]^2 \tag{11.10}$$

其中，使上述目标函数取极小值时，$(\hat{\sigma}^2,\ \hat{\mu})$的值就是对$(\sigma^2,\ \mu)$的最优估计值。

首先，使用上述n组观测，很容易估计方差。令目标函数对方差求导偏数，并令偏导数为0，则有

$$\frac{\partial J}{\partial \hat{\sigma}^2} = \frac{n}{2\hat{\sigma}^2} - \frac{1}{2\hat{\sigma}^4}\sum_{i=1}^{n}[y_i - \hat{\mu}(x_{i1},\ x_{i2},\ \cdots,\ x_{im})]^2 = 0 \tag{11.11}$$

于是

$$\hat{\sigma}^2 = \frac{1}{n}\sum_{i=1}^{n}[y_i - \hat{\mu}(x_{i1},\ x_{i2},\ \cdots,\ x_{im})]^2 = \frac{1}{n}\sum_{i=1}^{n}(y_i - \hat{y}_i)^2 = \frac{1}{n}\sum_{i=1}^{n}\hat{e}_i^2 \tag{11.12}$$

式中，

$$\hat{y} = \hat{\mu}(x_1,\ x_2,\ \cdots,\ x_m),\ \hat{e}_i \equiv y_i - \hat{y}_i \tag{11.13}$$

$\hat{y}$是对变量y的真实值y^{t}的估计值；$\hat{e}_i$是变量y的观测值与对其真实值的估计值之间的差，即为残差。由此可见，方差$\hat{\sigma}^2$的最优估计值就是残差的均方值$\frac{1}{n}\sum\limits_{i=1}^{n}\hat{e}_i^2$。我们也可以定义残差向量为

$$\hat{\boldsymbol{e}} \equiv (\hat{e}_1 \quad \cdots \quad \hat{e}_i \quad \cdots \quad \hat{e}_n)^{\mathrm{T}} \tag{11.14}$$

对于函数$\hat{\mu}$的估计就没有这么简单了，我们需要事先指定一种可能的函数形式，然后再仿照上面的过程确定这种函数形式中的未知参数。本章侧重于讲述$\hat{\mu}$为线性函数形式的情况。

第二节　一元线性回归

1. 一元线性回归

假设上述推导中 $m=1$，并且认为变量 y 的真实值 y^t 与自变量 x 满足线性函数关系，即

$$y^t=\mu(x)=b_0+b_1x \tag{11.15}$$

其中，截距 b_0 和斜率 b_1 是未知的，需要采用观测数据对它们进行最优估计。设 $\hat{b}_0$ 和 $\hat{b}_1$ 分别是 b_0 和 b_1 的估计值，于是

$$\hat{y}=\hat{\mu}(x)=\hat{b}_0+\hat{b}_1x \tag{11.16}$$

就是对变量 y 的真实值 y^t 的估计值。如果有 n 组观测，即

$$(y_i,\ x_i)\quad(i=1,2,\cdots,n) \tag{11.17}$$

则有

$$\hat{y}_i=\hat{\mu}(x_i)=\hat{b}_0+\hat{b}_1x_i\quad(i=1,2,\cdots,n) \tag{11.18}$$

即 $\hat{y}_i$ 就是当自变量 x 取观测值 x_i 时对变量 y 的真实值 y^t 的估计值。经过下述的最优估计过程，$\hat{b}_0$ 常被称为回归常数，而 $\hat{b}_1$ 则被称为回归系数。延续上节的最大似然估计（或者最小二乘法），目标函数可以具体写为

$$\begin{aligned}J(\hat{\sigma}^2,\hat{b}_0,\hat{b}_1)&=\frac{n}{2}\ln(2\pi\hat{\sigma}^2)+\frac{1}{2\hat{\sigma}^2}\sum_{i=1}^{n}(y_i-\hat{y}_i)^2\\&=\frac{n}{2}\ln(2\pi\hat{\sigma}^2)+\frac{1}{2\hat{\sigma}^2}\sum_{i=1}^{n}[y_i-(\hat{b}_0+\hat{b}_1x_i)]^2\end{aligned} \tag{11.19}$$

上述目标函数取极小值就是观测值 y_i 与估计值 $\hat{y}_i$ 的平方和最小，我们需要让目标函数对 $\hat{b}_0$ 和 $\hat{b}_1$ 分别求偏导数，并令偏导数为0，即

$$\begin{cases}\dfrac{\partial J}{\partial\hat{b}_0}=-\dfrac{1}{\hat{\sigma}^2}\displaystyle\sum_{i=1}^{n}(y_i-\hat{b}_0-\hat{b}_1x_i)=0\\\dfrac{\partial J}{\partial\hat{b}_1}=-\dfrac{1}{\hat{\sigma}^2}\displaystyle\sum_{i=1}^{n}(y_i-\hat{b}_0-\hat{b}_1x_i)x_i=0\end{cases} \tag{11.20}$$

应用残差的定义，可以发现方程式（11.20）实际上对应于

$$\begin{cases}\displaystyle\sum_{i=1}^{n}\hat{e}_i=0\\\displaystyle\sum_{i=1}^{n}\hat{e}_ix_i=0\end{cases} \tag{11.21}$$

上述做法实际上是让所有散点整体离回归线最近。整理得标准方程组为

$$\begin{cases}\hat{b}_0 n + \hat{b}_1 \sum_{i=1}^{n} x_i = \sum_{i=1}^{n} y_i \\ \hat{b}_0 \sum_{i=1}^{n} x_i + \hat{b}_1 \sum_{i=1}^{n} x_i^2 = \sum_{i=1}^{n} x_i y_i\end{cases} \tag{11.22}$$

求解上述二元一次方程组，得

$$\begin{cases}\hat{b}_1 = \dfrac{\sum_{i=1}^{n}(x_i - \bar{x})(y_i - \bar{y})}{\sum_{i=1}^{n}(x_i - \bar{x})^2} = \dfrac{\sum_{i=1}^{n} x_i y_i - \dfrac{1}{n}\left(\sum_{i=1}^{n} x_i\right)\left(\sum_{i=1}^{n} y_i\right)}{\sum_{i=1}^{n} x_i^2 - \dfrac{1}{n}\left(\sum_{i=1}^{n} x_i\right)^2} = \dfrac{L_{xy}}{L_{xx}} \\ \hat{b}_0 = \bar{y} - \hat{b}_1 \bar{x}\end{cases} \tag{11.23}$$

式中，

$$\bar{y} \equiv \frac{1}{n}\sum_{i=1}^{n} y_i, \ \bar{x} \equiv \frac{1}{n}\sum_{i=1}^{n} x_i \tag{11.24}$$

$$L_{xy} \equiv \sum_{i=1}^{n}(x_i - \bar{x})(y_i - \bar{y}) = \sum_{i=1}^{n} x_i y_i - n\overline{xy} = \sum_{i=1}^{n} x_i y_i - \frac{1}{n}\left(\sum_{i=1}^{n} x_i\right)\left(\sum_{i=1}^{n} y_i\right) \tag{11.25}$$

$$L_{xx} \equiv \sum_{i=1}^{n}(x_i - \bar{x})^2 = \sum_{i=1}^{n} x_i^2 - n\bar{x}^2 = \sum_{i=1}^{n} x_i^2 - \frac{1}{n}\left(\sum_{i=1}^{n} x_i\right)^2 \tag{11.26}$$

由上述可见，$\hat{b}_1$ 和 $\hat{b}_0$ 都是 $y_i(i = 1, 2, \cdots, n)$ 线性叠加。由于 y_i 满足正态分布，因此 $\hat{b}_1$ 和 $\hat{b}_0$ 也满足正态分布。

2. 方差分析

我们可以计算一下 $\hat{b}_1$ 和 $\hat{b}_0$ 的数学期望，

$$E\{\hat{b}_1\} = E\left\{\frac{\sum_{i=1}^{n}(y_i - \bar{y})(x_i - \bar{x})}{\sum_{i=1}^{n}(x_i - \bar{x})^2}\right\} = \frac{\sum_{i=1}^{n}(x_i - \bar{x})E\{y_i\}}{\sum_{i=1}^{n}(x_i - \bar{x})^2}$$

$$= \frac{\sum_{i=1}^{n}(x_i - \bar{x})(b_0 + b_1 x_i)}{\sum_{i=1}^{n}(x_i - \bar{x})^2} = b_1 \tag{11.27}$$

$$E\{\hat{b}_0\} = E\{\bar{y} - \hat{b}_1 \bar{x}\} = \frac{1}{n}\sum_{i=1}^{n} E\{y_i\} - E\{\hat{b}_1\}\bar{x}$$

$$= \frac{1}{n}\sum_{i=1}^{n}(b_0 + b_1 x_i) - E\{\hat{b}_1\}\bar{x} = b_0 \tag{11.28}$$

由此可见，在样本无限大的情况下，$\hat{b}_1$ 和 $\hat{b}_0$ 的数学期望就是 b_0 和 b_1 。我们还可以计算 $\hat{b}_1$ 和 $\hat{b}_0$ 的方差，

$$\mathrm{Var}\{\hat{b}_1\} = \mathrm{Var}\left\{\frac{\sum_{i=1}^{n}(y_i - \bar{y})(x_i - \bar{x})}{\sum_{i=1}^{n}(x_i - \bar{x})^2}\right\} = \sum_{i=1}^{n}\mathrm{Var}\left\{\frac{(x_i - \bar{x})y_i}{\sum_{i=1}^{n}(x_i - \bar{x})^2}\right\}$$

$$= \frac{\sigma^2}{\sum_{i=1}^{n}(x_i - \bar{x})^2} = \frac{\sigma^2}{L_{xx}} \tag{11.29}$$

$$\mathrm{Var}\{\hat{b}_0\} = \mathrm{Var}\{\bar{y} - \hat{b}_1\bar{x}\} = \mathrm{Var}\{\bar{y}\} + \bar{x}^2\mathrm{Var}\{\hat{b}_1\}$$

$$= \frac{\sigma^2}{n} + \bar{x}^2\frac{\sigma^2}{\sum_{i=1}^{n}(x_i - \bar{x})^2} = \frac{\sigma^2}{n} + \bar{x}^2\frac{\sigma^2}{L_{xx}} \tag{11.30}$$

它们给出了我们利用当前 n 组观测数据进行 $\hat{b}_1$ 和 $\hat{b}_0$ 计算的估计误差。

下面我们来看一看一元线性回归的方差有多大，定义总离差平方和为 $L_{yy} \equiv \sum_{i=1}^{n}(y_i - \bar{y})^2 = \sum_{i=1}^{n}y_i^2 - n\bar{y}^2 = \sum_{i=1}^{n}y_i^2 - \frac{1}{n}\left(\sum_{i=1}^{n}y_i\right)^2$，表示样本本身的变化。于是有

$$L_{yy} \equiv \sum_{i=1}^{n}(y_i - \bar{y})^2 = \sum_{i=1}^{n}[(\hat{y}_i - \bar{y}) + (y_i - \hat{y}_i)]^2$$

$$= \sum_{i=1}^{n}(\hat{y}_i - \bar{y})^2 + 2\sum_{i=1}^{n}(\hat{y}_i - \bar{y})(y_i - \hat{y}_i) + \sum_{i=1}^{n}(y_i - \hat{y}_i)^2 \tag{11.31}$$

利用残差的定义，以及一元线性回归的关系式，我们发现上式的交叉项为

$$\sum_{i=1}^{n}(\hat{y}_i - \bar{y})(y_i - \hat{y}_i) = \sum_{i=1}^{n}(\hat{y}_i - \bar{y})\hat{e}_i = \sum_{i=1}^{n}(\hat{b}_0 + \hat{b}_1 x_i - \bar{y})\hat{e}_i$$

$$= \sum_{i=1}^{n}(\bar{y} - \hat{b}_1\bar{x} + \hat{b}_1 x_i - \bar{y})\hat{e}_i$$

$$= \sum_{i=1}^{n}\hat{b}_1(x_i - \bar{x})\hat{e}_i = 0 \tag{11.32}$$

所以，

$$\sum_{i=1}^{n}(y_i - \bar{y})^2 = \sum_{i=1}^{n}(\hat{y}_i - \bar{y})^2 + \sum_{i=1}^{n}(y_i - \hat{y}_i)^2 \tag{11.33}$$

定义回归平方和为 $U \equiv \sum_{i=1}^{n}(\hat{y}_i - \bar{y})^2$，表示由自变量 x 的变化而引起 y 的变化；定义残（误）差平方和为 $Q \equiv \sum_{i=1}^{n}(y_i - \hat{y}_i)^2 = \sum_{i=1}^{n}\hat{e}_i^2$，表示排除自变量 x 影响以外的其他偶然因素对 y 的影响。于是有

$$L_{yy} = U + Q \tag{11.34}$$

对于给定的样本，L_{yy} 是定值。当 Q 增大时，U 减小；而 Q 减小时，U 则增大。当 U 较大时，表明用这种线性关系解释 y 与 x 的关系比较符合实际情况，回归模型比较好。

3. 相关系数与线性回归

利用上述的回归平方和与总离差平方和的定义式，有

$$\frac{U}{L_{yy}}=\frac{\sum_{i=1}^{n}(\hat{y}_i-\bar{y})^2}{\sum_{i=1}^{n}(y_i-\bar{y})^2}=\frac{\sum_{i=1}^{n}(\hat{b}_0+\hat{b}_1x_i-\hat{b}_0-\hat{b}_1\bar{x})^2}{\sum_{i=1}^{n}(y_i-\bar{y})^2}=\hat{b}_1^2\frac{\sum_{i=1}^{n}(x_i-\bar{x})^2}{\sum_{i=1}^{n}(y_i-\bar{y})^2} \tag{11.35}$$

将 $\hat{b}_1=\dfrac{\sum_{i=1}^{n}(x_i-\bar{x})(y_i-\bar{y})}{\sum_{i=1}^{n}(x_i-\bar{x})^2}$ 代入式（11.35），得

$$\frac{U}{L_{yy}}=\hat{b}_1^2\frac{\sum_{i=1}^{n}(x_i-\bar{x})^2}{\sum_{i=1}^{n}(y_i-\bar{y})^2}=\left[\frac{\sum_{i=1}^{n}(x_i-\bar{x})(y_i-\bar{y})}{\sqrt{\sum_{i=1}^{n}(x_i-\bar{x})^2}\sqrt{\sum_{i=1}^{n}(y_i-\bar{y})^2}}\right]^2=r^2 \tag{11.36}$$

上式右端的 r 正是皮尔逊相关系数，它反映了预报因子 x 与预报量 y 的线性关系程度。当 $r=\pm1$ 时，说明所有实测点 y 全在直线回归方程上。当 $r=0$ 时，说明 x 与 y 无线性关系。即预报因子 x 与预报对象 y 的 $|r|$ 越大，则 U 越大，回归效果越好。利用前述定义式，$\hat{b}_1$ 与 r 有如下关系：

$$\hat{b}_1=\frac{L_{xy}}{L_{xx}}=\frac{L_{xy}}{\sqrt{L_{xx}L_{yy}}}\frac{\sqrt{L_{yy}}}{\sqrt{L_{xx}}}=\frac{\sqrt{L_{yy}}}{\sqrt{L_{xx}}}r \tag{11.37}$$

说明相关系数 r 与 $\hat{b}_1$ 的符号是一致的。

4. 显著性检验与置信区间

构建了回归方程之后，还需要对回归方程和回归系数进行显著性检验。

1）回归方程的 F 检验

我们可以采用 F 检验来检验回归方程的显著性。如果原假设 H_0 为总体的回归系数 $b_1=0$，那么可以引入 F 统计量，即

$$F(1,\ n-2)=\frac{U}{Q/(n-2)}=\frac{r^2}{(1-r^2)/(n-2)} \tag{11.38}$$

遵从分子自由度为 1，分母自由度为（$n-2$）的 F 分布。取信度 $\alpha\in$（0.1 0.05 0.01），查 F 分布表得到对应的 F 值 F_α。若 $F\geqslant F_\alpha$，则拒绝 H_0，说明方程回归效果显著；若 $F<F_\alpha$，则接受 H_0，说明方程回归效果不显著。

2）回归系数的 t 检验

我们可以直接对回归系数进行显著性检验，如果原假设 H_0 为 $b_1=0$，那么在这个意义下，应该遵从均值为0，方差为 $\sigma^2\Big/\sum_{i=1}^{n}(x_i-\bar{x})^2$ 的正态分布，即

$$\hat{b}_1 \sim N\left[0,\frac{\sigma^2}{\sum_{i=1}^{n}(x_i-\bar{x})^2}\right] \tag{11.39}$$

进一步地利用残差平方和，我们可以构造如下的自由度为（$n-2$）的 t 分布

$$t(n-2)=\frac{X}{\sqrt{\dfrac{\chi^2(n-2)}{n-2}}}=\frac{\dfrac{\hat{b}_1}{\sqrt{\sigma^2\Big/\sum_{i=1}^{n}(x_i-\bar{x})^2}}}{\sqrt{\dfrac{\sum_{i=1}^{n}(y_i-\hat{y}_i)^2/\sigma^2}{n-2}}}$$

$$=\frac{\hat{b}_1}{\sqrt{\dfrac{\sum_{i=1}^{n}(y_i-\hat{y}_i)^2}{n-2}}}\sqrt{\sum_{i=1}^{n}(x_i-\bar{x})^2}=\frac{\hat{b}_1}{\hat{\sigma}}\sqrt{L_{xx}} \tag{11.40}$$

其中，

$$\hat{\sigma}^2=\frac{1}{n-2}\sum_{i=1}^{n}(y_i-\hat{y}_i)^2=\frac{1}{n-2}\sum_{i=1}^{n}\hat{e}_i^2=\frac{Q}{n-2} \tag{11.41}$$

利用前述的关系式

$$\frac{U}{L_{yy}}=r^2,\ \frac{Q}{L_{yy}}=\frac{L_{yy}-U}{L_{yy}}=1-r^2 \tag{11.42}$$

于是有

$$t(n-2)=\frac{\hat{b}_1}{\hat{\sigma}}\sqrt{L_{xx}}=\frac{\sqrt{L_{yy}}}{\sqrt{L_{xx}}}\frac{r}{\hat{\sigma}}\sqrt{L_{xx}}=\frac{r}{\hat{\sigma}}\sqrt{L_{yy}}$$

$$=\frac{r}{\hat{\sigma}}\sqrt{\frac{Q}{1-r^2}}=\frac{r}{\hat{\sigma}}\sqrt{\frac{(n-2)\hat{\sigma}^2}{1-r^2}}$$

$$=\frac{r\sqrt{n-2}}{\sqrt{1-r^2}} \tag{11.43}$$

3）置信区间

从一元线性回归模型的假定中可知，预报对象 y 是遵从均值为 $\hat{y}$、方差为 $\hat{\sigma}^2$ 正态分布的，因此，预报值的95%置信区间可近似估计为 $\hat{y}\pm1.96\hat{\sigma}$ 。

第三节　多元线性回归

在统计预报中，通常寻找与预报量线性关系很好的单个因子是很困难的，而且实际上某个海洋要素的变化与前期多个因子有关，因此，大部分统计预报中的回归分析是采用多元回归技术进行的。由于许多的多元非线性问题都可以化为多元线性回归来处理，因此在多元回归中，众多研究又着重于讨论较为简单的多元线性回归问题。

1. 原始形式的多元线性回归

遵从前述的论述习惯，假设认为变量 y 的真实值 y^{t} 与 x_1，x_2，…，x_m 这 m 个自变量满足线性函数关系，即

$$y^{t} = \mu(x_1, x_2, \cdots, x_m) = \alpha_0 + \sum_{k=1}^{m} x_k \alpha_k \tag{11.44}$$

式中，α_0 以及 α_1，α_2，…，α_m 是未知的，需要采用观测数据对它们进行最优估计。设 $\hat{\alpha}_0$ 以及 $\hat{\alpha}_1$，$\hat{\alpha}_2$，…，$\hat{\alpha}_m$ 分别是 α_0 以及 α_1，α_2，…，α_m 的估计值，于是

$$\hat{y} = \hat{\mu}(x_1, x_2, \cdots, x_m) = \hat{\alpha}_0 + \sum_{k=1}^{m} x_k \hat{\alpha}_k, \tag{11.45}$$

就是对变量 y 的真实值 y^{t} 的估计值。如果有 n 组观测，即

$$(y_i, x_{i1}, \cdots, x_{im}) \quad (i = 1, 2, \cdots, n) \tag{11.46}$$

则有回归方程

$$\hat{y}_i = \hat{\mu}(x_{i1}, x_{i2}, \cdots, x_{im}) = \hat{\alpha}_0 + \sum_{k=1}^{m} x_{ik} \hat{\alpha}_k \quad (i = 1, 2, \cdots, n) \tag{11.47}$$

即 $\hat{y}_i$ 就是当自变量（x_1，x_2，…，x_m）取观测值（x_{i1}，x_{i2}，…，x_{im}）时对变量 y 的真实值 y^{t} 的估计值。如果定义

$$\boldsymbol{y} \equiv \begin{bmatrix} y_1 \\ \vdots \\ y_i \\ \vdots \\ y_n \end{bmatrix}, \hat{\boldsymbol{y}} \equiv \begin{bmatrix} \hat{y}_1 \\ \vdots \\ \hat{y}_i \\ \vdots \\ \hat{y}_n \end{bmatrix}, \boldsymbol{Z} \equiv \begin{bmatrix} 1 & x_{11} & \cdots & x_{1k} & \cdots & x_{1m} \\ \vdots & \vdots & \vdots & \vdots & \vdots & \vdots \\ 1 & x_{i1} & \cdots & x_{ik} & \cdots & x_{im} \\ \vdots & \vdots & \vdots & \vdots & \vdots & \vdots \\ 1 & x_{n1} & \cdots & x_{nk} & \cdots & x_{nm} \end{bmatrix}, \hat{\boldsymbol{A}} \equiv \begin{bmatrix} \hat{\alpha}_0 \\ \hat{\alpha}_1 \\ \vdots \\ \hat{\alpha}_k \\ \vdots \\ \hat{\alpha}_m \end{bmatrix} \tag{11.48}$$

则式（11.48）线性函数关系可以用矩阵形式表示为

$$\hat{\boldsymbol{y}} = \boldsymbol{Z}\hat{\boldsymbol{A}} \tag{11.49}$$

并有如下关系：

$$\boldsymbol{y} = \hat{\boldsymbol{y}} + \hat{\boldsymbol{e}} = \boldsymbol{Z}\hat{\boldsymbol{A}} + \hat{\boldsymbol{e}} \tag{11.50}$$

延续上节的最大似然估计（或者最小二乘法），目标函数可以具体写为

$$
\begin{aligned}
J(\hat{\sigma}^2, \hat{\alpha}_0, \hat{\alpha}_1, \cdots, \hat{\alpha}_m) &= \frac{n}{2}\ln(2\pi\hat{\sigma}^2) + \frac{1}{2\hat{\sigma}^2}\sum_{i=1}^{n}\left[y_i - \left(\hat{\alpha}_0 + \sum_{k=1}^{m} x_{ik}\hat{\alpha}_k\right)\right]^2 \\
&= J(\hat{\sigma}^2, \hat{\boldsymbol{A}}) = \frac{n}{2}\ln(2\pi\hat{\sigma}^2) + \frac{1}{2\hat{\sigma}^2}(\boldsymbol{y} - \hat{\boldsymbol{y}})^{\mathrm{T}}(\boldsymbol{y} - \hat{\boldsymbol{y}}) \\
&= J(\hat{\sigma}^2, \hat{\boldsymbol{A}}) = \frac{n}{2}\ln(2\pi\hat{\sigma}^2) + \frac{1}{2\hat{\sigma}^2}(\boldsymbol{y} - \boldsymbol{Z}\hat{\boldsymbol{A}})^{\mathrm{T}}(\boldsymbol{y} - \boldsymbol{Z}\hat{\boldsymbol{A}}) \\
&= \frac{n}{2}\ln(2\pi\hat{\sigma}^2) + \frac{1}{2\hat{\sigma}^2}\hat{\boldsymbol{e}}^{\mathrm{T}}\hat{\boldsymbol{e}}
\end{aligned} \tag{11.51}
$$

上述目标函数取极小值就是观测值 y_i 与估计值 $\hat{y}_i$ 的平方和最小，我们需要让目标函数对 $\hat{\boldsymbol{A}}$ 求偏导数，并令偏导数为0，即

$$
\frac{\partial J(\hat{\sigma}^2, \hat{\boldsymbol{A}})}{\partial \hat{\boldsymbol{A}}} = 0 \tag{11.52}
$$

于是解得代求系数为

$$
\hat{\boldsymbol{A}} = (\boldsymbol{Z}^{\mathrm{T}}\boldsymbol{Z})^{-1}\boldsymbol{Z}^{\mathrm{T}}\boldsymbol{y} \tag{11.53}
$$

2. 距平形式的多元线性回归

我们也可以采用距平形式进行多元线性回归。由目标函数对常数项求偏导数，并令偏导数为0，得

$$
\frac{\partial J}{\partial \hat{\alpha}_0} = -\frac{1}{\hat{\sigma}^2}\sum_{i=1}^{n}\left(y_i - \hat{\alpha}_0 - \sum_{k=1}^{m} x_{ik}\hat{\alpha}_k\right) = 0 \tag{11.54}
$$

于是解得常数项为

$$
\hat{\alpha}_0 = \frac{1}{n}\sum_{i=1}^{n}\left(y_i - \sum_{k=1}^{m} x_{ik}\hat{\alpha}_k\right) = \bar{y} - \sum_{k=1}^{m}\bar{x}_k\hat{\alpha}_k \tag{11.55}
$$

将其代入回归方程，得

$$
\hat{y} = \hat{\mu}(x_1, x_2, \cdots, x_m) = \hat{\alpha}_0 + \sum_{k=1}^{m} x_k\hat{\alpha}_k = \bar{y} + \sum_{k=1}^{m}(x_k - \bar{x}_k)\hat{\alpha}_k \tag{11.56}
$$

或者

$$
\hat{y} - \bar{y} = \sum_{k=1}^{m}(x_k - \bar{x}_k)\hat{\alpha}_k \tag{11.57}
$$

这个形式更为简练。如果定义

$$
\boldsymbol{X} \equiv \begin{bmatrix} x_{11} & \cdots & x_{1k} & \cdots & x_{1m} \\ \vdots & \vdots & \vdots & \vdots & \vdots \\ x_{i1} & \cdots & x_{ik} & \cdots & x_{im} \\ \vdots & \vdots & \vdots & \vdots & \vdots \\ x_{n1} & \cdots & x_{nk} & \cdots & x_{nm} \end{bmatrix}, \bar{\boldsymbol{X}} \equiv \begin{bmatrix} \bar{x}_1 & \cdots & \bar{x}_k & \cdots & \bar{x}_m \\ \vdots & \vdots & \vdots & \vdots & \vdots \\ \bar{x}_1 & \cdots & \bar{x}_k & \cdots & \bar{x}_m \\ \vdots & \vdots & \vdots & \vdots & \vdots \\ \bar{x}_1 & \cdots & \bar{x}_k & \cdots & \bar{x}_m \end{bmatrix}, \bar{\boldsymbol{y}} \equiv \begin{bmatrix} \bar{y} \\ \vdots \\ \bar{y} \\ \vdots \\ \bar{y} \end{bmatrix}, \hat{\boldsymbol{\alpha}} \equiv \begin{bmatrix} \hat{\alpha}_1 \\ \vdots \\ \hat{\alpha}_k \\ \vdots \\ \hat{\alpha}_m \end{bmatrix} \tag{11.58}
$$

以及

$$\boldsymbol{X}_{\mathrm{d}} \equiv \boldsymbol{X} - \overline{\boldsymbol{X}},\ \boldsymbol{y}_{\mathrm{d}} \equiv \boldsymbol{y} - \overline{\boldsymbol{y}},\ \hat{\boldsymbol{y}}_{\mathrm{d}} \equiv \hat{\boldsymbol{y}} - \overline{\boldsymbol{y}},\ \hat{\boldsymbol{A}} \equiv (\hat{\alpha}_0,\ \hat{\boldsymbol{\alpha}}^{\mathrm{T}})^{\mathrm{T}} \tag{11.59}$$

则上述线性方程组可以写成简捷的距平矩阵形式

$$\hat{\boldsymbol{y}}_{\mathrm{d}} = \boldsymbol{X}_{\mathrm{d}}\hat{\boldsymbol{\alpha}} \tag{11.60}$$

残差向量则为

$$\hat{\boldsymbol{e}} = \boldsymbol{y} - \hat{\boldsymbol{y}} = (\boldsymbol{y} - \overline{\boldsymbol{y}}) - (\hat{\boldsymbol{y}} - \overline{\boldsymbol{y}}) = \boldsymbol{y}_{\mathrm{d}} - \hat{\boldsymbol{y}}_{\mathrm{d}} = \boldsymbol{y}_{\mathrm{d}} - \boldsymbol{X}_{\mathrm{d}}\hat{\boldsymbol{\alpha}} \tag{11.61}$$

并且

$$\hat{\boldsymbol{e}}^{\mathrm{T}}\hat{\boldsymbol{e}} = (\boldsymbol{y}_{\mathrm{d}} - \boldsymbol{X}_{\mathrm{d}}\hat{\boldsymbol{\alpha}})^{\mathrm{T}}(\boldsymbol{y}_{\mathrm{d}} - \boldsymbol{X}_{\mathrm{d}}\hat{\boldsymbol{\alpha}}) \tag{11.62}$$

目标函数则转变为

$$\begin{aligned}
J(\hat{\sigma}^2,\ \hat{\boldsymbol{A}}^{\mathrm{T}}) &= J(\hat{\sigma}^2,\ \hat{\alpha}_0,\ \hat{\boldsymbol{\alpha}}^{\mathrm{T}}) = \frac{n}{2}\ln(2\pi\hat{\sigma}^2) + \frac{1}{2\hat{\sigma}^2}\hat{\boldsymbol{e}}^{\mathrm{T}}\hat{\boldsymbol{e}} \\
&= \frac{n}{2}\ln(2\pi\hat{\sigma}^2) + \frac{1}{2\hat{\sigma}^2}(\boldsymbol{y} - \hat{\boldsymbol{y}})^{\mathrm{T}}(\boldsymbol{y} - \hat{\boldsymbol{y}}) \\
&= J(\hat{\sigma}^2,\ \hat{\boldsymbol{\alpha}}^{\mathrm{T}}) = \frac{n}{2}\ln(2\pi\hat{\sigma}^2) + \frac{1}{2\hat{\sigma}^2}(\boldsymbol{y}_{\mathrm{d}} - \hat{\boldsymbol{y}}_{\mathrm{d}})^{\mathrm{T}}(\boldsymbol{y}_{\mathrm{d}} - \hat{\boldsymbol{y}}_{\mathrm{d}}) \\
&= J(\hat{\sigma}^2,\ \hat{\boldsymbol{\alpha}}^{\mathrm{T}}) = \frac{n}{2}\ln(2\pi\hat{\sigma}^2) + \frac{1}{2\hat{\sigma}^2}(\boldsymbol{y}_{\mathrm{d}} - \boldsymbol{X}_{\mathrm{d}}\hat{\boldsymbol{\alpha}})^{\mathrm{T}}(\boldsymbol{y}_{\mathrm{d}} - \boldsymbol{X}_{\mathrm{d}}\hat{\boldsymbol{\alpha}})
\end{aligned} \tag{11.63}$$

上述目标函数取极小值就是让目标函数对 $\hat{\boldsymbol{\alpha}}$ 求偏导数，并令偏导数为0，即

$$0 = \frac{\partial J(\hat{\sigma}^2,\ \hat{\boldsymbol{\alpha}}^{\mathrm{T}})}{\partial \hat{\boldsymbol{\alpha}}} = \frac{1}{\hat{\sigma}^2}\boldsymbol{X}_{\mathrm{d}}^{\mathrm{T}}(\boldsymbol{y}_{\mathrm{d}} - \boldsymbol{X}_{\mathrm{d}}\hat{\boldsymbol{\alpha}}) \tag{11.64}$$

对应的线性方程组为

$$(\boldsymbol{X}_{\mathrm{d}}^{\mathrm{T}}\boldsymbol{X}_{\mathrm{d}})\hat{\boldsymbol{\alpha}} = (\boldsymbol{X}_{\mathrm{d}}^{\mathrm{T}}\boldsymbol{y}_{\mathrm{d}}) \tag{11.65}$$

解为

$$\hat{\boldsymbol{\alpha}} = (\boldsymbol{X}_{\mathrm{d}}^{\mathrm{T}}\boldsymbol{X}_{\mathrm{d}})^{-1}\boldsymbol{X}_{\mathrm{d}}^{\mathrm{T}}\boldsymbol{y}_{\mathrm{d}} \tag{11.66}$$

实际上，上述方程组还可以采用协方差矩阵来表示，我们将方程组展开，得

$$\left\{\begin{aligned}
&\hat{\alpha}_1\sum_{i=1}^{n}(x_{i1} - \overline{x}_1)^2 + \hat{\alpha}_2\sum_{i=1}^{n}(x_{i1} - \overline{x}_1)(x_{i2} - \overline{x}_2) + \cdots \\
&\quad + \hat{\alpha}_m\sum_{i=1}^{n}(x_{i1} - \overline{x}_1)(x_{im} - \overline{x}_m) = \sum_{i=1}^{n}(x_{i1} - \overline{x}_1)(y_i - \overline{y}) \\
&\hat{\alpha}_1\sum_{i=1}^{n}(x_{i2} - \overline{x}_2)(x_{i1} - \overline{x}_1) + \hat{\alpha}_2\sum_{i=1}^{n}(x_{i2} - \overline{x}_2)^2 + \cdots \\
&\quad + \hat{\alpha}_m\sum_{i=1}^{n}(x_{i2} - \overline{x}_2)(x_{im} - \overline{x}_m) = \sum_{i=1}^{n}(x_{i2} - \overline{x}_2)(y_i - \overline{y}) \\
&\qquad\qquad\vdots \\
&\hat{\alpha}_1\sum_{i=1}^{n}(x_{im} - \overline{x}_m)(x_{i1} - \overline{x}_1) + \hat{\alpha}_2\sum_{i=1}^{n}(x_{im} - \overline{x}_m)(x_{i2} - \overline{x}_2) + \cdots \\
&\quad + \hat{\alpha}_m\sum_{i=1}^{n}(x_{im} - \overline{x}_m)^2 = \sum_{i=1}^{n}(x_{im} - \overline{x}_m)(y_i - \overline{y})
\end{aligned}\right. \tag{11.67}$$

定义协方差

$$\begin{cases} s_{kl} \equiv \dfrac{1}{n}\sum_{i=1}^{n}(x_{ik}-\bar{x}_k)(x_{il}-\bar{x}_l) \\ s_{ky} \equiv \dfrac{1}{n}\sum_{i=1}^{n}(x_{ik}-\bar{x}_k)(y_i-\bar{y}) \end{cases} \quad (k,\ l=1,2,\cdots,m) \tag{11.68}$$

则方程组可以化为

$$\begin{cases} s_{11}\hat{\alpha}_1 + s_{12}\hat{\alpha}_2 + \cdots + s_{1m}\hat{\alpha}_m = s_{1y} \\ s_{21}\hat{\alpha}_1 + s_{22}\hat{\alpha}_2 + \cdots + s_{2m}\hat{\alpha}_m = s_{2y} \\ \qquad\qquad\vdots \\ s_{m1}\hat{\alpha}_1 + s_{m2}\hat{\alpha}_2 + \cdots + s_{mm}\hat{\alpha}_m = s_{my} \end{cases} \tag{11.69}$$

定义

$$\boldsymbol{S} \equiv \frac{1}{n}(\boldsymbol{X}_{\mathrm{d}}^{\mathrm{T}}\boldsymbol{X}_{\mathrm{d}}),\ \boldsymbol{s}_{xy} \equiv \frac{1}{n}(\boldsymbol{X}_{\mathrm{d}}^{\mathrm{T}}\boldsymbol{y}_{\mathrm{d}}) \tag{11.70}$$

则方程组转化为

$$\boldsymbol{S}\hat{\boldsymbol{\alpha}} = \boldsymbol{s}_{xy} \tag{11.71}$$

解为

$$\hat{\boldsymbol{\alpha}} = \boldsymbol{S}^{-1}\boldsymbol{s}_{xy} \tag{11.72}$$

3. 标准化形式的多元线性回归

上述方程组还可以采用相关系数矩阵来表示，定义

$$s_k \equiv \sqrt{\frac{1}{n}\sum_{i=1}^{n}(x_{ik}-\bar{x}_k)^2},\ s_y \equiv \sqrt{\frac{1}{n}\sum_{i=1}^{n}(y_i-\bar{y})^2} \tag{11.73}$$

则方程组转化为

$$\begin{cases} \dfrac{s_{11}}{s_1 s_1}\dfrac{s_1}{s_y}\hat{\alpha}_1 + \dfrac{s_{12}}{s_1 s_2}\dfrac{s_2}{s_y}\hat{\alpha}_2 + \cdots + \dfrac{s_{1m}}{s_1 s_m}\dfrac{s_m}{s_y}\hat{\alpha}_m = \dfrac{s_{1y}}{s_1 s_y} \\ \dfrac{s_{21}}{s_2 s_1}\dfrac{s_1}{s_y}\hat{\alpha}_1 + \dfrac{s_{22}}{s_2 s_2}\dfrac{s_2}{s_y}\hat{\alpha}_2 + \cdots + \dfrac{s_{2m}}{s_2 s_m}\dfrac{s_m}{s_y}\hat{\alpha}_m = \dfrac{s_{2y}}{s_2 s_y} \\ \qquad\qquad\vdots \\ \dfrac{s_{m1}}{s_m s_1}\dfrac{s_1}{s_y}\hat{\alpha}_1 + \dfrac{s_{m2}}{s_m s_2}\dfrac{s_2}{s_y}\hat{\alpha}_2 + \cdots + \dfrac{s_{mm}}{s_m s_m}\dfrac{s_m}{s_y}\hat{\alpha}_m = \dfrac{s_{my}}{s_m s_y} \end{cases} \tag{11.74}$$

定义自变量 x_k 和 x_l 的皮尔逊相关系数为

$$r_{kl} \equiv \frac{s_{kl}}{s_k s_l} \tag{11.75}$$

定义自变量 x_k 和因变量 y 的皮尔逊相关系数为

$$r_{ky} \equiv \frac{s_{ky}}{s_k s_y} \tag{11.76}$$

并注意到 $r_{kk} = 1$，进一步定义 $\hat{\beta}_k \equiv \frac{s_k}{s_y}\hat{\alpha}_k$，则方程组转化为

$$\begin{cases} \hat{\beta}_1 + r_{12}\hat{\beta}_2 + \cdots + r_{1m}\hat{\beta}_m = r_{1y} \\ r_{21}\hat{\beta}_1 + \hat{\beta}_2 + \cdots + r_{2m}\hat{\beta}_m = r_{2y} \\ \vdots \\ r_{m1}\hat{\beta}_1 + r_{m2}\hat{\beta}_2 + \cdots + \hat{\beta}_m = r_{my} \end{cases} \tag{11.77}$$

定义

$$\boldsymbol{R} \equiv \begin{bmatrix} 1 & \cdots & r_{1k} & \cdots & r_{1m} \\ \vdots & \vdots & \vdots & \vdots & \vdots \\ r_{k1} & \cdots & 1 & \cdots & r_{km} \\ \vdots & \vdots & \vdots & \vdots & \vdots \\ r_{m1} & \cdots & r_{mk} & \cdots & 1 \end{bmatrix}, \boldsymbol{r}_{xy} \equiv \begin{bmatrix} r_{1y} \\ \vdots \\ r_{ky} \\ \vdots \\ r_{my} \end{bmatrix}, \hat{\boldsymbol{\beta}} \equiv \begin{bmatrix} \frac{s_1}{s_y}\alpha_1 \\ \vdots \\ \frac{s_k}{s_y}\alpha_k \\ \vdots \\ \frac{s_m}{s_y}\alpha_m \end{bmatrix} \tag{11.78}$$

则方程组转化为

$$\boldsymbol{R}\hat{\boldsymbol{\beta}} = \boldsymbol{r}_{xy} \tag{11.79}$$

解为

$$\hat{\boldsymbol{\beta}} = \boldsymbol{R}^{-1}\boldsymbol{r}_{xy} \tag{11.80}$$

上述推导实际上可以看成对标准化变量进行多元线性回归，定义

$$\hat{\boldsymbol{y}}_z \equiv \begin{bmatrix} \frac{\hat{y}_1 - \bar{y}}{s_y} \\ \vdots \\ \frac{\hat{y}_i - \bar{y}}{s_y} \\ \vdots \\ \frac{\hat{y}_n - \bar{y}}{s_y} \end{bmatrix}, \boldsymbol{X}_z \equiv \begin{bmatrix} \frac{x_{11} - \bar{x}_1}{s_1} & \cdots & \frac{x_{1k} - \bar{x}_k}{s_k} & \cdots & \frac{x_{1m} - \bar{x}_m}{s_m} \\ \vdots & \vdots & \vdots & \vdots & \vdots \\ \frac{x_{i1} - \bar{x}_1}{s_1} & \cdots & \frac{x_{ik} - \bar{x}_k}{s_k} & \cdots & \frac{x_{im} - \bar{x}_m}{s_m} \\ \vdots & \vdots & \vdots & \vdots & \vdots \\ \frac{x_{n1} - \bar{x}_1}{s_1} & \cdots & \frac{x_{nk} - \bar{x}_k}{s_k} & \cdots & \frac{x_{nm} - \bar{x}_m}{s_m} \end{bmatrix} \tag{11.81}$$

回归方程就变为

$$\frac{\hat{y}-\bar{y}}{s_y}=\sum_{k=1}^{m}\frac{x_k-\bar{x}_k}{s_k}\frac{s_k}{s_y}\hat{\alpha}_k=\sum_{k=1}^{m}\frac{x_k-\bar{x}_k}{s_k}\hat{\beta}_k \tag{11.82}$$

多元线性回归的过程就是寻找如下方程的解的过程:

$$\hat{\boldsymbol{y}}_z=\boldsymbol{X}_z\hat{\boldsymbol{\beta}} \tag{11.83}$$

需要指出的是，两个标准化变量之间的协方差实际上就是这两个变量的皮尔逊相关系数，采用标准化形式容易分析清楚不同变量的贡献。

4. 方差分析

我们可以计算一下 $\hat{\boldsymbol{A}}$ 的数学期望

$$\begin{aligned}E\{\hat{\boldsymbol{A}}\}&=E\{(\boldsymbol{Z}^{\mathrm{T}}\boldsymbol{Z})^{-1}\boldsymbol{Z}^{\mathrm{T}}\boldsymbol{y}\}=E\{(\boldsymbol{Z}^{\mathrm{T}}\boldsymbol{Z})^{-1}\boldsymbol{Z}^{\mathrm{T}}(\boldsymbol{Z}\boldsymbol{A}+\boldsymbol{e})\}\\&=(\boldsymbol{Z}^{\mathrm{T}}\boldsymbol{Z})^{-1}\boldsymbol{Z}^{\mathrm{T}}\boldsymbol{Z}\boldsymbol{A}+(\boldsymbol{Z}^{\mathrm{T}}\boldsymbol{Z})^{-1}\boldsymbol{Z}^{\mathrm{T}}E\{\boldsymbol{e}\}=\boldsymbol{A}\end{aligned} \tag{11.84}$$

以及 $(\hat{\boldsymbol{A}}-\boldsymbol{A})(\hat{\boldsymbol{A}}-\boldsymbol{A})^{\mathrm{T}}$ 的数学期望

$$\begin{aligned}E\{(\hat{\boldsymbol{A}}-\boldsymbol{A})(\hat{\boldsymbol{A}}-\boldsymbol{A})^{\mathrm{T}}\}&=E\{[(\boldsymbol{Z}^{\mathrm{T}}\boldsymbol{Z})^{-1}\boldsymbol{Z}^{\mathrm{T}}\boldsymbol{y}-\boldsymbol{A}][(\boldsymbol{Z}^{\mathrm{T}}\boldsymbol{Z})^{-1}\boldsymbol{X}^{\mathrm{T}}\boldsymbol{y}-\boldsymbol{A}]^{\mathrm{T}}\}\\&=E\{[(\boldsymbol{Z}^{\mathrm{T}}\boldsymbol{Z})^{-1}\boldsymbol{Z}^{\mathrm{T}}(\boldsymbol{Z}\boldsymbol{A}+\boldsymbol{e})-\boldsymbol{A}]\\&\quad\cdot[(\boldsymbol{Z}^{\mathrm{T}}\boldsymbol{Z})^{-1}\boldsymbol{Z}^{\mathrm{T}}(\boldsymbol{Z}\boldsymbol{A}+\boldsymbol{e})-\boldsymbol{A}]^{\mathrm{T}}\}\\&=E\{[(\boldsymbol{Z}^{\mathrm{T}}\boldsymbol{Z})^{-1}\boldsymbol{Z}^{\mathrm{T}}\boldsymbol{e}][(\boldsymbol{Z}^{\mathrm{T}}\boldsymbol{Z})^{-1}\boldsymbol{Z}^{\mathrm{T}}\boldsymbol{e}]^{\mathrm{T}}\}\\&=(\boldsymbol{Z}^{\mathrm{T}}\boldsymbol{Z})^{-1}\boldsymbol{Z}^{\mathrm{T}}\boldsymbol{E}\{\boldsymbol{e}\boldsymbol{e}^{\mathrm{T}}\}\boldsymbol{Z}(\boldsymbol{Z}^{\mathrm{T}}\boldsymbol{Z})^{-1}\\&=(\boldsymbol{Z}^{\mathrm{T}}\boldsymbol{Z})^{-1}\boldsymbol{Z}^{\mathrm{T}}\sigma^2\boldsymbol{I}\boldsymbol{Z}(\boldsymbol{Z}^{\mathrm{T}}\boldsymbol{Z})^{-1}=\sigma^2(\boldsymbol{Z}^{\mathrm{T}}\boldsymbol{Z})^{-1}\end{aligned} \tag{11.85}$$

同理可以计算 $\hat{\boldsymbol{\alpha}}$ 的数学期望

$$\begin{aligned}E\{\hat{\boldsymbol{\alpha}}\}&=E\{\boldsymbol{S}^{-1}\boldsymbol{s}_{xy}\}=E\{(\boldsymbol{X}_{\mathrm{d}}^{\mathrm{T}}\boldsymbol{X}_{\mathrm{d}})^{-1}\boldsymbol{X}_{\mathrm{d}}^{\mathrm{T}}\boldsymbol{y}_{\mathrm{d}}\}=E\{(\boldsymbol{X}_{\mathrm{d}}^{\mathrm{T}}\boldsymbol{X}_{\mathrm{d}})^{-1}\boldsymbol{X}_{\mathrm{d}}^{\mathrm{T}}(\boldsymbol{X}_{\mathrm{d}}\boldsymbol{\alpha}+\boldsymbol{e})\}\\&=(\boldsymbol{X}_{\mathrm{d}}^{\mathrm{T}}\boldsymbol{X}_{\mathrm{d}})^{-1}\boldsymbol{X}_{\mathrm{d}}^{\mathrm{T}}\boldsymbol{X}_{\mathrm{d}}\boldsymbol{\alpha}+(\boldsymbol{X}_{\mathrm{d}}^{\mathrm{T}}\boldsymbol{X}_{\mathrm{d}})^{-1}\boldsymbol{X}_{\mathrm{d}}^{\mathrm{T}}E\{\boldsymbol{e}\}=\boldsymbol{\alpha}\end{aligned} \tag{11.86}$$

以及 $\hat{\boldsymbol{\alpha}}$ 的协方差

$$\begin{aligned}E\{(\hat{\boldsymbol{\alpha}}-\boldsymbol{\alpha})(\hat{\boldsymbol{\alpha}}-\boldsymbol{\alpha})^{\mathrm{T}}\}&=E\{[(\boldsymbol{X}_{\mathrm{d}}^{\mathrm{T}}\boldsymbol{X}_{\mathrm{d}})^{-1}\boldsymbol{X}_{\mathrm{d}}^{\mathrm{T}}\boldsymbol{y}_{\mathrm{d}}-\boldsymbol{\alpha}][(\boldsymbol{X}_{\mathrm{d}}^{\mathrm{T}}\boldsymbol{X}_{\mathrm{d}})^{-1}\boldsymbol{X}_{\mathrm{d}}^{\mathrm{T}}\boldsymbol{y}_{\mathrm{d}}-\boldsymbol{\alpha}]^{\mathrm{T}}\}\\&=E\{[(\boldsymbol{X}_{\mathrm{d}}^{\mathrm{T}}\boldsymbol{X}_{\mathrm{d}})^{-1}\boldsymbol{X}_{\mathrm{d}}^{\mathrm{T}}(\boldsymbol{X}_{\mathrm{d}}\boldsymbol{\alpha}+\boldsymbol{e})-\boldsymbol{\alpha}]\\&\quad\cdot[(\boldsymbol{X}_{\mathrm{d}}^{\mathrm{T}}\boldsymbol{X}_{\mathrm{d}})^{-1}\boldsymbol{X}_{\mathrm{d}}^{\mathrm{T}}(\boldsymbol{X}_{\mathrm{d}}\boldsymbol{\alpha}+\boldsymbol{e})-\boldsymbol{\alpha}]^{\mathrm{T}}\}\\&=E\{[(\boldsymbol{X}_{\mathrm{d}}^{\mathrm{T}}\boldsymbol{X}_{\mathrm{d}})^{-1}\boldsymbol{X}_{\mathrm{d}}^{\mathrm{T}}\boldsymbol{e}][(\boldsymbol{X}_{\mathrm{d}}^{\mathrm{T}}\boldsymbol{X}_{\mathrm{d}})^{-1}\boldsymbol{X}_{\mathrm{d}}^{\mathrm{T}}\boldsymbol{e}]^{\mathrm{T}}\}\\&=(\boldsymbol{X}_{\mathrm{d}}^{\mathrm{T}}\boldsymbol{X}_{\mathrm{d}})^{-1}\boldsymbol{X}_{\mathrm{d}}^{\mathrm{T}}E\{\boldsymbol{e}\boldsymbol{e}^{\mathrm{T}}\}\boldsymbol{X}_{\mathrm{d}}(\boldsymbol{X}_{\mathrm{d}}^{\mathrm{T}}\boldsymbol{X}_{\mathrm{d}})^{-1}\\&=(\boldsymbol{X}_{\mathrm{d}}^{\mathrm{T}}\boldsymbol{X}_{\mathrm{d}})^{-1}\boldsymbol{X}_{\mathrm{d}}^{\mathrm{T}}\boldsymbol{\sigma}^2\boldsymbol{I}\boldsymbol{X}_{\mathrm{d}}(\boldsymbol{X}_{\mathrm{d}}^{\mathrm{T}}\boldsymbol{X}_{\mathrm{d}})^{-1}\\&=\sigma^2(\boldsymbol{X}_{\mathrm{d}}^{\mathrm{T}}\boldsymbol{X}_{\mathrm{d}})^{-1}\end{aligned} \tag{11.87}$$

而 $\hat{\boldsymbol{\alpha}}$ 中某一个元素的数学期望和方差分别为

$$E\{\hat{\alpha}_k\}=\alpha_k \tag{11.88}$$

$$\mathrm{Var}\{\alpha_k\}=E\{(\hat{\alpha}_k-\alpha_k)(\hat{\alpha}_k-\alpha_k)^{\mathrm{T}}\}=\sigma^2C_{kk} \tag{11.89}$$

其中，C_{kk} 是矩阵 $C\equiv(\boldsymbol{X}_{\mathrm{d}}^{\mathrm{T}}\boldsymbol{X}_{\mathrm{d}})^{-1}$ 中对角线上的第 k 个元素。我们也可以计算 $\hat{\boldsymbol{\beta}}$ 的数学期望和协方差

$$E\{\hat{\boldsymbol{\beta}}\} = E\{\boldsymbol{R}^{-1}\boldsymbol{r}_{xy}\} = E\{(\boldsymbol{X}_z^{\mathrm{T}}\boldsymbol{X}_z)^{-1}\boldsymbol{X}_z^{\mathrm{T}}\boldsymbol{y}_z\} = E\left\{(\boldsymbol{X}_z^{\mathrm{T}}\boldsymbol{X}_z)^{-1}\boldsymbol{X}_z^{\mathrm{T}}\left(\boldsymbol{X}_z\boldsymbol{\beta} + \frac{\boldsymbol{e}}{s_y}\right)\right\}$$

$$= (\boldsymbol{X}_z^{\mathrm{T}}\boldsymbol{X}_z)^{-1}\boldsymbol{X}_z^{\mathrm{T}}\boldsymbol{X}_z\boldsymbol{\beta} + (\boldsymbol{X}_z^{\mathrm{T}}\boldsymbol{X}_z)^{-1}\boldsymbol{X}_z^{\mathrm{T}}\frac{1}{s_y}E\{\boldsymbol{e}\} = \boldsymbol{\beta} = \boldsymbol{\Lambda}\boldsymbol{\alpha} \tag{11.90}$$

其中 $\boldsymbol{\Lambda} \equiv \mathrm{diag}(s_1/s_y,\ s_2/s_y,\ \cdots,\ s_m/s_y)$，而 $\hat{\boldsymbol{\beta}}$ 的协方差为

$$E\{(\hat{\boldsymbol{\beta}} - \boldsymbol{\beta})(\hat{\boldsymbol{\beta}} - \boldsymbol{\beta})^{\mathrm{T}}\} = E\{[(\boldsymbol{X}_z^{\mathrm{T}}\boldsymbol{X}_z)^{-1}\boldsymbol{X}_z^{\mathrm{T}}\boldsymbol{y}_z - \boldsymbol{\beta}][(\boldsymbol{X}_z^{\mathrm{T}}\boldsymbol{X}_z)^{-1}\boldsymbol{X}_z^{\mathrm{T}}\boldsymbol{y}_z - \boldsymbol{\beta}]^{\mathrm{T}}\}$$

$$= E\left\{\left[(\boldsymbol{X}_z^{\mathrm{T}}\boldsymbol{X}_z)^{-1}\boldsymbol{X}_z^{\mathrm{T}}\left(\boldsymbol{X}_z\boldsymbol{\beta} + \frac{\boldsymbol{e}}{s_y}\right) - \boldsymbol{\beta}\right]\right.$$

$$\left.\cdot\left[(\boldsymbol{X}_z^{\mathrm{T}}\boldsymbol{X}_z)^{-1}\boldsymbol{X}_z^{\mathrm{T}}\left(\boldsymbol{X}_z\boldsymbol{\beta} + \frac{\boldsymbol{e}}{s_y}\right) - \beta\right]^{\mathrm{T}}\right\}$$

$$= E\left\{\left[(\boldsymbol{X}_z^{\mathrm{T}}\boldsymbol{X}_z)^{-1}\boldsymbol{X}_z^{\mathrm{T}}\frac{\boldsymbol{e}}{s_y}\right]\left[(\boldsymbol{X}_z^{\mathrm{T}}\boldsymbol{X}_z)^{-1}\boldsymbol{X}_z^{\mathrm{T}}\frac{\boldsymbol{e}}{s_y}\right]^{\mathrm{T}}\right\}$$

$$= (\boldsymbol{X}_z^{\mathrm{T}}\boldsymbol{X}_z)^{-1}\boldsymbol{X}_z^{\mathrm{T}}\frac{1}{s_y^2}E\{\boldsymbol{e}\boldsymbol{e}^{\mathrm{T}}\}\boldsymbol{X}_z(\boldsymbol{X}_z^{\mathrm{T}}\boldsymbol{X}_z)^{-1}$$

$$= (\boldsymbol{X}_z^{\mathrm{T}}\boldsymbol{X}_z)^{-1}\boldsymbol{X}_z^{\mathrm{T}}\frac{\sigma^2}{s_y^2}\boldsymbol{I}\boldsymbol{X}_z(\boldsymbol{X}_z^{\mathrm{T}}\boldsymbol{X}_z)^{-1}$$

$$= \frac{\sigma^2}{s_y^2}(\boldsymbol{X}_z^{\mathrm{T}}\boldsymbol{X}_z)^{-1} \tag{11.91}$$

而 $\hat{\boldsymbol{\beta}}$ 中某一个元素的数学期望和方差分别为

$$E\{\hat{\beta}_k\} = \beta_k \tag{11.92}$$

$$\mathrm{Var}\{\beta_k\} = E\{(\hat{\beta}_k - \beta_k)^2\} = \frac{\sigma^2}{s_y^2}C_{kk} \tag{11.93}$$

其中，C_{kk} 是矩阵 $\boldsymbol{C} \equiv (\boldsymbol{X}_z^{\mathrm{T}}\boldsymbol{X}_z)^{-1}$ 中对角线上的第 k 个元素。

下面我们来看一看多元线性回归的方差有多大，定义残差平方和为

$$Q \equiv \sum_{i=1}^{n}\hat{e}_i^2 = (\boldsymbol{y} - \hat{\boldsymbol{y}})^{\mathrm{T}}(\boldsymbol{y} - \hat{\boldsymbol{y}}) = (\boldsymbol{y}_{\mathrm{d}} - \hat{\boldsymbol{y}}_{\mathrm{d}})^{\mathrm{T}}(\boldsymbol{y}_{\mathrm{d}} - \hat{\boldsymbol{y}}_{\mathrm{d}}) \tag{11.94}$$

回归平方和为

$$U \equiv \sum_{i=1}^{n}(\hat{\boldsymbol{y}}_i - \bar{\boldsymbol{y}})^2 = (\hat{\boldsymbol{y}} - \bar{\boldsymbol{y}})^{\mathrm{T}}(\hat{\boldsymbol{y}} - \bar{\boldsymbol{y}}) = \hat{\boldsymbol{y}}_{\mathrm{d}}^{\mathrm{T}}\hat{\boldsymbol{y}}_{\mathrm{d}} \tag{11.95}$$

总离差平方和

$$L_{yy} \equiv \sum_{i=1}^{n}(\boldsymbol{y}_i - \bar{\boldsymbol{y}})^2 = \boldsymbol{y}_{\mathrm{d}}^{\mathrm{T}}\boldsymbol{y}_{\mathrm{d}} = [(\boldsymbol{y}_{\mathrm{d}} - \hat{\boldsymbol{y}}_{\mathrm{d}}) + \hat{\boldsymbol{y}}_{\mathrm{d}}]^{\mathrm{T}}[(\boldsymbol{y}_{\mathrm{d}} - \hat{\boldsymbol{y}}_{\mathrm{d}}) + \hat{\boldsymbol{y}}_{\mathrm{d}}]$$

$$= (\boldsymbol{y}_{\mathrm{d}} - \hat{\boldsymbol{y}}_{\mathrm{d}})^{\mathrm{T}}(\boldsymbol{y}_{\mathrm{d}} - \hat{\boldsymbol{y}}_{\mathrm{d}}) + \hat{\boldsymbol{y}}_{\mathrm{d}}^{\mathrm{T}}\hat{\boldsymbol{y}}_{\mathrm{d}} + 2\hat{\boldsymbol{y}}_{\mathrm{d}}^{\mathrm{T}}(\boldsymbol{y}_{\mathrm{d}} - \hat{\boldsymbol{y}}_{\mathrm{d}})$$

$$= Q + U + 2\hat{\boldsymbol{y}}_{\mathrm{d}}^{\mathrm{T}}(\boldsymbol{y}_{\mathrm{d}} - \hat{\boldsymbol{y}}_{\mathrm{d}}) \tag{11.96}$$

注意到

$$\hat{\boldsymbol{y}}_{\mathrm{d}}^{\mathrm{T}}\hat{\boldsymbol{y}}_{\mathrm{d}} = \hat{\boldsymbol{\alpha}}^{\mathrm{T}}\boldsymbol{X}_{\mathrm{d}}^{\mathrm{T}}\boldsymbol{X}_{\mathrm{d}}\hat{\boldsymbol{\alpha}} = \hat{\boldsymbol{\alpha}}^{\mathrm{T}}\boldsymbol{X}_{\mathrm{d}}^{\mathrm{T}}\boldsymbol{X}_{\mathrm{d}}(\boldsymbol{X}_{\mathrm{d}}^{\mathrm{T}}\boldsymbol{X}_{\mathrm{d}})^{-1}\boldsymbol{X}_{\mathrm{d}}^{\mathrm{T}}\boldsymbol{y}_{\mathrm{d}} = \hat{\boldsymbol{\alpha}}^{\mathrm{T}}\boldsymbol{X}_{\mathrm{d}}^{\mathrm{T}}\boldsymbol{y}_{\mathrm{d}} = \hat{\boldsymbol{y}}_{\mathrm{d}}^{\mathrm{T}}\boldsymbol{y}_{\mathrm{d}} \tag{11.97}$$

于是有

$$L_{yy} = Q + U \tag{11.98}$$

5. 复相关系数

定义复相关系数为

$$R \equiv \frac{\sum_{i=1}^{n}(\hat{y}_i - \bar{y})(y_i - \bar{y})}{\sqrt{\sum_{i=1}^{n}(\hat{y}_i - \bar{y})^2}\sqrt{\sum_{i=1}^{n}(y_i - \bar{y})^2}} \tag{11.99}$$

于是

$$R^2 = \frac{(\hat{\boldsymbol{y}}_d^T \boldsymbol{y}_d)^2}{\hat{\boldsymbol{y}}_d^T \hat{\boldsymbol{y}}_d \boldsymbol{y}_d^T \boldsymbol{y}_d} = \frac{(\hat{\boldsymbol{y}}_d^T \hat{\boldsymbol{y}}_d)^2}{\hat{\boldsymbol{y}}_d^T \hat{\boldsymbol{y}}_d \boldsymbol{y}_d^T \boldsymbol{y}_d} = \frac{U^2}{UL_{yy}} = \frac{U}{L_{yy}} \tag{11.100}$$

所以，有

$$1 - R^2 = \frac{Q}{L_{yy}} \tag{11.101}$$

定义

$$\boldsymbol{H} \equiv \boldsymbol{Z}(\boldsymbol{Z}^T\boldsymbol{Z})^{-1}\boldsymbol{Z}^T \tag{11.102}$$

可以验证这个矩阵有如下性质：

$$\boldsymbol{H}^n = \boldsymbol{Z}(\boldsymbol{Z}^T\boldsymbol{Z})^{-1}\boldsymbol{Z}^T,\ \boldsymbol{H}^T = \boldsymbol{H} \tag{11.103}$$

于是残差平方和变为

$$\begin{aligned} Q \equiv \sum_{i=1}^{n}\hat{e}_i^2 &= (\boldsymbol{y} - \hat{\boldsymbol{y}})^T(\boldsymbol{y} - \hat{\boldsymbol{y}}) = [\boldsymbol{y} - \boldsymbol{Z}(\boldsymbol{Z}^T\boldsymbol{Z})^{-1}\boldsymbol{Z}^T\boldsymbol{y}]^T[\boldsymbol{y} - \boldsymbol{Z}(\boldsymbol{Z}^T\boldsymbol{Z})^{-1}\boldsymbol{Z}^T\boldsymbol{y}] \\ &= (\boldsymbol{y} - \boldsymbol{H}\boldsymbol{y})^T(\boldsymbol{y} - \boldsymbol{H}\boldsymbol{y}) = \boldsymbol{y}^T(\boldsymbol{I} - \boldsymbol{H})^T(\boldsymbol{I} - \boldsymbol{H})\boldsymbol{y} = \boldsymbol{y}^T(\boldsymbol{I} - \boldsymbol{H})\boldsymbol{y} \\ &= (\boldsymbol{ZA} + \boldsymbol{e})^T(\boldsymbol{I} - \boldsymbol{H})(\boldsymbol{ZA} + \boldsymbol{e}) \end{aligned} \tag{11.104}$$

其期望则为

$$\begin{aligned} E\{Q\} &= E\{(\boldsymbol{ZA} + \boldsymbol{e})^T(\boldsymbol{I} - \boldsymbol{H})(\boldsymbol{ZA} + \boldsymbol{e})\} \\ &= E\{(\boldsymbol{ZA})^T(\boldsymbol{I} - \boldsymbol{H})(\boldsymbol{ZA})\} + E\{\boldsymbol{e}^T(\boldsymbol{I} - \boldsymbol{H})\boldsymbol{e}\} \\ &= E\{\boldsymbol{e}^T(\boldsymbol{I} - \boldsymbol{H})\boldsymbol{e}\} = E\{\boldsymbol{e}^T\boldsymbol{e}\} - E\{\boldsymbol{e}^T\boldsymbol{H}\boldsymbol{e}\} \\ &= E\{Tr(\boldsymbol{e}^T\boldsymbol{e})\} - E\{Tr(\boldsymbol{e}^T\boldsymbol{H}\boldsymbol{e})\} = E\{Tr(\boldsymbol{e}\boldsymbol{e}^T)\} - E\{Tr(\boldsymbol{e}\boldsymbol{e}^T\boldsymbol{H})\} \\ &= n\sigma^2 - \sigma^2 Tr(\boldsymbol{H}) = n\sigma^2 - \sigma^2 Tr[\boldsymbol{Z}(\boldsymbol{Z}^T\boldsymbol{Z})^{-1}\boldsymbol{Z}^T] \\ &= n\sigma^2 - \sigma^2 Tr[\boldsymbol{Z}^T\boldsymbol{Z}(\boldsymbol{Z}^T\boldsymbol{Z})^{-1}] = n\sigma^2 - (m+1)\sigma^2 = (n-m-1)\sigma^2 \end{aligned} \tag{11.105}$$

最后，可得残差方差的无偏估计量为

$$\hat{\sigma}^2 = \frac{Q}{n - m - 1} \tag{11.106}$$

而预报量方差的无偏估计量为

$$\hat{\sigma}_y^2 = \frac{L_{yy}}{n - 1} \tag{11.107}$$

把上述无偏估计量代入复相关系数表达式，得到调整复相关系数为

$$R_a^2 \equiv 1 - \frac{\hat{\sigma}^2}{\hat{\sigma}_y^2} = 1 - \frac{\dfrac{Q}{n-m-1}}{\dfrac{L_{yy}}{n-1}} = 1 - \frac{n-1}{n-m-1}\frac{Q}{L_{yy}}$$

$$= 1 - \frac{n-1}{n-m-1}(1 - R^2) \qquad (11.108)$$

调整复相关系数实际上是对总体复相关系数的估计，也是对总体回归关系的解释方差的一种估计。

6. 显著性检验与置信区间

在建立一个回归方程后，还要进一步分析回归关系中的回归方差贡献，它对预报量的方差比例，即解释方差部分。但是，对于由实际资料计算的复相关系数，怎样来评判它们的可靠性呢？这种问题既涉及样本容量大小问题，也涉及因子个数问题，回答这种问题需要进行统计的显著性检验，以便确定我们所检验的方程是属于偶然性的结果呢，还是具有统计的显著性呢？回归方程显著性检验的主要思想是检验预报因子与预报量是否确有线性关系。因为事先我们并不能断定预报量与各个因子之间确有线性关系，也就是说，在方程建立之前这种线性模型只是一种假设，所以在求出线性回归方程后，还需要对其进行统计显著性检验。

1）回归方程效果的检验

如果自变量与预报量之间没有线性关系，则回归模型中回归系数应该为0，这就归结为统计原假设 H_0 为 $\alpha_1 = \cdots = \alpha_k = \cdots = \alpha_m = 0$ 是否成立的问题。与一元线性回归类似，可以通过比较回归平方和与残差平方和来实现。可以证明，U/σ^2 满足自由度为 m 的 χ^2 分布，Q/σ^2 满足自由度为 $(n-m-1)$ 的 χ^2 分布，且 U 与 Q 相互独立，可以构造 F 统计量，即

$$F(m, n-m-1) = \frac{\dfrac{U/\sigma^2}{m}}{\dfrac{Q/\sigma^2}{n-m-1}} = \frac{U}{Q}\frac{n-m-1}{m} = \frac{R^2}{1-R^2}\frac{n-m-1}{m} \qquad (11.109)$$

遵从分子自由度为 m，分母自由度为 $(n-m-1)$ 的 F 分布。取信度 α，查 F 分布表得到对应的 F 值 F_α。若 $F \geqslant F_\alpha$ 时，则拒绝 H_0，说明方程回归效果显著；若 $F < F_\alpha$ 时，则接受 H_0，说明方程回归效果不显著。

2）自变量作用的检验

上述利用方差分析和复相关系数检验回归方程的总体效果，并不能说明每个自变量都有效果。检验各个自变量对预报量的作用是否显著，需要逐一对自变量进行检验。对

于第 k 个自变量，我们的原假设 H_0 可以是该自变量的效果不显著，即 $\alpha_k = 0$（$k = 1, \cdots, m$），于是可以构造 F 统计量为

$$F(1, n-m-1) = \frac{\dfrac{\alpha_k^2}{\sigma^2 C_{kk}}}{\dfrac{Q/\sigma^2}{n-m-1}} = \frac{\dfrac{\alpha_k^2}{C_{kk}}}{\dfrac{Q}{n-m-1}} \tag{11.110}$$

遵从分子自由度为 1，分母自由度为（$n-m-1$）的 F 分布。其中，C_{kk} 是矩阵 $\boldsymbol{C} \equiv (\boldsymbol{X}_d^T \boldsymbol{X}_d)^{-1}$ 中对角线上的第 k 个元素。取信度 α，查 F 分布表得到对应的 F 值 F_α。若 $F \geqslant F_\alpha$，则拒绝 H_0，说明第 k 个自变量效果显著；若 $F < F_\alpha$，则接受 H_0，说明第 k 个自变量效果不显著。当然，也可以构造如下的 t 统计量：

$$t(n-m-1) = \frac{\alpha_k}{\sqrt{\dfrac{C_{kk}Q}{n-m-1}}} \tag{11.111}$$

遵从自由度为（$n-m-1$）的 t 分布。取信度 α，查 t 分布表得到对应的 t 值 t_α。若 $|t| \geqslant t_\alpha$，则拒绝 H_0，说明第 k 个自变量效果显著；若 $|t| < t_\alpha$，则接受 H_0，说明第 k 个自变量效果不显著。

3）置信区间

残差 $\hat{e} = y - \hat{y}$ 可近似看成遵从 $N(0, \sigma^2)$，于是，预报对象 y 可近似看成是遵从均值为 $\hat{y}$、方差为 $\hat{\sigma}^2$ 的正态分布，因此，预报值的 95% 置信区间可近似估计为 $\hat{y} \pm 1.96\hat{\sigma}$，其中，

$$\hat{\sigma} = \sqrt{\frac{Q}{n-m-1}} \tag{11.112}$$

参考文献

布赖姆 E. O. ，1979. 快速傅里叶变换[M]. 上海：上海科学技术出版社.

陈上及，马继瑞，1991. 海洋数据处理分析方法及其应用[M]. 北京：海洋出版社.

何宜军，陈忠彪，李洪利，2021. 海洋数据处理分析方法[M]. 北京：科学出版社.

黄嘉佑，2009. 气象统计分析与预报方法[M]. 北京：气象出版社.

黄振平，陈元芳，2017. 水文统计学[M]. 北京：中国水利水电出版社.

孔玉寿，2010. 统计天气预报原理与方法[M]. 北京：气象出版社.

李湘阁，胡凝等，2015. 实用气象统计方法[M]. 北京：气象出版社.

马开玉，张耀存，陈星，2004. 现代应用统计学[M]. 北京：气象出版社.

侍茂崇，高郭平，鲍献文，2016. 海洋调查方法[M]. 青岛：中国海洋大学出版社.

施能，2009. 气象统计预报[M]. 北京：气象出版社.

魏凤英，2016. 现代气候统计诊断与预测技术[M]. 北京：气象出版社.

吴诚鸥，秦伟良，2007. 近代实用多元统计分析[M]. 北京：气象出版社.

吴洪宝，吴蕾，2010. 气候变率诊断和预测方法[M]. 北京：气象出版社.

徐德伦，王莉萍，2011. 海洋随机数据分析——原理、方法与应用[M]. 北京：高等教育出版社.

张尧庭，方开泰，2013. 多元统计分析引论[M]. 武汉：武汉大学出版社.

左军成，杜凌，陈美香，等，2018. 海洋水文环境要素分析方法[M]. 北京：科学出版社.

BRIGGS W L, HENSON V E, MC－CORMICK S F, 2000. A Multigrid Tutorial: Second Edition [M]. Philadelphia: Society for Industrial and Applied Mathematics.

DANIEL S W, 2020. Statistical Methods in the Atmospheric Sciences, 4th Edition[M]. Oxford: Elsevier.

DERBER J, ROSATI A, 1989. A global oceanic data assimilation system[J]. Journal of Physical Oceanography, 19: 1333－1347.

GABOR, 1946. Theory of communication. Part 1: The analysis of information[J]. Journal of the Institution of Electrical Engineers－Part Ⅲ: Radio and Communication Engineering, 93(26): 429－441.

HAYDEN C M, PURSER R J, 1988. Three-dimensional recursive filter objective analysis of meteorological fields[C]. 8th Conference on Numerical Weather Prediction, Feb 22－26, 1988, Baltimore, Maryland.

HUANG N E, SHEN Z, LONGS R, et al., 1998. The empirical mode decomposition and the

Hilbert spectrum for nonlinear and non-stationary time series analysis[J]. Proceedings of the Royal Society of London. Series A: Mathematical, Physical and Engineering Sciences, 454 (1971): 903-995.

LIANG X S, KLEEMAN R, 2005. Information transfer between dynamical system components [J]. Physical Review Letters, 95 (24): 244101.

LIANG X S, 2008. Information flow within stochastic dynamical systems[J]. Physical Review E, 78 (3): 031113.

NORTH G R, BELL T L, CAHALAN R F, et al., 1982. Sampling errors in the estimation of empirical orthogonal functions[J]. Monthly Weather Review, 110 (7): 699-706.

TORRENCE C, COMPO G P, 1998. A practical guide to wavelet analysis[J]. Bulletin of the American Meteorological Society, American Meteorological Society, 79 (1): 61-78.

WILLIAM J E, RICHARD E, 2014. Thomson. Data Analysis Methods in Physical Oceanography, 3rd Edition[M]. Oxford: Elsevier.

WU Z H, HUANG N E, 2009. Ensemble empirical mode decomposition: A noise-assisted data analysis method[J]. Advances in Adaptive Data Analysis, 01 (01): 1-41.

XIE Y, KOCH S E, MCGINLEY J A, et al., 2005. A sequential variational analysis approach for mesoscale data assimilation[C]. 21st Conference on Weather Analysis and Forecasting, Aug 5, 2005, Washington, DC, American Meteor Society: 15B. 7.